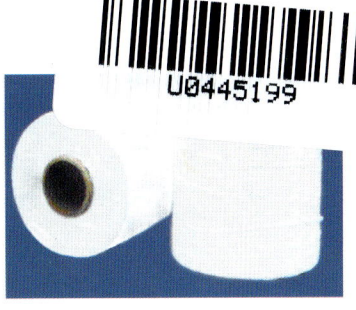

图 2-7　锦纶高弹丝　　　　　　　　　　　图 2-8　膨体纱

图 2-32　成品效果图　　　　　　　　图 3-30　富安娜 2010 秋冬系列《浮生若茶》

图 3-33　主题为"释心"的家用纺织品

图 3-34　主题为"视界"的家用纺织品

图 3-35　主题为"探寻"的家用纺织品

图 3-36　主题为"异想"的家用纺织品

图4-2 汉代刺绣品（选自《中国美术全集》）

图4-6 明代刺绣（选自《中国美术全集》）

图4-18 瓯绣《锦羽迎春》

图5-5 色彩配套（一）

图5-6 色彩配套（二）

图5-21 华丽风格情调

图5-24 现代简约的素雅风格

图 6-11　窗帘主色调的运用

图 6-16　简欧风格色彩和纹样的特征

图 6-18　欧式新古典风格色彩和纹样的特征

图 6-22　美式田园风格图案与色彩要素

图 6-26　系列产品间色彩的搭配

图 6-27　系列产品间材质的搭配

国家职业资格培训教程
用于国家职业技能鉴定

家用纺织品设计师

纺织行业职业技能鉴定指导中心
中国家用纺织品行业协会　组织编写

中国纺织出版社

内容提要

本教程遵循"以职业活动为导向,以职业技能为核心"的编写原则,按照助理家纺设计师、家纺设计师和高级家纺设计师的技能要求依次递进,体现了高级别涵盖低级别的要求。

《家用纺织品设计师》介绍了职业标准中家用纺织品设计师应掌握的工作技能及相关知识,涉及市场调查、织物设计制作、印染图案设计制作、绣品设计制作、纺织品空间装饰设计、产品造型设计等内容。

本书适用于对家用纺织品设计师的职业资格培训,同时可供家用纺织品企业相关人员和纺织院校相关专业师生阅读。

图书在版编目(CIP)数据

家用纺织品设计师/纺织行业职业技能鉴定指导中心,中国家用纺织品行业协会组织编写.—北京:中国纺织出版社,2012.2

国家职业资格培训教程.用于国家职业技能鉴定

ISBN 978-7-5064-8249-3

Ⅰ.①家… Ⅱ.①纺…②中… Ⅲ.①家用织物—设计—技术培训—教材 Ⅳ.①TS106.3

中国版本图书馆 CIP 数据核字(2012)第 001341 号

策划编辑:孔会云   责任编辑:曹昌虹   责任校对:王花妮
责任设计:李 然   责任印制:何 艳

中国纺织出版社出版发行
地址:北京东直门南大街6号   邮政编码:100027
邮购电话:010—64168110   传真:010—64168231
http://www.c-textilep.com
E-mail:faxing@c-textilep.com
北京鹏润伟业印刷有限公司印刷   各地新华书店经销
2012年2月第1版第1次印刷
开本:787×1092 1/16 印张:14.5 插页:2
字数:252千字   定价:36.00元
京东工商广字第0372号

凡购本书,如有缺页、倒页、脱页,由本社图书营销中心调换

前　言

为推动家用纺织品设计师职业培训和职业技能鉴定工作的开展,在家用纺织品设计从业人员中推行国家职业资格证书制度,纺织行业职业技能鉴定指导中心和中国家用纺织品行业协会在完成《国家职业标准——家用纺织品设计师》(以下简称《标准》)制定工作的基础上,组织行业内的专家和院校老师,编写了国家职业技能鉴定推荐的辅导用书,《标准》的配套培训教材——《国家职业资格培训教程——家用纺织品设计师》系列教程(以下简称《教程》)。

《教程》紧贴《标准》要求,内容上力求体现"以职业活动为向导,以职业技能为核心"的指导思想,突出职业资格培训的特色;结构上针对家用纺织品设计师职业活动的领域,按照模块化的方式分级别进行编写:共包括《家用纺织品设计师基础知识》、《助理家用纺织品设计师(国家职业资格三级)》、《家用纺织品设计师(国家职业资格二级)》、《高级家用纺织品设计师(国家职业资格一级)》四本。各级别教程的章对应于《标准》的"职业技能",节对应于《标准》的"工作内容",节中阐述的内容对应于《标准》的"能力要求"和"相关知识"。

《家用纺织品设计师》是教程中的一本,适用于对家用纺织品设计师的职业资格培训,也是家用纺织品设计师职业技能鉴定国家题库命题的直接依据。

本书由于编写时间仓促,不足之处在所难免,敬请读者提出宝贵意见和建议。

纺织行业职业技能鉴定指导中心
中国家用纺织品行业协会

编审委员会

主　　任　王久新
副 主 任　杨兆华　孙晓音
委　　员　朱晓红　何　锋　王　易　郑立民　刘淑琴　赵　林

编写成员

主　　编　杨东辉
执行主编　章国礽
编写作者　姜淑媛　樊学美　陈　立　刘　达　梁丽韫　霍　康
　　　　　杨　颐　丁　敏　冯秀芪
主　　审　何　锋

目录

第一章 市场调查与分析 … 1
第一节 制订与实施市场调查计划 … 1
学习目标 / 1
相关知识 / 1
一、市场调查的概念 / 1
二、市场调查的内容 / 2
三、家用纺织品市场调查方案的制订 / 3
四、家用纺织品市场调查的实施和把控 / 6
五、市场调查报告的撰写 / 7
制订与实施市场调查计划工作流程 / 8
一、市场调查的准备工作 / 9
二、市场调查策划 / 9
三、市场调查实施 / 9
四、提交市场调查报告 / 9

第二节 分析调查结果 … 9
学习目标 / 9
相关知识 / 9
一、家用纺织品市场调查分析 / 9
二、家用纺织品品牌的市场调查工作 / 14
三、家纺产品品牌分析 / 16
市场调查结果分析流程 / 18
一、家纺市场营销环境分析 / 18
二、家纺市场概况分析 / 18
三、目标市场定位分析 / 18
四、家纺消费者的分析 / 19
五、家纺产品分析 / 19
六、同行业状况分析 / 19
七、家纺产品品牌分析 / 19
八、撰写家纺产品品牌分析文案 / 19

思考题 / 19

第二章 织物设计制作 …… 20
第一节 织物素材选择 …… 20
学习目标 / 20

相关知识 / 20

一、织物设计的各种要素分析 / 20

二、织物设计素材所表达的产品风格 / 37

织物素材选择工作流程 / 43

一、根据市场要求确定织物设计的基本风格 / 43

二、按照产品风格选择材料、色彩、图案等要素 / 44

三、按照产品风格确定织物的组织设计 / 44

四、其他工艺的选择 / 45

第二节 织物设计方案 …… 45
学习目标 / 45

相关知识 / 46

一、设计创意主题写作方法 / 46

二、织物设计创新知识 / 48

三、围绕设计主题说明材料、色彩、图案整合关系 / 50

四、材料、色彩、图案、工艺的整合过程 / 53

织物设计方案制作流程 / 53

一、确定织物设计的创意主体并说明其风格特点 / 53

二、围绕设计主题说明材料、色彩、图案整合关系 / 53

三、针对设计图案的主题风格和要素组合关系写出创意说明书 / 53

四、试样生产 / 57

第三节 织物样品制作 …… 57
学习目标 / 57

相关知识 / 57

一、编制设计说明书知识 / 57

二、生产工艺知识 / 58

三、织物小样织制 / 60

四、改进设计方案的制订 / 64

织物样品(样稿)制作流程 / 64

一、样稿制作与实施 / 64

二、编制用于指导试样的设计说明书 / 64

三、根据织物设计工艺进行小样试织 / 65

思考题 / 65

第三章 印染图案设计制作 …………………………………………………… 66
第一节 印染图案素材选择 ……………………………………………………… 66
学习目标 / 66
相关知识 / 66
一、印染图案设计风格知识 / 66
二、印染设计素材运用知识 / 72
三、印染工艺知识 / 81
四、印染前后整理工艺知识 / 85
印染图案设计素材选择流程 / 87
一、确定印染图案设计风格 / 87
二、根据印染图案的设计风格选择各种素材 / 87
三、按设计要求选择确定相应的印制工艺 / 87
四、其他工艺的选用确定 / 88

第二节 印染图案设计方案 ……………………………………………………… 88
学习目标 / 88
相关知识 / 89
一、印染图案主题创意写作知识 / 89
二、印染图案设计要素的整合方法 / 91
三、文案综合分析方法 / 95
印染图案设计方案制作流程 / 99
一、确定印染图案设计风格和创意主题 / 99
二、按照印染图案设计风格整合各种设计要素 / 99
三、对印染图案设计方案做出整体的分析 / 99
四、编写产品设计文案 / 99

第三节 印染图案样品制作 ……………………………………………………… 99
学习目标 / 99
相关知识 / 99
一、样稿设计知识 / 99
二、编制样稿设计说明书知识 / 102
三、印染分色描稿与制版工艺知识 / 106
四、按照印染图案分色、描稿与制版工艺要求修改样稿知识 / 109
印染图案样稿制作流程 / 111
一、编制样稿设计说明书 / 111
二、制作适用于印染生产的样稿 / 111

三、按生产要求对样稿进行修正 / 112
思考题 / 112

第四章 绣品设计制作 …………………………………………………… 113

第一节 绣品设计素材选择 …………………………………………… 113
学习目标 / 113
相关知识 / 113
一、绣品设计风格知识 / 113
二、素材信息的采集 / 126
三、绣品生产工艺综合知识 / 129
绣品设计素材选择流程 / 133
一、确定绣品设计主题风格 / 133
二、根据绣品的设计风格选择各种素材 / 133
三、按设计要求选定相应的刺绣工艺 / 134
四、其他工艺的选择确定 / 134

第二节 绣品设计方案 ………………………………………………… 134
学习目标 / 134
相关知识 / 135
一、文案的综合分析 / 135
二、绣品设计综合知识 / 136
绣品设计方案制作流程 / 141
一、确定绣品设计风格和创意主题 / 141
二、按照绣品设计风格整合各种设计要素 / 141
三、对绣品设计方案作出整体的分析 / 142
四、编写产品设计文案 / 142

第三节 绣品设计样品制作 …………………………………………… 142
学习目标 / 142
相关知识 / 143
一、编制设计说明书的方法 / 143
二、绣花软件打版和上机试织知识 / 145
三、样稿修改知识 / 150
四、配线知识、坯布知识 / 151
绣品设计样稿制作流程 / 151
一、制作绣品样稿 / 151
二、编制指导试样的设计说明书 / 152
三、结合生产实际对样稿进行修正 / 152

四、根据设计要求进行制作 / 152

思考题 / 153

第五章 纺织品空间装饰设计 …………………………………………………… 154

第一节 空间展示设计方案 …………………………………………………… 154

学习目标 / 154

相关知识 / 154

一、空间装饰风格知识 / 154

二、室内软装饰设计的风格 / 156

三、家纺产品配套设计知识 / 156

四、家纺产品空间展示设计要求 / 161

空间展示方案制作流程 / 165

一、确定装饰空间的主体风格 / 165

二、根据空间装饰风格的要求进行产品组合设计 / 165

三、按照产品整体风格配套的要求制订展示设计方案 / 166

第二节 纺织品空间展示方案分析 …………………………………………………… 168

学习目标 / 168

相关知识 / 168

一、空间展示文案写作方法 / 168

二、空间展示创意设计分析方法 / 170

纺织品空间展示方案分析流程 / 171

一、品牌和产品分析 / 171

二、主题创意分析 / 171

三、风格定位分析 / 171

四、设计方案合理性分析 / 172

五、后期配饰运用分析 / 172

六、对总体展示效果分析 / 172

第三节 纺织品空间展示方案实施 …………………………………………………… 172

学习目标 / 172

相关知识 / 172

一、设计施工图制作知识 / 172

二、绘制节点大样图 / 174

三、按照空间展示主题的要求选择展示产品 / 174

四、不同风格产品展示的整体搭配 / 178

五、选择各种道具 / 180

纺织品空间展示方案实施流程 / 183

一、项目接洽 / 183

二、签约合作 / 183

三、概念设计 / 183

四、效果图(方案)修改、确认 / 183

五、项目实施,合约完成 / 183

六、合作胜利完成 / 183

思考题 / 187

第六章　产品造型设计 …………………………………………………… 188

第一节　产品造型分析 …………………………………………………… 188

学习目标 / 188

相关知识 / 188

一、家纺产品造型设计的概念及基本要素 / 188

二、家纺产品造型设计要素分析 / 190

三、产品造型要素整合设计分析 / 195

产品造型分析流程 / 202

一、窗帘款式的造型设计分析 / 202

二、窗帘款式的纺织材料运用分析 / 202

三、窗帘款式的辅料配件运用做出分析 / 203

四、窗帘款式的制作工艺做出分析 / 203

第二节　产品造型设计表达 ……………………………………………… 203

学习目标 / 203

相关知识 / 203

一、造型设计所体现的产品功能性 / 203

二、造型设计所体现的产品风格特征 / 208

三、在造型设计中体现产品功能性和风格特征 / 216

四、编写系列产品造型设计说明 / 220

产品造型设计表达流程 / 221

一、分析造型设计所体现的产品功能性 / 221

二、在产品造型设计中具体体现某一产品的功能性 / 221

三、分析造型设计所体现的产品风格特征 / 221

四、在产品造型设计中具体体现某一产品的风格特征 / 221

五、编写产品造型设计文案 / 221

思考题 / 222

参考文献 …………………………………………………………………… 222

第一章 市场调查与分析

家纺设计师市场调查工作有别于助理家纺设计师的市场调查,要求家纺设计师通过系统的调查知识的学习,具备制订市场调查计划与实施调查计划的能力。家纺设计师应该通过对市场调查的分析,写出对企业的品牌建设和新产品开发有指导意义的市场调查报告,并能按目标市场及消费群体的需求明确企业的品牌和产品定位。

第一节 制订与实施市场调查计划

家纺设计师的市场调查工作与企业的整个营销活动息息相关。因此,家纺设计师的调查工作也是与企业营销人员共同配合下完成的一项工作。企业营销人员的市场调查活动贯穿于整个营销工作的始终,其侧重点在企业的经营方向与营销策略等方面,而作为设计师的市场调查活动则是重点围绕企业的品牌建设和新产品研发设计等方面。本章节教材市场调查重点突出的是家纺设计师在本职工作中所应具备的制订与实施市场调查计划方面的知识与相应能力。

❀ **学习目标**

通过学习制订市场调查计划书与实施市场调查计划的知识,使家纺设计师能根据家纺企业的实际情况选择市场调查的目标主题,拟定切实可行的调查方案并把控调查实施的过程,提交对企业的经营决策和产品开发有指导意义的市场调查报告书。

❀ **相关知识**

一、市场调查的概念

所谓市场调查是运用科学的方法和合适的手段,系统地搜集、整理、分析和报告有关营销信息,以帮助企业准确地了解市场机遇,发现市场营销过程中的问题,正确制订、实施和评估市场营销策略和计划的活动。

家纺市场调查是为了进行有效的家纺市场营销所进行的调查与研究活动。具体地讲是家纺企业为了制订某项具体的营销决策而对有关市场信息进行系统的收集、分析和报告的过程。家纺市场调查并非对市场营销的所有问题盲目地进行研究,而是重点围绕家纺企业某项经营决策的需要进行调查。市场调查的职能是既服务于市场营销,又监控营销管理的过程,是制订营销决策的前提条件。市场调查本身是一个系统工程,它包括对有关资料进行系统的计划、收集、记录、分析解释和报告的过程。

二、市场调查的内容

在企业的经营活动中,市场调查的内容覆盖营销管理的全过程,从识别市场机会、确定目标市场、市场定位,到分析营销效果,都是市场调查的内容。我们经常进行的市场调查有:个人消费者市场调查、产业市场调查、目标市场调查、产品调查、价格调查、销售渠道调查、促销手段调查、竞争对手调查等方面。

联系到家纺行业的实际情况看,家纺企业市场调查的内容涉及家纺市场营销环境调查、家纺消费者的市场调查、家纺产品的产品调查、家纺产品的市场价格调查、市场竞争对手的调查以及相关联的销售渠道调查等内容。通过市场调查达到使设计师了解在宏观与微观经济环境中,企业面临的自身状况和需要解决的问题;了解不同消费者的消费观念和消费方式及其诉求,确定服务的方向;了解各类产品的市场信息,确定产品开发的方向;了解同行业竞争者的发展状况以决定本企业的自身经营策略;了解各种渠道的销售模式特点,有针对性地选择适合自己的营销服务方式。

(一)家用纺织品市场营销环境的调查

家用纺织品市场营销环境的调查工作分为宏观市场调查与微观市场调查,宏观市场因素有政治法律环境、社会文化环境、经济环境、技术环境、地理环境和竞争环境;微观因素有企业、供应者、营销中介、消费者和公众等因素。

对宏观市场环境的调查目的是企业从总体方面了解市场需求及其变化的依据,它是家纺企业生存发展和制订中长期发展规划的基础,对微观市场环境的调查目的是企业能够顺利地搞好市场营销和实现既定市场目标的前提条件。这一类调查活动应该是企业经营决策者与设计师共同完成的。

(二)家用纺织品消费者的市场调查

家用纺织品消费者的市场调查工作包括:不同消费者的消费行为、影响消费者的行为的内在因素与外在因素、消费者的类型特点和消费者购买行为的决策过程等方面。家纺产品消费者行为的调查目的是按不同消费者的需求开发适合于其消费的产品。对家纺产品消费者不同类型的调查是使家纺产品设计不断细化和针对性更明确的市场细化的必要过程。

(三)家用纺织品的产品调查

家用纺织品的产品调查工作是家纺设计师从事的最主要调查工作,从营销学角度来讲,产品调查不仅是指具体的家用纺织品,还包括设计服务在内的相关内容的调查。产品调查包含非常丰富的内容,它是企业和设计师制订产品策略的依据。家纺设计师的市场调查与分析工作要紧密围绕产品调查工作展开。

(四)家用纺织品市场价格调查

家用纺织品市场价格调查工作对于家纺设计师而言也是至关重要的一项工作,因为家纺用品的价格定位直接影响产品的销售和收益。产品价格调查主要是对市场同类产品的价格进行比较,为企业制订经营策略和达到经营目标提供准确的、最佳的选择。

(五)家用纺织品市场竞争对手的调查

家用纺织品市场竞争对手的调查工作主要是针对相同的市场和区域内同类型产品和可替

代产品的生产经营者的调查。通过对竞争对手的调查确定企业所采取的应对策略,实现自身产品的差异化市场目标。

(六)家用纺织品营销渠道的调查

家用纺织品营销渠道的调查目的主要是根据市场的变化不断完善已有的主销渠道并在适当时机进行变革,为营销的各个环境提供优质设计服务。

三、家用纺织品市场调查方案的制订

制订家纺市场调查方案是整个家纺市场调查活动的纲领。同时,它也是市场调查过程的行动指导。调查方案包括:市场调查的主题及其解释;调查提纲的拟定;调查对象的选择;调查途径与方法的确定;调查时间表;调查预算。

(一)确定市场调查的主题

家纺市场调查活动涵盖与企业营销活动相关的方方面面。它贯穿与市场营销活动的全过程,从产品市场研发到营销战略制订,直到产品销售及售后服务。市场调查不仅涵盖对消费者行为的研究,而且涉及企业经营环境、竞争对手和各项市场营销组合要素的研究等。对企业设计师来讲,市场调查的计划制订不可能包罗万象,而必须明确每次调查活动的主要范围,以尽可能短的时间、少的费用达到目的。确定调查主题,就是解决调查什么的问题,这在家纺市场调查中是非常重要的,它既是调查的出发点,也是调查的归宿点。

市场调查的主题是根据企业需要解决的相关问题提出调查要求。它可以是整个营销系统的调查活动,也可以是其中某一点或某几个内容结合的调查。设计师市场调查重点一般是企业新品牌的策划与推广问题、新产品研发进入市场的问题等。如果新品牌策划与推广的市场调查所涉及的面较广泛,将采用综合性的调查方法进行。如果属于细分市场的产品研发调查活动,则重点围绕细分市场的各方面展开。

家纺企业按其发展的需要往往会在原有品牌的基础上推出第二、第三、第四品牌。在推出新品牌之前和推广新品牌的过程中以及推出后都要进行市场调查工作。此类调查活动的主题始终围绕新品牌建设与推广展开。具体调查内容包括新品牌所面对的市场环境、新品牌在目标市场的容量、消费者对新品牌的诉求与认可度、新品牌与市场竞争对象同类型品牌的比较优势、新品牌产品风格与产品价格的定位、新品牌选择何种营销模式和销售渠道等。

家纺行业每半年会召开一次行业性博览会,因此行业内相应出现半年一次产品更新的局面。在每次的博览会之前,家纺企业会围绕本次会议推出的新产品类型进行一系列市场调查活动,以确定新产品研发方向,在展会期间与展会之后也会跟踪调查新产品投入市场的反映效果。像这样一年两次的市场调查工作的主题都是围绕新产品研发展开的。

家纺企业在其不同的发展阶段都会选择一种营销模式,并建立相应的销售渠道。在企业进行营销决策的过程中必须以市场调查为依据来进行。像这类的调查活动的主题是围绕营销决策而展开的。

家纺企业的市场销售存在一个时间性和季节性问题,家纺企业为了在一段时间内主推出一类新产品也会集中进行市场调查活动。比如,企业在研发婚庆系列产品和投放市场的过程中,企业就会对婚庆产品推出的时机、选择的目标市场类型(一线、二线、三线市场)、目标消费者的个性需求和差别、本企业产品与同行业同类产品的比较优势、采取何种定价策略与营销手段等进行市场调查工作。这一类市场调查主题称为专题市场调查,如婚庆专题市场调查。

制定市场调查主题一定要十分明确,针对性强。调查的内容和调查的对象选择要围绕调查主题展开。

(二)市场调查提纲的拟定

按照调查主题的要求,调查活动首先要拟出相应的调查提纲。调查提纲围绕以下几方面展开。

(1)市场调查的目的和要达到的效果。

(2)确定所要调查的有关对象。

(3)确定调查的范围和具体的地点。

(4)采用何种方式进行市场调查。

(5)确定对调查资料进行收集、整理的方式。

(6)计划时间和进度。

(7)费用预算。

(8)人员安排。

(三)确定调查项目

调查项目是指对调查对象所要调查的主要内容,即向被调查者了解些什么问题。确定调查项目时,必须考虑每一问题都能通过调查得到明确的答案。项目的表达方式要明确,一般用"是"或"否"、"满意"、"比较满意"、"不满意"的表格填写,或者用准确的数字表示调查所提出的问题。

确定调查项目中最重要的工作是市场调查问卷的设计工作。在编制问卷时,要按一定步骤,编制问卷包括预先准备阶段:首先将调查目的与对象、方式等一一确定,然后制订资料收集表和填表的说明文字。制订表格要准确标明获取数据信息,也可配以图形和实物样品征求答案。设计问卷要对问题提出备选答案,以利于调查对象按预定的目标完成调查任务。

(四)市场调查对象的确定

调查对象的选择一般根据调查的目标来确定。由于市场调查的主题不一样,所以在调查对象的选择上也有相应的区别。属于宏观市场环境与微观市场环境的调查活动一般不直接指向消费者,因为调查的方式和对象也不一定针对消费者进行。宏观市场环境所面对的对象包括政策法规的制订者、研究社会问题的文化团体与部门、从事宏观经济研究的团体与机构、从事科研和科学技术工作的部门、各类社会职能部门和管理机构等。微观市场环境调查所面对的是营销渠道中的企业:供应商、中间商、代理商、服务商、营销服务机构等。营销渠道调查中面对的顾客包括直接与间接的客户,可以统称为服务对象。属于产品研发一类的市场调查活动往往通过终端市场直接面对消费者。一般来讲,消费者分为现有消费者和潜在消费者两类,根据市场调查的具体要求可在这两类消费之间进行针对性的询问调查和综合调查。属于品牌创新的品牌维护的市场调查活动可以以社会公众作为对象,此类对象是对社会产生影响力的团体与机构。

(五)市场调查的途径与方法

市场调查分为实地调查、走访询问调查和书面问卷调查、抽样调查、文献分析调查等多种形式,其目的都是为了获取第一手准确的信息资料。调查方法并没有一成不变的模式,完全可以因条件和目标的要求而灵活掌握、灵活运用。随着社会发展和科技进步,调查的方式可以更加灵活多样,比如通过互联网的调查等。为了具有可操作性,现根据目前通行的方法举例如下。

1. 询问调查法

询问调查法包括直接面对调查对象的询问和邮件询问、问卷询问以及填写表格方式的问卷调查等。如家庭走访、召开座谈会、电话采访等是最基本的询问调查法的调查方式,它具有真实性、直观性和灵活性的特点,能使调查活动深入而有成果,获得丰富的第一手资料。其他间接的调查方式其优点在于面广、投入低,具有普遍性价值。

2. 实验调查法

如在新产品试销过程进行调查的方式即为实验调查法。通过新产品投入试销过程跟踪了解用户和市场的反映。在此调查过程中可以采用统计方法、抽样调查方法、产品对比和资料收集分析等方法取得准确的调查信息和得出结论。

3. 查找资料调查法

在信息社会环境中,社会的方方面面存在大量的信息,如电视、网络、报刊传媒、图书、档案等,调查者通过统计、分析、归纳等方法将信息分类处理,得出相应的调查结果。

各种调查方法都是互相配合、交互运用的,关键在于调查者必须目的明确、检验调查资料的真实性和可靠性,并通过分析处理得出正确的结论。

(六)数据整理和分析方法

市场调查资料整理方法的一般步骤如下。

(1)做好市场调查资料的接收工作。

(2)对调查资料进行质量检查。

(3)进一步对资料检查校订。

(4)对市场调查资料进行编码,并录入计算机。

(5)制订统计清单。

(6)利用计算机对资料数据进行处理(常用计算机软件有 Spss For Windows)。

除了上述的资料整理与处理步骤外,市场调查资料的理论分析是更重要的工作,它与统计分析有密切的联系,它既对统计分析起指导作用,同时也是对统计结果的判断和解读。理论分析所要解决的问题是对各种相关联的因素之间的共变关系和因果关系加以剖析、指出其内在的原因,得出正确的调查结论。

家纺市场调查一般多为实地调查,搜集的资料比较分散、不够系统。在调查中必须对大量原始资料进行汇总处理,达到条理化和系统化。调查者可以制订相应表格,也可以通过计算机进行归纳处理。对于定量分析的资料可以采用科学的分析方法利用计算机来完成。至于具体采用何种分析方法来处理信息资料,要根据调查的要求选择最佳方案。

（七）确定调查时间和期限

调查计划要注明起止时间，同时要确定调查活动的时间进度表，因为市场调查工作都存在一个时效问题，调查活动要尽可能缩短时间。从总体方案的设计论证到调查方法的确定、调查人员的选用和计划实施、数据分析、撰写调查报告是一整个市场调查流程，需要有一个明确的时间表，以便于掌控整个调查活动的开展。

四、家用纺织品市场调查的实施和把控

家纺市场调查工作实施总体要求调查者要按照调查计划和进度保质保量地完成整个市场调查工作。

（一）实施的步骤

1. 调查计划实施的三个阶段

（1）第一阶段的任务是按计划对市场的信息和资料进行采集和处理（家纺市场实地调查和走访、询问、座谈等都是市场信息收集的过程）。

（2）第二阶段的任务是对收集的市场信息资料归类、分析、制订表格和编写分析的文字材料。

（3）第三阶段是将所有的调查资料和分析资料汇总、写出市场调查报告。

对家纺行业来说，大量的市场调查工作是一个循环往复不间断的市场跟进工作。因此，某一阶段的市场调查工作结束并不是调查工作的终结。家纺市场调查更看重的是市场调查的不断跟进过程，所以还应该进行追踪市场的调查。

2. 对市场进行追踪调查的任务

（1）对调查过程中的原始资料、数据进行检测，是否有不准确和错漏的问题。

（2）市场营销策略和新产品研发方向与调查情况是否一致，有否出现偏差。

（3）调查主题和调查方法中有什么需要加以改进的地方。

（4）由于市场所发生的新变化使情况有所改变而需要做出不断调整的问题有哪些。

总而言之，市场调查是一个不断实践的过程，是需要不断地调整和改进的过程。

（二）市场调查的把控

家纺市场调查除了重大决策或是大型营销活动的策划以外一般不用聘请专业调查公司进行。对调查项目的实施大多由本企业项目负责人承担。对调查中的监管一般也没有过细的分工。但是市场调查的监督和把控工作对实施调查计划是不可缺少的。

对市场调查的把控是实施主管的职责，他应该深入地了解调查项目的性质、目的及实施要求，负责对具体调查人员的培训和实施监督。最终要把好市场调查的质量关，杜绝调查工作中的欺骗性行为。

在调查过程中，会存在一定的随机误差和系统误差，对这一类问题的解决方法是：首先要对调查人员培训工作把好关，进行认真严格的培训，尽量防止出现误差，另外在实施过程中要随时监控和检查，不明确的地方要进行复查。检查的方法也可以采取抽样控制方法。

五、市场调查报告的撰写

市场调查的主要目的是为企业营销决策和营销管理服务。为此,调查者必须拿出结论明确、科学完整的报告提供给决策者。调查报告要有调查数据,有科学分析和明确的结论,它既是决策者的决策依据又具有存档的价值。

一份好的调查报告是对调查工作全面的总结和调查质量的肯定。因此,调查报告的写作对整个市场调查的工作显得至关重要。

(一)市场调查报告的写作要求

完整典型的调查报告要求有各类调查的数据、用以说明调查数据和调查情况的文字说明以及相关的图表乃至实物材料,在家纺行业一般会有布版、样品、配色参数等实物材料做附件材料。

(1)报告内容要清晰、明白、针对性强,便于决策者阅读和理解。

(2)在行文上逻辑性要强,层次要分明,不过多地使用专业用语。

(3)语句要通顺流畅,句子要简洁,尽量不用模棱两可的虚词和形容词。

(4)报告写法不要太平板,要求重点突出,说明问题具体。而不要面面俱到、抓不住中心。

(5)报告写作形式可以活泼多样化,以引起阅读者兴趣,提高报告的感染力。

(6)注意各种标记、符号的使用和关键词的运用,做到形式不拘一格。

(二)编制调查表格的要求

调查表格是调查报告的重要组成部分,其编排要标志明确、规范、便于阅读者进行查对,具体有以下几点要求。

(1)表格的标题要放在表格上方中间,要准确地表明资料的内容、类别、时间等。按调查活动的程序将每个表格编上序号,如表Ⅰ、表Ⅱ……同时要与说明文字相对应,以免造成混乱。

(2)数字的填写要按统一的数位表示,每个数位要对齐,做到一目了然。表格中的数字与正文数字要互相对应。

(3)表格中项目的排列要按资料内容的主次顺序排列。把主要的项目排在前面,其他依次排列。

(4)统一在表格的上方标明计量单位。

(5)统一在表格的下方标明脚注,以说明资料来源等信息。

(6)注意在表格中使用不同的符号,如重点符号等。

(三)市场调查报告的内容与格式

市场调查报告的内容与格式应根据不同类别的调查报告的要求来确定。因此没有固定的内容与统一的格式。市场调查报告按不同的使用目的来分有不同类别。如供报纸杂志发表用的调查报告,从内容和形式上都要考虑读者的喜好,需要有很强的可读性;供专业人员培训用的专题报告一般在内容上要有很严密的逻辑结构和推导结论,侧重于理论的分析和细节的研究。

家纺市场调查报告一般是提供给企业决策参考用的报告。重点是围绕调查项目以及分析结果等主要内容。报告要得出结论和提出决策的意见和建议,不必罗列太多细节。

家纺市场调查报告的写作可以因人而异,关键在于内容要明确,问题交代清楚,注意条理化。具体写法可以从下面几个方面展开。

1. 报告的封面

在报告的封面上首先要突出调查报告的题目。标题下面注明调查者和所在单位、部门、完成报告的时间。

2. 调查报告的目录

目录主要内容包括报告的内容索引和附录以及页码。附录一般放在正文的后面(内容包括各种表格、图片、实物样品等)。

3. 调查报告的内容提要

调查报告的内容提要要求用概括的文字说明调查的主要内容和调查成果以及结论。内容提要的目的是让人一目了然地知道整个调查报告的内容。

4. 调查报告正文部分

调查报告的正文可以按调查进程的顺序来写。一般包括以下内容。

(1)引言:交代调查主题和调查目的以及背景资料。

(2)调查的时间、地点及人员安排。

(3)调查的对象及调查的方法。

(4)调查的分析方法,包括定量分析和定性分析。

(5)调查的结果。

调查报告正文的重点是强调所调查的项目及调查的结果,过程可以简略地表述。对调查结果要有比较详细的解释和说明,对调查中的表格和资料分析等也应尽可能有详细的说明材料,增加其可信度。

5. 调查报告的结论和建议

调查报告的结论是建立在调查资料的准确性和代表性以及分析推理的逻辑性和科学性基础之上的。调查报告的结论往往不是简单的肯定式与否定式,而是列举出市场的客观现状与营销决策相对应的各种可能性,每种可能性都有其合理与不合理成分。因此决策者的选择才能成为我们讨论的重点。调研者可以试图对几种不同的决策可能产生的结果作出自己的预测,并在此基础上提出能成为决策者最佳选择方案的合理化建议。

6. 调查报告的附件

附件材料和实物材料是调查报告不可缺少的部分。特别对于家纺行业而言,这些佐证材料是进行决策的主要依据。附件材料的内容也包括一些调查对象的资料、有关资料来源的第一手材料等。这些资料和材料除了作为报告的正文佐证材料之外,还是宝贵的档案资料,具有保存和今后作为参考的价值。

✤ 制订与实施市场调查计划工作流程

制订与实施市场调查计划流程是家纺设计师在掌握了相关知识的基础上对其实际能力的检验与考核要求。

制订与实施市场调查计划工作流程包括以下几方面的内容。

一、市场调查的准备工作

准备工作包括提出企业营销工作中的问题(包括产品研发工作中的问题);对问题的内外部环境进行分析;确定市场调查目标并进行探索性市场调查。

二、市场调查策划

市场调查策划包括确定调查主题、制订调查计划、确定调查的具体项目、设计调查方法和问卷、选择调查对象、明确调查进度和经费预算。

三、市场调查实施

市场调查实施工作内容包括确定调查实施责任人和调查人员、明确调查工作职责、按计划要求步骤完成调查任务,并在过程中实行监控把关。

四、提交市场调查报告

市场调查报告要按市场调查的总体要求撰写,内容要准确、真实,要针对调查工作的情况做出分析结论,并提出决策的建议。

第二节 分析调查结果

❋ 学习目标

通过家纺市场具体的调查分析方法和品牌调查分析方法知识的学习,使家纺设计师具备家纺市场调查分析与提炼的能力,并且能够运用产品品牌分析方法来指导家纺产品品牌的分析工作,能编写家纺产品品牌的分析文案。

❋ 相关知识

一、家用纺织品市场调查分析

(一)营销环境分析

家纺市场调查分析,首先要对市场营销环境进行分析,环境分析涉及宏观环境与微观环境两方面。宏观环境是一种制约因素,而微观环境是企业决策的依据。

1. **市场宏观环境分析**

市场宏观环境包括:企业目标市场所处的区域的宏观经济形势;市场的政治、法律背景;市场文化背景三方面。

家纺企业的品牌产品进入某一具体地区(国内或国外),应该分析该地区总体经济形势和总体消费状况以及该地区家纺业发展现状。分析的目的是根据企业自身情况考察其品牌产品在该地区该市场的发展前景如何。同时,也必须了解市场的政治法律背景情况,分析有没有不利的政治因素和法律因素影响市场营销。另外,从文化角度分析,本品牌产品与目标市场的文化背景有没有冲突,或者说消费者是否认同本品牌产品的文化内涵。

对市场宏观化境分析的目的是为了使自己的品牌产品能够除去阻力因素,融合到该市场中站稳脚跟。

2. **市场微观环境分析的内容**

企业的供应商与企业的关系以及产品营销中间商与企业的关系。家纺企业在市场营销中要根据自身情况选择合作伙伴,建立一种合作关系。因此在市场环境中要对上下游合作对象的情况和诉求进行分析研究,为决策过程中选择何种营销模式和提供何种服务做出抉择。

(二) 家用纺织品市场概况分析

家纺市场概况包括市场规模、市场的构成及市场的特点。

1. **市场规模的分析**

市场规模的分析首先是确定该市场基本的销售额有多少,然后根据调查分析如果采取刺激销售的办法能够使市场最大限度实现多大的销售额。市场规模的调查还应该了解在整个市场消费者的总量有多少,其中实际购买者有多少。以上的统计分析可以按月、季度、半年、全年来进行。实际市场不是一个静止的市场,而是随着各种因素变化而变化的。市场调查也要对变化的情况以及变化的原因进行调查和分析并预测未来市场规模发展及变化的趋势。

市场规模调查分析的目的是确定该市场的现有空间有多大,未来发展的潜力有多大。本企业市场目标的决策也要根据其容量来确定。

2. **市场构成的分析**

市场构成的分析包括构成该市场的主要家纺产品的品牌有哪些、各品牌所占据的市场份额有多少,在众多家纺品牌中居于主导地位的品牌有哪几家,其各自特点与优势如何,与本企业产品品牌形成竞争之势的品牌有哪几个,各有哪些优势与劣势,随着市场此消彼长的变化,未来市场构成的发展趋势会怎样。市场调查不是静态的而是一个动态的概念。因此,分析市场也要立足于发展与变化的研究。其中变化的因素很多。首先是产品的研发创新刺激市场的变化,社会时尚潮流的变化也是重点分析的因素之一,其他如营销手段策略、外来因素的影响、可替代产品的出现、消费观念的变化等复杂因素都会对市场构成造成影响。对家纺设计师来讲,重要的分析研究内容是时尚潮流的变化与产品设计风格的新陈代谢与消费者的消费取向等,通过分析给自己的产品明确的市场定位,形成竞争优势。

3. **市场特点的分析**

市场特点的分析是针对不同市场的特殊性而言的调查分析。比如中国家纺市场南、北方存在的差异性,国际市场欧美、中东、亚洲都存在差异性;另外家纺市场也存在季节的差异性,销售淡季与旺季的差别等。对不同地区特点的调查分析对产品品牌决策具有重要意义,它可以使企业产品品牌避免盲目地进入市场,加强对不同地区不同市场的针对性。另外,新品牌产品选择何时何地投入市场也有明确的规划和营销策略。

总体来讲,对家纺品牌市场的调查与分析活动对企业经营决策具有十分重要的意义。要求调查者通过分析找出本企业产品品牌在市场上的机会与面临的各种挑战,找出自身的优势与劣势。围绕决策中主要问题提出解决的方案。

(三)目标市场定位

市场调查分析的总目标是确定家纺产品品牌的目标市场以及目标市场策略。在市场分析过程中,首先要将市场细分化,按照"细分要素"把整体市场分为若干子市场。每个子市场都有相应的消费群和产品、服务的特定需求。在市场细分化的基础上,企业根据自身资源条件和经营能力选择一个或者几个子市场作为自己的目标市场。最后,根据"目标市场"的定位制订营销决策。

1. 家纺市场的细分

家纺市场细分要考虑本企业的实力和资源配置,选择自己擅长和适合做的产品作为发展录目标,而不要盲目攀比和不适当地强调扩大市场份额,这里关键问题是作为一个企业要做到"有所为,有所不为"。比如,企业以儿童家纺用品市场为自己的主打目标,在进入市场之前要考虑做哪一类儿童家纺用品;在品种上选床品类、布艺类、盥洗类和综合类的哪类;在年龄段上选择婴儿类、幼儿类、少儿类的哪类;在市场选择上做内销或外销,一线城市或二线、三线城市;在档次上选择大众化、中档、高档的哪一类。实力强的企业可以选择综合类大城市以及高档次的目标,而不具备一定实力的企业可以专攻一类产品将其做精做细,同样可以取得好的市场业绩。市场细分有如下要求。

(1)要找出细分市场的明显特征,各个项目的指标要明确、具体、有可操作性。

(2)细分的范围要合理,与实际市场密切相对应。

(3)细分市场应具有一定规模和发展前景。

(4)在一段时间内相对稳定。

细分市场重点要分析消费群所处的地理环境、人口因素、心理因素、购买力等,提出总体的目标市场策略。

2. 目标市场的确定

目标市场的确定要综合两方面因素,一是市场的客观因素,二是企业的内在因素。两者有机结合,这里的结合点是可行性评估和价值的评估。进行这类评估需要有充分可靠的数据、系统的资料以及科学的分析。

在现实情况中,一些家纺企业很热衷于推新品牌和新产品,但新品牌或新产品在实际运营中都不能持久,由于没有取得相应的效益和回报而淘汰出局。其根本原因是市场分析的工作做得不够。所以这里强调市场分析和评估一定要严格、准确。企业一切经营活动的目标都是要取得相应的业绩和效益。对目标市场可行性与实际可能的收益要仔细的测算和客观地加以判定。这样才能避免决策失误。

3. 目标市场营销策略分析

家纺企业在选择了目标市场后也不能采用一刀切的营销策略。营销策略的制订同样要对企业的自身情况与市场变化情况作出准确的分析和判断。

(1)无差异营销策略。企业有较大的生产加工能力,产品以批量生产的方式生产,要求低成本快速度运作一般可以采用无差异营销策略。其优点在于品牌形象比较确定,有统一的识别标志和标准化系统,整个营销活动便于控制成本。缺点是可能会导致市场上同质化产品激烈竞争,对于消费者的个性化服务需求难以达到最佳状态。

(2)差异化营销策略。是目前家纺行业大多数中小型企业采用的一种营销策略。这种营销特点是企业同时在几个细分市场上开展营销工作,将自己的产品设计分为不同的产品系列。如家纺企业经常按产品风格推出经典奢华、时尚简约、乡村田园等类别系列产品以满足不同消费者需求。其优点是能迎合消费者时尚消费需求获得高额效益。但也会给一个企业造成管理上的投入和新产品投入成本加大,控制不到位也会产生经营风险。

(3)集中营销策略。即集中力量为一个细化市场服务。集中营销策略的关键点在于专业化的运作。其优点是通过系统运作可以提高企业的核心竞争力,求得相对稳定的发展,缺点是对于多元化市场应对能力差;因为对于市场投资比较单一化,出现风险时的应变力差。

综上所述,作为家纺企业的市场营销策略要综合予以考虑,要注重市场基本情况,企业投资的实际效益以及面临的风险。

(四)家用纺织品消费者的分析

家纺设计师的最终服务对象是各类消费者,对消费者的分析决定品牌产品研发的方向。

家纺行业属于时尚的产业,家纺产品不但是满足消费者生活实用的消费品,更重要的是它的时尚审美功能性。对消费者而言,更注重的是对家纺产品在时尚审美方面的诉求。分析消费者应该从品牌产品的实用消费与审美需求两方面进行。时尚和流行趋势是一个动态的概念,消费者的需求也是随时尚变化而改变的。一个家纺产品品牌一般都有一个基本的风格特征与风格定位,如果要想始终在消费者心目中保持其品牌地位,就必须不断地对消费者时尚趋向做出分析。在品牌产品研发创新中融入时尚元素,保持与消费者良好的互动关系。

按照家纺行业的特点,其消费群体可以从以下三方面类别来划分:按年龄段的划分一般分为婴幼儿、少儿、青年、中年、老年;按个性特征来划分一般为传统型、时尚型、个性化和追求品位等类别;按消费水平来划分可分为大众化消费、中档消费和高档消费。对于某个特定产品品牌的市场调查与分析活动来讲,它所分析的应该是与产品品牌相对应的这一部分消费者的特殊要求,从而在品牌产品的研发中做好设计服务工作。

就某一产品品牌消费而言,其消费者群有相对稳定性,市场调查分析活动可以围绕这类人群开展。具体的调查分析活动分为该产品品牌现有消费者、潜在消费者两类。而分析活动的结果是要求分析者了解目标消费群的特点和共同需求做出目标消费群定位并确定为其服务的方针。

1. 现有消费者分析

某一产品品牌的现有消费者可以通过问卷调查、零售统计调查和走访调查方式取得资料进行分析。现有消费者分析分为三方面。

(1)现有消费者的构成,在问卷设计上可以从年龄、职业、收入、受教育程度、个人爱好等方面调查。分析的目的是了解这一部分人的总体类型、基本特点,如工薪层、白领层、动感一族、成功人士……便于在产品品牌决策上确定共同点。

(2)现有消费者的消费行为分析:购买动机、购买时间、购买频率、购买数量、购买地点等。

分析的目的是确定本产品品牌用何种营销模式和何种营销策略来达到实现销售的目标。

（3）现有的消费者对本产品品牌的总体态度。包括对本产品品牌的喜爱程度、对本产品品牌认知程度、对本产品品牌的偏爱程度、对本产品品牌指名购买程度、使用满足感、希望改进的意见与建议等。调查分析的目的是了解品牌产品在消费者心目中地位的需要改进的问题，直接指导产品研发工作。

2. 潜在消费者分析

家纺产品的市场销售与消费者的购买行为存在很大的随机性。往往在开始阶段消费者并不明确自己要购买何种商品，消费者在商场选购过程中，通过各方面的比较最终决定购买。因此家纺品牌产品的潜在消费者的空间很大。对潜在消费者的调查分析活动可以通过零售店对购买者进行询问调查，也可以准备好样品资料上门走访调查。

潜在消费者调查分析的目的是要吸引这一部分消费者对本品牌的兴趣与关注度，了解他们的购买行为与需求，进一步改进产品品牌的整个营销工作和产品设计，扩大目标消费者群和品牌产品在市场上的占有份额。

(五) 家用纺织品的产品分析

家纺产品分析是家纺设计师最重要的课题。家纺产品分析的内容包括产品设计的特征、产品的质量、原材料与生产工艺的运用、产品外观与包装、与同类产品的比较等内容。进行家访产品分析的目的是使企业明确自己的品牌产品的定位。这种定位的目标要得到消费者的认知并能满足消费者对品牌定位的预期。

1. 产品设计特征分析

产品设计特征是与同类产品比较显示的。产品设计特征要体现特定消费者的需求并使之产生满足感。家纺产品的特征从性能上讲可以强调健康环保的特征、舒适柔软的特征、坚挺滑爽的特征等。从审美性上讲可以强调某种文化和风格内涵、时尚的家居理念等。分析的目的是要求设计师能与时俱进地了解消费者需求搞好产品研发工作。

2. 产品质量分析

产品质量分析对于企业来讲是必不可少的内容，产品质量问题有二：其一是指现有产品质量能否满足消费者要求，存在什么质量问题需要解决？其二是指现有产品为适应发展的需要如何进一步提升产品质量。产品质量调查与分析是一个不断跟进的过程，应该纳入到日常品牌管理与品牌维护工作中去。

3. 产品原材料与工艺运用分析

随着家纺行业发展与科技进步，各个家纺企业在市场竞争中不断研发和推出新原料新工艺的创新产品以刺激市场消费需求。新材料和新工艺运用问题是行业关注的焦点。家纺设计师的工作是整合材料与工艺进行创新设计。因此，对市场和行业内出现的竞争变化应该十分关注，及时地掌握信息进行研究，适时推出有竞争力的产品。对新材料和新工艺运用，消费者也有一个认识过程，这里存在一个如何向消费者宣传推广的问题需要解决。

4. 产品外观与包装分析

家纺产品外观与包装好坏，特别是其展示的效果好坏对吸引消费者产生购买欲望有十分重要的作用。分析的目的是通过本企业的产品外观与包装与同类产品相比较是否突出、醒目、有吸引力。通过分析了解消费者心理进一步改进工作。

5. 与同类产品的比较

与同类产品的比较主要是从产品性能、特点、质量、材料与工艺、消费者认知度等方面作比较,需找自身差距与不足的地方,研究解决的方案。

产品分析是综合性的分析工作,但在分析结论上要找出突出的主要问题,针对主要问题寻求解决办法。产品分析也要考虑企业自身状况,尽可能发挥企业核心优势作用,扬长避短,制订切实可行的产品研发创新的方案。

(六)同行业状况分析

家纺企业的生存与发展要建立在可持续性的基础上。因此,家纺企业对自己生存环境,主要的是对行业发展状况要进行了解和分析,使自己在市场竞争环境中立于不败之地,行业状况分析的包括以下内容。

1. 企业在市场竞争中的地位

企业的地位可以从两方面进行判断:第一是看自己的品牌产品在市场上占有率有多少;第二是考察消费者心目中对本企业的品牌认识程度如何。

企业竞争往往形成优胜劣汰的局面,而一个企业想立于不败之地,取决于是否具有后发优势:企业自身的资源和发展目标如何?行业状况的调查和分析可以使一个企业保持清醒的认识,认识到企业的机遇与危机,适时地对企业的资源进行升级和重组并不断地调整企业发展的战略目标。

2. 了解企业的竞争对手

企业的生存发展必然会面临市场竞争,因此,企业在市场营销中要时时刻刻调查分析自己的竞争对手是谁、竞争对手的基本情况以及本企业与竞争对手之间优劣势的比较。优势与劣势是相对的,是相比较而存在的,也是一个不断消长的可变因素。企业通过各方面的比较,找到问题的关键而进行必要的调整、改革,就可以讲劣势转化为优势,赢得竞争。当然,市场竞争也并非是一场你死我活的搏击。必要的竞争是推动事物前进的动力,对市场竞争的适度把控同样可以造成双赢局面。因为通过对市场竞争的深刻分析,可以使企业避开低水平的同质化竞争,向着成熟的细分市场发展。

二、家用纺织品品牌的市场调查工作

(一)调查的内容和目的

家纺设计师从事的家纺品牌市场调查活动主要围绕企业的品牌规划与品牌建设来进行。品牌规划与品牌建设是一个系统工程。而设计师要重点解决的是产品品牌的市场调查与分析工作。

1. 家用纺织品品牌调查的内容涉及的范围

家用纺织品品牌调查的内容涉及的范围包括产品品牌的市场环境、产品品牌的市场形象、顾客对产品品牌形象的认知度、产品品牌的满意度和忠诚度、品牌产品的竞争力、产品品牌的营销方式等。

2. 家用纺织品调查的内容

家用纺织品调查的内容有：产品的总体形象、产品的风格定位、产品的现有消费者、潜在消费者与目标消费者、产品的特点、产品的质量、产品的价格、产品的材料和工艺、产品的外观与包装特点、产品的与同类产品比较以及其生命周期等。

家纺设计师通过上述内容的调查和分析，为进一步搞好产品品牌规划和实施产品开发计划做出方向性指导。

（二）调查的程序

按照产品品牌和产品调查的内容要求制订计划书和设计问卷图表，准备实物资料，采取分类方法进行。家纺用品种类繁多，涉及面广，应锁定具体范围和具体目标从局部到整体展开调查。

对于一个已经进入市场和准备进入市场的家纺产品品牌，企业的设计师都要在事前、事中、事后做不间断的市场调查工作。这几方面的市场调查的内容可以按下面的顺序进行。

1. 事前的调查

事前的调查为新产品品牌可行性调查，包括宏观与微观市场环境的调查、目标市场的选择、消费者对象的选择、产品风格定位、营销渠道和营销方式的确定、产品的推广策略等。

2. 事中调查

事中调查主要调查新产品品牌进入市场后消费者满意度与忠诚度等信息反馈、同类产品的优劣比较、市场的客观容量、潜在消费者的预测、产品特点、质量、外观等方面存在的问题以及营销模式中不完善的问题、推广方式的问题等。

3. 事后调查

事后调查主要是对新产品品牌进入市场后的效果与效益的评估，通过整体分析评估为下一轮产品研发工作指出方向。

（三）调查方法

新产品品牌和品牌产品的市场调查有定量的调查与定性的调查两方面。定量调查是以表格形式来进行调查，可以设计不同的问卷，选择有代表性的调查对象进行调查。这里重要的问题是要保证其广泛的代表性。定性调查可以用个别走访、召集座谈会、现场观察的方式直接与调查对象交流，通过交流得出结论。由于家纺产品的原料、工艺、设计风格、色彩搭配等都是比较专业的问题，一般被访者很难作出明确的回答。因此，家纺调查一定要配备大量的实物样品，通过筛选，分类整理才能得到准确的数据资料。

（四）调查对象

家纺企业在其营销的活动中都会形成上游、中游、下游相互协作的产业链。家纺产品品牌的市场调查工作首先都是从自身的产业链中相关人员开始的。随着调查工作不断深入，调查对象会逐步扩展到与之相联系的有关人员，但最终的落脚点仍然是各类型的消费者，只有深入地了解消费者真实的和潜在的消费需求，调查工作才是卓有成效的。

前面已经讲到家纺品牌的市场调查是一个系统工程，每个家纺企业在实际市场调查工作中要建立起自身的市场调查体系,将市场调查的各方面结合企业实际情况进行科学的排列和组合。一个好的调查策划方案是建立在调查体系规范化的基础上的。所谓规范化是要求课题的选择、方法的运用、问卷的设计、执行的时间、费用的预算等都有规范的计划和安排。

三、家纺产品品牌分析

家纺市场调查工作不是为调查而调查,目的是通过调查分析得出结论来指导品牌的决策和规划。调查是取得数据资料,而分析是在已取得数据资料的基础上加以理性的分析。正因为如此,分析的正确与否会关系到决策的成败。所以调查人员要有一定的理论知识和实际的分析能力,两者缺一不可。家纺产品品牌分析从以下几个方面进行。

(一)产品品牌的属性分析

家纺产品品牌由企业的品牌属性、产品的品牌属性、品牌个性、品牌形象四方面构成。

1. *企业的品牌属性*

企业在社会公众中的集体形象构成企业品牌。企业经营活动的范围,构成企业利润的支柱产品,发展的战略。企业传递给社会公众的形象构成整个企业品牌形象。

2. *产品的品牌属性*

家纺产品的设计服务是产品品牌的核心载体,品牌分析需要重点地围绕产品的实用功能、审美功能及其带给消费者的心理满足感等方面,以确定产品的品牌属性。同时产品的品牌属性还体现为企业的发展趋向和实现企业的效益等方面。产品的品牌属性要体现其具有不断拓展的可能性和保持创造效益的基本性质。

3. *品牌个性分析*

品牌个性是产品品牌的内在品质形象,分析品牌个性要从目标消费者的个性需求出发,了解他们的特殊要求、欲望,提炼出消费者个性的要素。

4. *品牌形象分析*

产品品牌形象有内在形象与外在形象两个方面。塑造内在形象方面要注重的是品牌经营战略、品牌定位规划、品牌文化以及产品创新和质量保证体系,包括品牌管理。外在形象主要体现在品牌形象识别和消费者的认知表现方面。塑造外在形象要考虑是否有兼容性,如何将民族化与国际化结合,如何体现品牌的特色,品牌形象是否标准化与规范化,是否便于识别和记忆。

(二)品牌的愿景分析

品牌愿景体现了品牌的根本价值。品牌愿景是品牌目标、品牌文化、品牌计划和品牌使命的总和。确定品牌愿景应根据每个家纺企业的自身实际来规划。不论大型或中、小型企业,都应该做出自己的品牌愿景规划。愿景规划的作用是激励企业内部投资人、员工和合作者的信心,同时给市场中的客户、消费者以及社会公众美好的预期,使企业的品牌具有可持续发展的方向和前景。

愿景规划要明确品牌的目标和使命,这一切都要按市场调查与分析结果和自身条件来确定。品牌规划要将近期目标和远期目标有机地结合起来,提出明确的实际操作方案。品牌文化的确定对制订愿景规划起着精神支柱作用和行为导向作用。特别是决策者的理念要围绕品牌目标达成的要求进行思考。

(三) 品牌定位

企业通过品牌定位提炼出品牌核心价值,使其在目标市场营销中形成有别于其他品牌的独特价值和品牌形象,并为消费者提供更高的品牌附加值。品牌定位遵循的基本原则是:在市场调查与分析的基础上找到迎合和引导消费者的产品及服务方式,创造出品牌的差异以引起消费者共鸣,通过具体化的表达与规范化系统化的传播手段达到品牌定位的目的。

品牌产品定位的基本步骤:通过市场调研、市场分析和消费者分析,寻找出消费者带共性的消费需求和普遍关注的利益点。将这些需求和利益点明朗化,作为品牌设计和品牌产品研发的重点进行策划,即通常意义上的目标消费者定位。比如,家纺市场上某一时尚的消费方式通过传媒手段进行传播后引起一部分消费的共鸣而形成一种时尚消费潮流时,企业决策者和设计师能及时作出反应并做出适合发展趋势的设计定位就能赢得商机。这里需要注意的问题是产品定位要根据市场的变化及时地做出调整,不能一成不变。

(四) 品牌核心价值的提炼

产品品牌的核心价值是消费者所能体验到的产品自身价值、服务价值和品牌附加值的总和。核心价值包括:理性、感性和个性三方面。理性价值是产品本身的实用价值与服务;感性价值是消费者对消费某一品牌产品的内心感受;个性价值是通过品牌联想给消费者以个性表达和情感的外在体现。品牌核心价值体现了品牌的核心竞争力和核心优势。

品牌核心价值可以从以下三个方面去分析提炼。

(1) 将自有品牌与市场的同类型品牌进行对比分析,寻找出其中差异点。比如同一类型的家纺品牌进行比较,自有品牌突出的特点是注重其产品设计的文化艺术性,那么其核心价值就体现为该产品的文化艺术内涵。往往一个家纺品牌的广告词,如"不一样的品位""艺术家纺"就是对该品牌核心价值的提炼。

(2) 自有品牌通过检察分析找出共同的特征,将其加以提炼成为企业品牌的核心价值。比如,某一家纺企业在实施品牌计划时,都贯穿了时尚的设计理念,将各种时尚元素融合在产品设计之中,那么其品牌产品共有核心价值就以突出时尚性著称。

(3) 通过对品牌的核心价值的表述能找到共鸣点,这种表达的理念就可以提炼为核心价值。比如,强调健康环保理念的家纺品牌广告词"健康从睡眠开始",能引起消费者强烈共鸣因而成为其品牌核心价值。

(五) 品牌的架构

品牌架构是指企业品牌与产品品牌之间的关系。一般家纺企业的品牌架构有以下几种类型。

(1) 企业品牌与产品品牌使用同一名称。其优点是资源集中,有利于品牌推广。

(2) 企业内部有多个产品品牌,分别处于不同的市场,其优点是提高市场占有率和实现最大化的市场效益。

(3) 产品品牌是从企业品牌衍生而来,在每一产品品牌前面贯以企业品牌的形象,既有共性也有差异性,其有利于体现不同产品的核心价值。

品牌架构的设计要根据企业管理和资源配置来确定

(六) 企业品牌形象识别系统

企业品牌形象识别系统是指品牌的形象系统与消费者认知的关系。企业品牌的设计注重是否有利于消费者识别和便于记忆。企业品牌的图案与色彩设计着重于其寓意和象征功能。

(七) 家纺产品品牌分析文案写作

家纺产品品牌规划文案的写作要紧紧围绕产品品牌分析的内容展开。

1. 前言部分

前言部分简要叙述围绕品牌规划所作市场调查与分析的情况并根据调查分析的结论提出品牌规划的指导意见。

2. 正文部分

按品牌分析的顺序展开。

(1) 对产品品牌的属性的分析。

(2) 品牌的发展愿景的分析。

(3) 对品牌定位分析。

(4) 提炼品牌核心价值。

(5) 品牌架构分析。

(6) 品牌识别系统如何确定。

3. 结束语

在结束语中可以就起草者的看法提出问题与可行性意见与建议供决策参考（文字写作要求可参改第一节市场调查报告的写作要求）。

❋ 市场调查结果分析流程

市场调查分析的内容包括一般性的市场调查分析和家纺产品品牌分析。家纺设计师除了掌握一般性市场调查分析方法外，还应该根据家纺产品品牌调查做出产品品牌的具体分析并写出分析文案。

一、家纺市场营销环境分析

根据市场调查的结果对家纺市场的宏观环境与微观环境作出分析并得出相应的结论。

二、家纺市场概况分析

根据市场调查的结果对家纺市场的总体规模、市场的构成、市场的特点作出分析并得出相应结论。

三、目标市场定位分析

在市场调查的基础之上分析企业的目标市场，按市场细分的方式确定目标市场定位，并确定相应的市场营销策略。

四、家纺消费者的分析

家纺消费者分析包括现有消费者的分析和潜在消费者的分析,通过分析要确企业产品的目标消费群体。

五、家纺产品分析

家纺产品分析的内容围绕产品特点、产品质量、产品材料与工艺、产品包装与竞争对手同类产品等方面进行比较,最终确定设计定位。

六、同行业状况分析

同行业状况分析包括企业在行业中地位分析和企业竞争对手分析,通过分析得出结论指导决策。

七、家纺产品品牌分析

家纺产品品牌分析步骤为:品牌的属性分析、品牌愿景分析、品牌的定位、品牌核心价值提炼、品牌架构确定、CI 系统确定。

八、撰写家纺产品品牌分析文案

最后根据调研的结果和各项分析的结果,撰写家纺产品品牌分析的文案。

思考题

1. 什么是市场调查工作,其目的意义有哪些?
2. 如何根据主题的要求设计市场调查的方案?
3. 列举常用的市场调查方法并举例说明。
4. 举例说明定量调查与定性调查的区别。
5. 根据市场调查的流程设计一个具体的市场调查计划文案。
6. 根据实例举例说明市场调查报告的写作要点。
7. 分析市场宏观经济环境对家纺企业营销活动有何意义?
8. 如何通过市场分析来作出市场定位?
9. 如何选择与确定目标消费群体?
10. 举例说明产品设计师如何进行定位的。
11. 联系企业实际对家纺产品品牌规划作出分析。

第二章 织物设计制作

家纺设计师的织物设计制作功能是在涵盖助理家纺设计师职业功能基础上的提升,其重点要求家纺设计师具备对各种织物设计要素的选择和整合能力,并在确定设计主题、风格的基础上制订产品设计方案。家纺设计师还应该对样品试制和样稿修正提出指导意见。

第一节 织物素材选择

❀ 学习目标

通过织物设计要素、织物材料选择方法以及织物设计风格知识的学习,学会按织物设计风格要求选择各种素材并进行整合。

❀ 相关知识

一、织物设计的各种要素分析

形成织物风格离不开各种设计素材的选择与运用,设计素材也可称为构成家纺产品的各种设计要素。这些要素包括:织物设计的色彩要素、图案表现手法和纹样要素、原材料要素、织物组织构成要素等。上述要素在设计制造的过程中本身已形成了丰富多彩的外观风格。织物产品设计的根本目标就是按市场及消费者的需求来选择和运用各种织物构成的要素,将这些要素通过产品整合设计,创造出有鲜明个性和突出风格特征的家纺产品。本节内容围绕织物设计要素的构成与风格特征的关系重点展开。

(一)织物设计的色彩要素分析

1. 色彩与纹样的关系

色彩的配置与纹样相辅相成互为衬托,在配色时要保持和充分发挥纹样的风格,并能正确运用色彩处理,弥补纹样中的不足。

(1)色彩与图案结构布局的关系:当图案的块面大小恰当、布局均匀、层次分明、宾主协调时,配色不仅要保持原来风格,而且要进一步烘托,使得花地分明,画面更加完整;如果图案结构布局不均匀、结构不严、花纹零乱时,配色要加以弥补,使各种色彩调和起来,借以减弱花样的零乱感。

(2)色彩与花纹处理手法的关系:当花纹为块面处理时,在大块面上用色其彩度和明度不宜过高,而在小块面上宜用点缀色。

花纹为点、线处理时,如果点子花是附属于地纹的,其色彩宜接近地色;如果点子花是主花,宜配彩度、明度高的色彩。

如果花纹是线条为主,用色宜用彩度、明度高。当线条为浅色时,花纹宜配浅色;当线条为深色时,花纹宜配深色。

对于影光处理的花纹,影光色宜配鲜艳色。

(3)色彩与图案题材、风格的关系:提花织物的花样风格丰富,有写实和写意花卉、图案装饰画、几何纹、文物器皿、金石篆刻、风景、人物、动物、抽象花纹、各种民族传统纹样、外国民族纹样等。各种花样都依附于其内容而组成不同的风格,配色也在不同的题材上创作出各种生动的色调。例如,生动活泼的写意花卉宜配上明快、优雅的浅色调;灵活多变的装饰图案花纹可以配置多种色调;外国民族纹样可以配置西方色彩;中国民族传统纹样采用浓郁的对比法,鲜艳度高,色感要庄重。

2. 色彩与织物组织的关系

(1)色彩与平纹的关系:平纹织物因交织点多,对色彩的影响也较大。如单经单纬的平纹组织,经色配蓝色,纬色配红色,织成的面料就闪紫色;经色配蓝,纬色配黄,就闪绿色。

(2)色彩与呢地组织的关系:由于呢地组织的经纬浮点呈不规则排列,配色时应根据此特点采用闪色效果为好。配闪色时,经色宜深不宜浅。深色经配深色纬或深色经配中浅色纬,闪色效果一般都比较好。

(3)色彩与缎纹的关系:缎纹织物在织物表面上的浮长比任何组织多,色光容易显露。要保持布面的色纯度,与经线交织成缎面的纬线色彩必须与经色接近。

(4)色彩与斜纹的关系:色彩在斜纹织物表面的效果介于平纹和缎纹之间。一般色泽较好,在两种色彩的交织中,由于其交织点多于缎纹组织,如果经纬线色差太远,布面色彩就会发花,色纯度下降。

3. 色彩与经纬密度的关系

在未交织之前,经纬线颜色都很鲜明,但交织后就会发现色彩不如原先鲜明,而有些品种的色彩变化更大,这只是因为经纬线密度与织物密度不同而影响了原来的色彩效果。

4. 色彩与其他因素的关系

不同品种特点、服用性能、纤维材料、用途、对象、流行趋势、销售地区等都会影响到配色。

(二)图案表现手法和纹样要素分析

在图案的用笔和着色上有许多技法,不同品种有不同要求,表现手法也不同。如经纬密度小的品种就不能画细线条花形;块面大了也不行,因为密度小,织物表面容易发"批"。重组织或双层组织因为层数多加上密度大,花色均能多变。

1. 图案的表现手法特征

(1)写实手法:多采用自然对象(主要是花卉)的写实姿态。

(2)写意手法:比较简练概括,以夸张提炼为主。能按照设计者的意图去发挥和表现。

(3)变形加工表现:在写实图形的基础上大胆地进行取舍和变形,不一定符合自然生长规律,但是造型优美,具有浓郁的装饰感,宜简不宜繁。图形大体是点、线、面结合构成。

2. 纹样的绘作方法特征

(1)块面平涂及平涂勾边:通常在单经单纬或双经双纬的品种中,纹样着色时用一色平涂,也称块面平涂。先块面平涂,再采用另一色在花纹周围用线条包边,称平涂单色勾边。

(2)线条处理:用粗细线条结合组成花纹。

(3)不规则点子画法:由多角形的点子组成。

(4)影光处理:有渲染法、泥地影光及撇丝影光三种方法,如图2-1所示为渲染法,图2-2是泥地影光,图2-3是撇丝影光。

图2-1 渲染法

图2-2 泥地影光

图2-3 撇丝影光

(5)塌笔处理:用两种色彩的块面来表现花形的转折和布面结构,如图2-4所示。

(6)燥笔处理:用蘸色比较干燥的毛笔做撇丝画法,如图2-5所示。

图2-4 塌笔处理　　　　　　　图2-5 燥笔处理

(7)满地画法:适合于缎地组织,在缎地上空出完整的花形。在其周围嵌满密集的小花纹,这空出的花形可以作主花,如图2-6所示。

图2-6 反地画法

(三)原材料要素分析

织物设计的原材料要素包括纤维原料加工形成的各种纱线和辅料。关于纤维材料已在《初级家纺设计师》中作出分析,本节不再重复,本节重点分析纤维材料通过特殊加工而形成的材料物理肌理和视觉肌理的风格特征。

1. 变形纱

变形纱是对合成纤维长丝进行变形处理,使之由伸直变为卷曲而得到的,也称为变形丝或加工丝。变形纱包括高弹丝、低弹丝、膨体纱和网络丝等。

(1)高弹丝:高弹丝或高弹变形丝具有很大的伸缩性,而蓬松性一般。主要用于弹力织物,以锦纶高弹丝为主。如彩图2-7所示。

图2-7 锦纶高弹丝

(2)低弹丝:低弹丝或变形弹力丝具有适度的伸缩性和蓬松性。多用于针织物,以涤纶低弹丝为多。

(3)膨体纱:膨体纱具有较小的伸缩性和很高的蓬松性。主要用来作绒线、织制蓬松性好的织物,其典型代表是腈纶膨体纱,如彩图2-8所示。

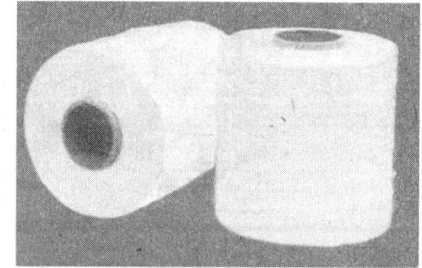

图2-8 膨体纱

(4)网络丝:网络丝又名交络丝,是化学纤维制丝过程中在尚未成形时,让部分丝抱合在一起而形成的。此丝手感柔软、蓬松、仿毛效果好,近年来流行的高尔夫呢就是用此丝织制,如图2-9所示。

2. 花式纱线

花式纱线是指通过各种加工方法而获得特殊的外观、手感、结构和质地的纱线。主要有如下三类。

(1)花色线:花色线是指按一定比例将彩色纤维混入基纱的纤维中,使纱上呈现鲜明的长短、大小不一的彩段、彩点的纱线,如彩点线、彩虹线等。

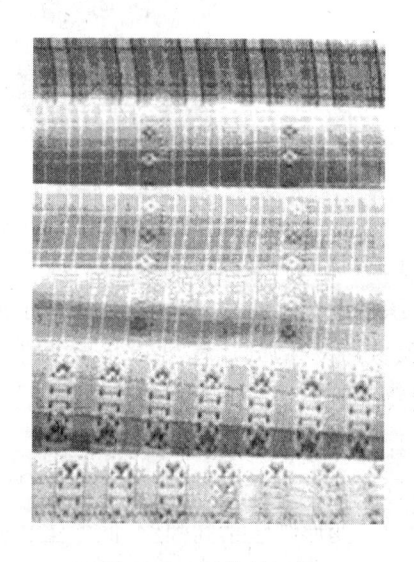

图2-9 网络丝织物

（2）花式线：花式线是利用超喂原理得到的具有各种外观特征的纱线，如圈圈线、竹节线、螺旋线、结子线、大肚纱等。此类纱线织成的织物手感蓬松、柔软、保暖性好，且外观风格别致，立体感强，既可用于轻薄的夏季织物，又可用于厚重的冬季织物，既可做衣着面料，又可做装饰材料。

①圈圈线：其主要特征是饰纱围绕在芯纱上形成纱圈，如图2-10和图2-11所示。家纺产品中采用圈圈纱编织的织物具有较好的装饰作用，风格独特，花型新颖，美观大方。

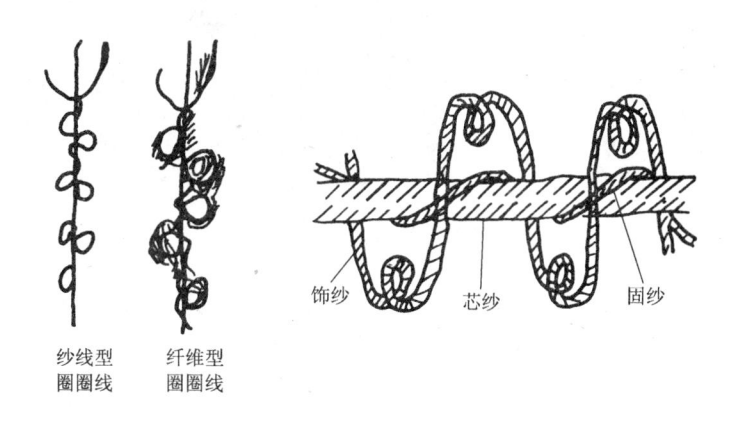

图2-10 圈圈线结构

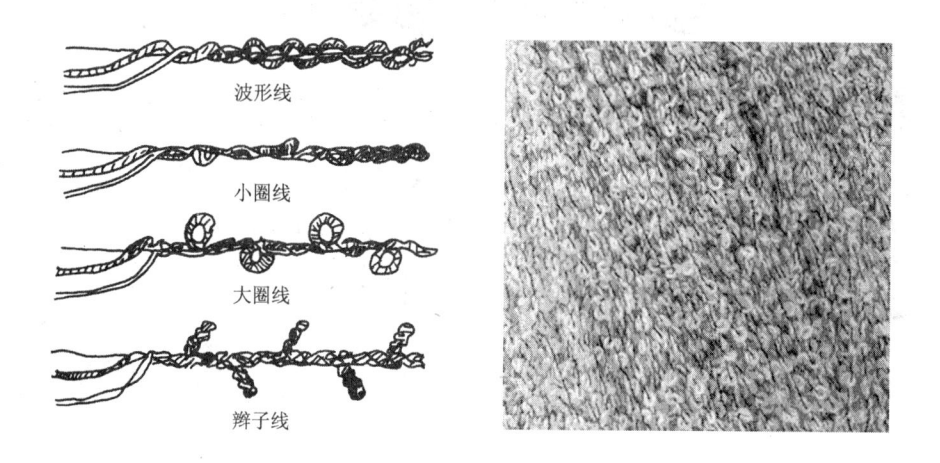

图2-11 各种圈圈线

②竹节线：既可织造衣用织物，也常用于装饰织物，如窗帘、台布、墙布等，其织物上花型醒目，风格别致，立体感强，如图2-12所示。

③螺旋线：是由不同色彩、纤维、粗细或光泽的纱线捻合而成。一般饰纱的捻度较少，纱较粗，它绕在较细且捻度较大的纱线上，加捻后，纱线的松弛能加强螺旋效果。这种纱弹性较好，织成的织物比较蓬松，丰满度好。

④结子线：由许多小结子缠绕于整根纱线上的结子线其特征是饰纱围绕芯纱，在短距离上形成一个结子，结子可有不同长度、色泽和间距。长结子也称为毛毛虫，短结子可单色或多色。

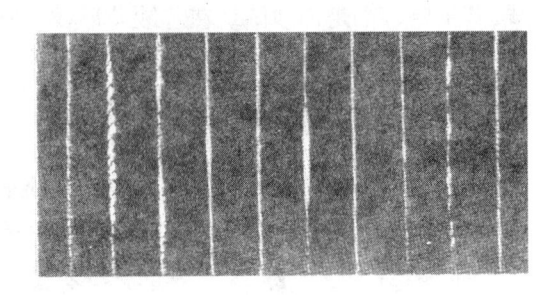

图 2-12　竹节线及织物

结子大小、色彩、疏密均可变化。结子线在家纺产品中主要用于装饰织物中，如窗帘、壁画等，使织物表面呈现出各种小斑点，立体感强等。如图 2-13 所示。

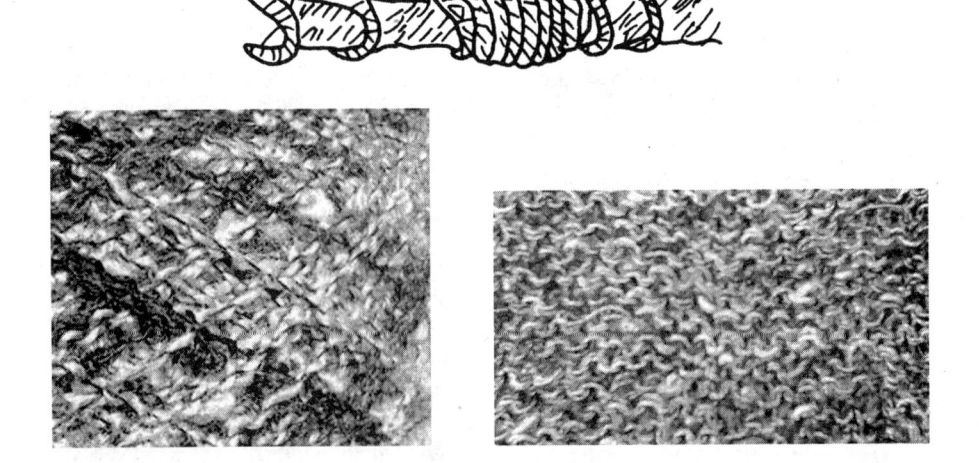

图 2-13　结子线及织物

⑤大肚纱：也称断丝线。其主要特征是两根交捻的纱线中夹入一小段断续的纱线或粗纱。大肚纱在家纺产品中主要用于装饰织物中，织物花型凸出，立体感强，像远处的山峰和蓝天上的白云。如图 2-14 所示。

(3)特殊花式线：特殊花式线主要是指雪尼尔线、金银丝等。

①雪尼尔线：是一种特制的花式纱线，即将纤维握持于合股的芯纱上，状如瓶刷。其手感柔软，广泛用于植绒织物和穗饰织物，如图 2-15 所示。雪尼尔线可以用作家居装饰织物，外观有丝绒感，比较厚实。

图 2-14 大肚纱

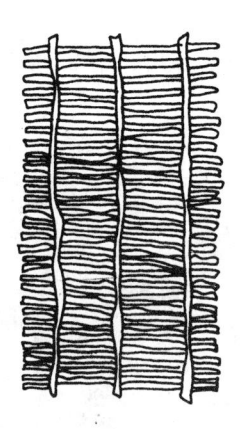

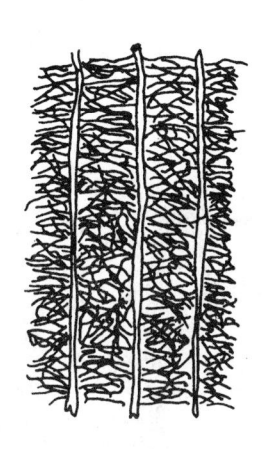

图 2-15

②金银丝:主要是指将铝片夹在涤纶薄膜片之间或蒸着在涤纶薄膜上得到的金银线,如图 2-16 所示。它既可用于织物,也可用作装饰用缝纫线,使织物表面光泽明亮。金银丝的表面闪出细洁匀净的丝点光泽,合捻的长丝一般采用粘胶丝或三角截面的锦纶丝、涤纶丝、绢丝或厂丝。把铝片夹在透明的涤纶薄膜片之间。还有把金属光泽的丝带丝卷缠在以涤纶、锦纶、粘胶丝为芯的纱线上,形成各种类型的金银线。

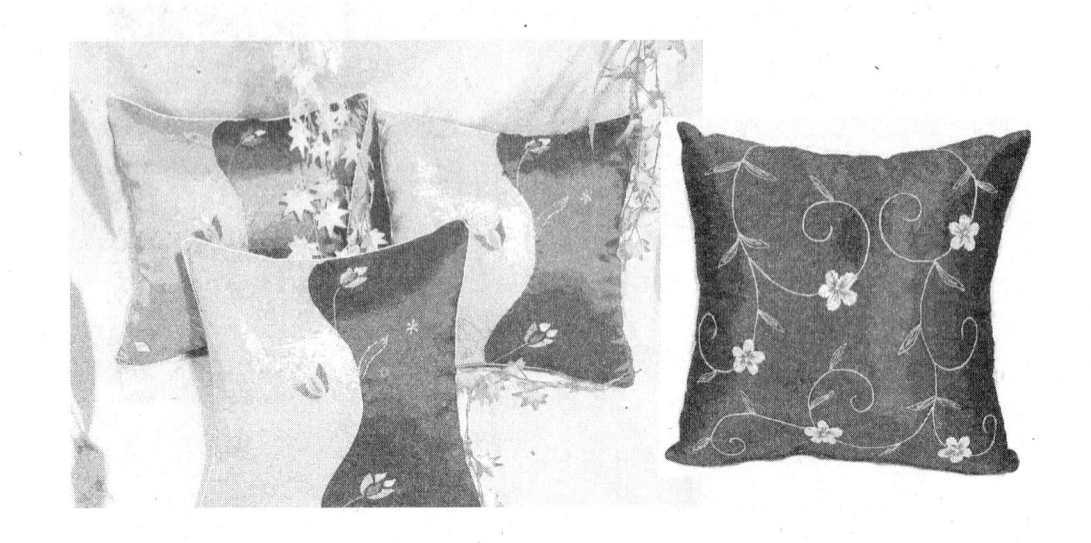

图 2-15　用切断线圈的方法生产的雪尼尔线及用雪尼尔线绣制的靠垫

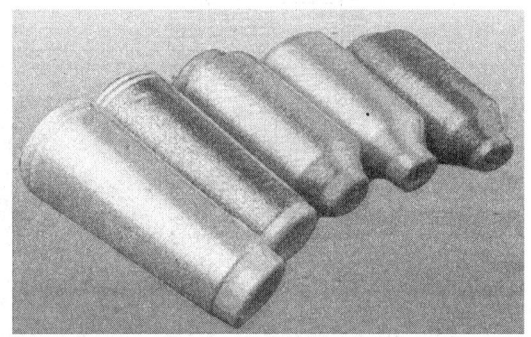

图 2-16　金银丝线

由金银丝构成的织物外观明亮,闪闪发光如同满天星光闪烁,具有豪华感,装饰效果强,在家纺产品中应用广泛。

3. 装饰性辅料

装饰性辅料指运用在家用纺织品上起装饰作用的辅料,如珠片、丝带、花边、穗带等,着重体现装饰效果。随着纺织业的发展,装饰性辅料的品种也越来越丰富。花边分为编织花边、针织花边、刺绣花边和机织花边四大类(图 2-17)。

(1)编织花边。用 5.8~13.9tex(42~100 英支)棉纱为经纱,用棉纱、粘胶丝或金银丝为纬纱,织成 1~6cm 宽的各种色彩的花边,如图 2-17(a)所示。

(2)针织花边。由于用经编机制作,故亦称经编花边,如图 2-17(b)所示。其原料多为锦纶丝、涤纶丝或粘胶丝。由于它轻盈、透明,有很好的装饰性,多用于装饰物。但锦纶丝和涤纶丝花边较硬,不宜用于与皮肤接触的部位,特别对儿童产品尤其注意。

(3)刺绣花边。有些高档刺绣花边是绣于带织物上,然后将刺绣花边装饰于产品上。而目前应用较多的是,用粘胶丝绣花线绣在水溶性非织造底布上,然后将底布溶化,留下绣花花边,这种花边亦称水溶花边,常用于高档产品,如图2-17(c)所示。

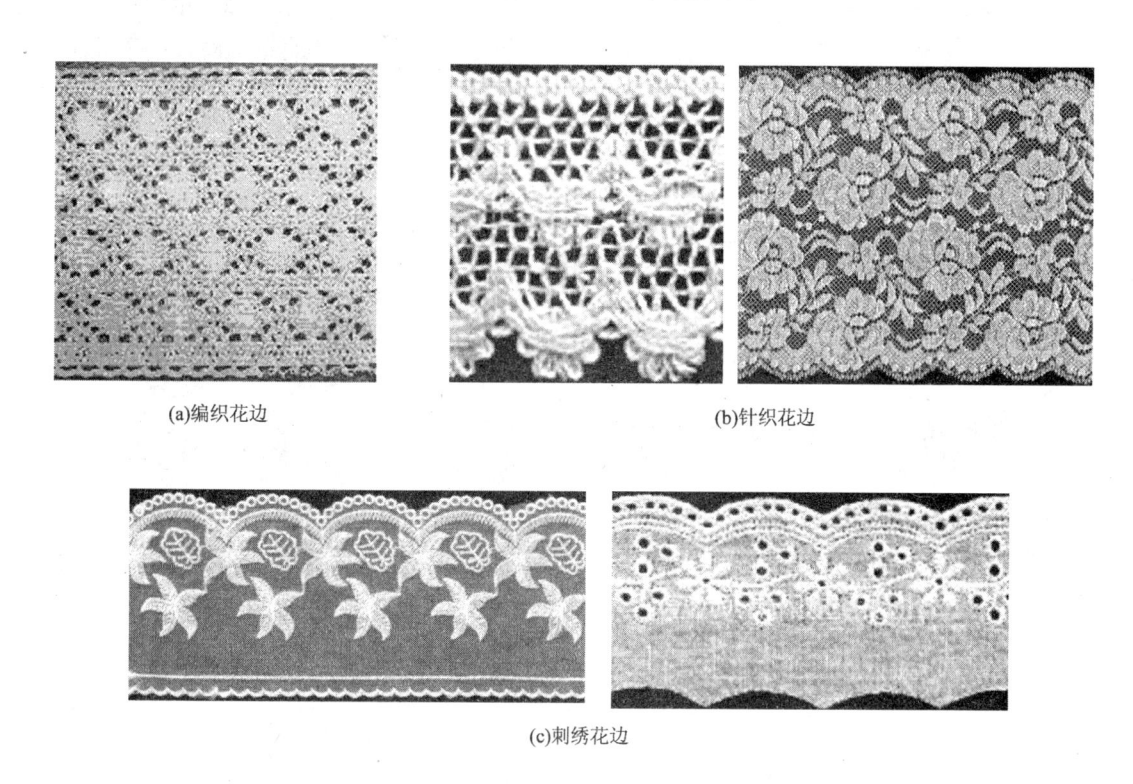

(a)编织花边　　　　　(b)针织花边

(c)刺绣花边

图2-17　花边

(4)机织花边用提花机织制,使用原料有棉纱线、真丝、粘胶丝、锦纶丝、涤纶丝及金银丝等。机织花边质地紧密,立体感强。

(5)其他窗帘穗子和珠片。如图2-18、图2-19所示。

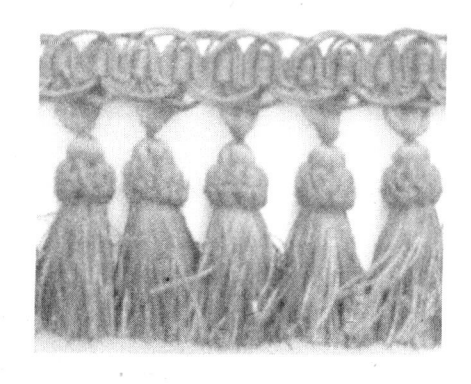

图2-18

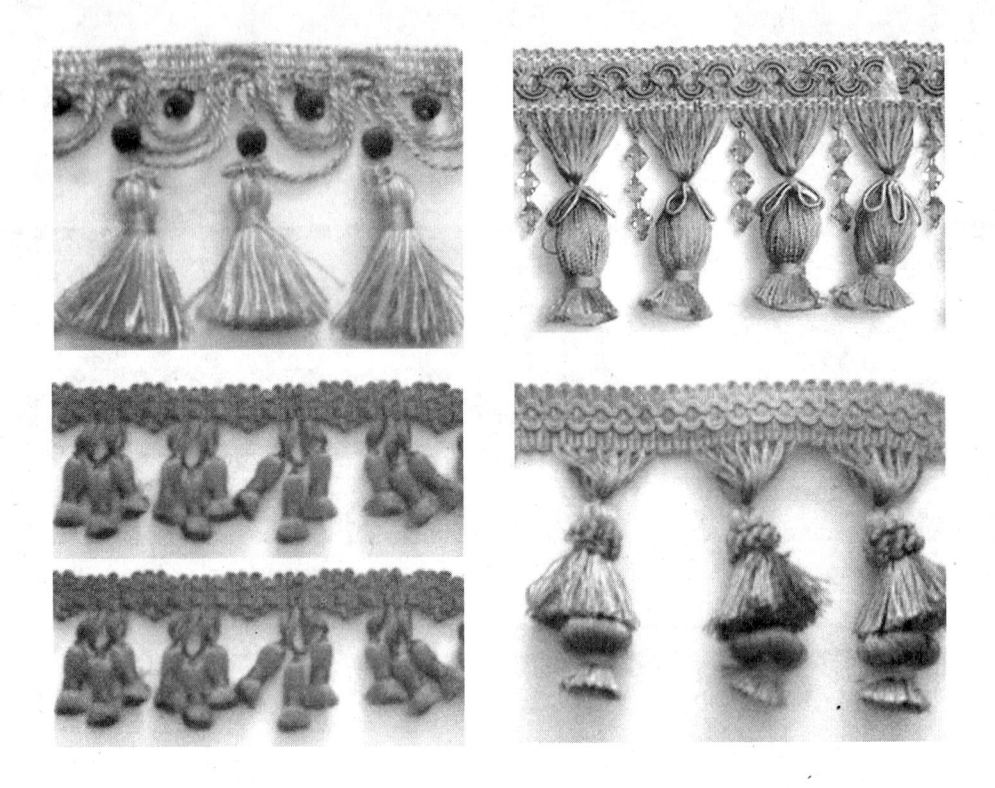

图2-18 窗帘穗子

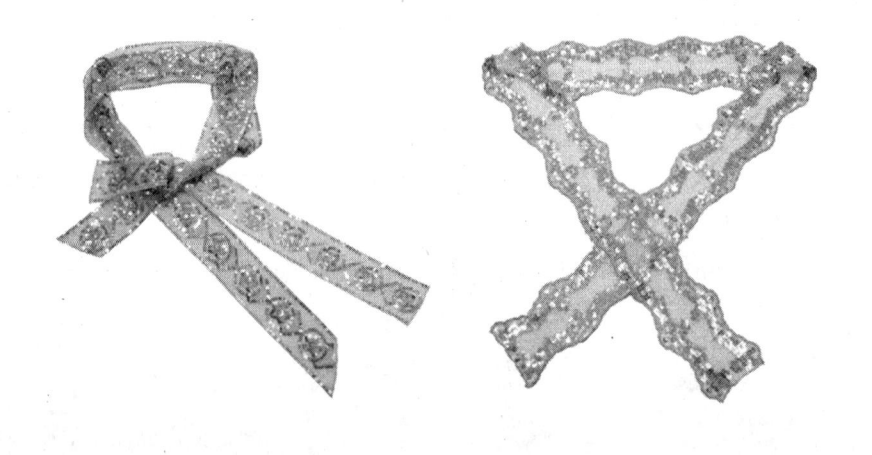

图2-19 珠片

4. 色彩搭配与原料肌理的结合

各种纺织品如机织品、针织品与羽毛、宝石、皮草、珠坠、金属、塑料、纸张等材料的艺术装饰或搭配以及利用不同的染色技术和材料加工技术,可以使普通面料产生意想不到的色彩感觉和表面肌理的特殊效果,而面料的材质所体现出的质感和局部变化细节,又使家纺表现出独特的艺术效果。通过面料的创新设计,不仅使家纺设计获得更多的创作空间,而且满足了人们对家纺艺术的追求,并且为家纺品种增添了新的内容。如手工刺绣、手工印染、蜡染、编制、绗缝等，无不凝聚着人类的智慧和审美情趣，采用其中的任何一种都可以引发无限的联想和良好效果。

(1) 色彩搭配与原料肌理的结合方法。

①视觉与触觉的变化。如将平面变成立体，使织物产生褶皱、凹凸、抽缩等效果。

②非纤维材料的运用。如塑料、金属、纸张、木材以及其他各种材料的运用都可以恰到好处地表现不同材质的软硬感、质感等。

③传统与现代图形的相互转化。如龙的图形用现代的反光涂层新材料加以表现，将传统艺术用现代工艺手法加以表现。

(2) 工艺选择与运用。

①绣花。有彩绣、包梗绣、雕绣、贴布绣、钉线绣、十字绣、抽纱绣、珠片绣、戳纱绣（纳绣）等。

传统的手工刺绣做工精细，图案造型优美，色彩变换柔韧自如，产品花色独特，但费工耗时，产量较低，价格昂贵。用电脑绣花技术可以代替手工刺绣，可以实现批量化生产，提高生产效率，降低价格。

② 特种工艺处理。

a. 绗缝。绗缝是一种缝纫技术，是用长针将有棉花或毛绒等夹层的织物，一针针缝起，以防止棉花滚动或集结成团。这种产品在表面形成凹凸的立体效果。如果在此基础上加以装饰处理，比如亮片、缀珠等，效果更佳。绗缝目前也有用机械的，花纹比较整齐一致，生产效率高，适合批量生产。

b. 拼接。将各种小的面料一块块拼接而成。拼接后的可以有独特的图形和花色。

c. 镂空。按照花纹构图大小及布局，用手工或机械方法形成。边部锁边的一般是天然纤维织物；边部不锁的一般是利用热熔方式来得到镂空效果的合成纤维织物。

d. 立体化处理。将面料本身的平面肌理改变为立体效果。手工方法有抽缩、压皱等，图形各异。如人字形、工字形、井字形、圆形等。

e. 层叠。按照花纹轮廓，将几层相同色彩图案或不同色彩图案的面料叠加在一起来体现立体感。块面大小及厚度根据产品设计的要求而定。

f. 钩编。利用纤维、绳、带、花边等，通过手工钩编使产品具有疏密、宽窄、凹凸等效果。

g. 破坏性处理。如刮痕、烧毛、镂空、烂花、破损、裂痕等。有手工或机械等不同方法。

③机械加工。根据各种面料的特殊效果，用机械方法来完成诸如压纹、石磨、压褶、雕花等效果。

④特种印花。有喷雾印花、荧光印花、反光涂料印花、植绒印花、转移印花、金银粉印花、发泡印花、钻石印花、变色印花等。

⑤手绘及蜡染。其成品纹样色彩绚丽而抽象，图案细腻，特点突出。

⑥化学处理。利用化学溶液在织物局部表面形成特殊的肌理效果。

图2-20~图2-25是各种工艺形成的面料艺术效果。

图 2-20　绗缝加贴绣床品

图 2-21　绣花床品

图 2-22 缀花家纺产品

图 2-23 编织家纺产品

图 2-24 抱枕

图 2-25 丝带编织

(四)织物组织构成要素分析

关于织物的组织已在《初级家纺设计师》中作出详细分析,故不再重复。本节的重点是与家纺产品构成关系密切的机织物组织及其织物构成的分析和针织物组织构成的分析。

1. 机织物组织构成要素分析

不同的组织结构的织物外观、形成方法、构成原理、作图步骤、上机织造或形成工艺均不同。一般情况下,床上用品及蒙罩类家纺用品宜用机织物;窗帘用机织物或针织物均可,但考虑到窗帘的形状稳定、使用要求以及组织结构的特点,薄型窗纱宜用针织物,厚型窗纱宜用机织物;帷幔类宜用针织物,但有时也有特殊要求;衬垫类宜用非织造织物。

(1)按照用途选择:不同的组织结构呈现出不同的织物外观,如平纹织物结构紧密,质地坚牢、平挺;斜纹组织手感柔软,光泽和弹性好;缎纹组织表面富有光泽,手感柔软润滑;其他变化组织各有其特殊的外观效果,可以根据不同的外观和使用要求来选择不同的地组织,再配以提花部分组织结构。

(2)按照原料选择:不同原料的物理、化学性质不同,因为色、光与染色后效果存在许多意想不到的问题,选择时应根据原料的性质、种类、线型以及组织结构效果来合理运用纹样色彩、图案造型等。长丝光泽亮,而短纤维光泽暗淡;细的纱线织纹细腻,手感好相反织纹粗糙;加捻织物光泽暗淡,手感硬,反之手感柔软。

(3)常见各类家纺提花组织结构搭配。

①平纹:花纹与地组织的配合有三种情况:一是地组织是平纹;二是花组织是平纹;三是花地组织均为平纹的重经、重纬或双层组织。平纹地起花形成的织物平挺,手感较硬。

②斜纹:斜纹地起花较多。织物表面有斜纹纹路,手感柔软。

③缎纹地起花:分缎纹地和缎纹起花两种情况。缎纹地起花的单层织物一般采用正反缎的表现形式,如正反五枚缎等。织物细腻,手感柔软,光泽亮丽。

④袋组织高花:采用双层组织形成立体感强的效果。

⑤经高花:采用收缩性不同、粗细不同或织造张力不同的两组经线形成高花效应。

⑥纬高花:采用收缩性不同的两组纬线配以恰当的组织使其中一组纬线形成高花,或者采用一组蓬松性好的纬线形成高花。

⑦绞纱组织、透孔组织等组织作地起花等,都可以在织物的表面形成各种风格和效果。

2. 针织物组织构成要素分析

针织家纺面料以原料适应范围广、投资少、见效快、利润大、消耗低、生产工艺流程短、适合于小批量生产等特点,在国际、国内得到迅速发展。在窗帘帷幕、沙发、床上用品方面被大量采用。

针织家纺面料除简单组织以外,还有较复杂的组织,常见花式纬编组织有:提花组织、集圈组织、添纱组织、毛圈组织、长毛绒组织、菠萝组织、纱罗组织;常见花色经编组织有:空穿经编组织、缺垫经编组织、缺压经编组织。

由于各种经编组织织物的尺寸稳定性好,加上不同组织结构具有各自不同的优良性能,因此各种针织物均可用来做室内装饰用品,如窗纱、窗帘、帷幔、缨穗、床罩、沙发布、台布、地毯、墙布、蚊帐、枕巾、浴巾、毛巾以及其他家具装饰用布等。

①窗帘帷幕用针织品。窗帘用针织品的一般要求是实用、坚牢、美观和良好的防火阻燃性。针织窗帘有纬编、经编之分;又有裁剪缝制和成形编织之分。窗帘帷幕用针织品多为多梳拉舍尔与特利克脱经编窗帘。经编窗帘采用三大提花组织:绣纹组织、压纱组织和衬纬组织。

②幕用针织品。幕用针织品一般较厚重,要求具有遮蔽、遮光、隔音、隔热、隔离、保温、保暖、装饰等作用,悬垂性要好。使用的针织面料有各种素色、提花、印花、烫花、压花绒类织物,如毛圈、天鹅绒、起绒、磨绒等经编与纬编织物。使用的原料主要是粘胶纤维,还有涤纶、锦纶、腈纶、棉等。

③包覆用针织品。包覆用针织品主要用于床铺、沙发、坐椅等家用器具的包覆面料或罩套,具有保护和装饰作用,又称家具布。

④床上用针织品。床上用针织品主要有床罩、床单、枕套、凉席与枕席等。床罩、床单、枕套用面料具有保护和装饰作用,多用经斜平经编织物(又称雪克斯金)。该经编织物结构稳定,挺括厚实,抗起毛起球,但手感与外观较差,常用作印花面料,也有采用两色或多色双面提花等纬编面料的。

⑤蚊帐类针织品。蚊帐使用最多的是经编网眼蚊帐,为增加其装饰效果,也常使用贾卡与多梳经编蚊帐,但价格较高。蚊帐采用的原料有锦纶、涤纶、丙纶长丝,有的还经过特殊驱蚊整理。

⑥棉毯与毛毯。

a. 双层拉舍尔毛毯。采用双针床拉舍尔经编机生产,两针床之间的距离为20~60mm,将双层长毛绒坯布从中间剖开形成两幅长毛绒织物后,使毛绒面向外,再将两幅毛绒织物背靠背放置,用缝纫机在四周缉缝形成中空的双层毛毯。目前市场上销售的拉舍尔毛毯与棉毯大都一面印花,一面素色。

b. 双层拉舍尔棉毯。双层拉舍尔棉毯两针床之间的距离较小,如为4.5mm。用涤纶网络丝编织地组织,用14.5 tex精梳棉纱作毛绒层。剖幅前织物自然重700g/m^2左右。

c. 拉舍尔棉毯。五针衬纬加编链似乎是双层长毛绒坯布的规定模式,借鉴腈纶毯的经验改用四针或三针衬纬技术,可以提高质量,降低成本。当绒毛高度小于8mm时,用三针衬纬技术最为理想。每条棉毯重1600g左右。

d. 单层拉舍尔毛毯。使用一层经编长毛绒织物制作,一面为长毛绒面并印出彩色图案花纹;另一面则是通过起毛机起绒形成的绒面,且有花纹渗透,酷似双面印花。其特点是重量轻,柔软、透气,更加贴身舒适,易于洗涤,成本低,常使用一把梳栉作毛绒垫纱,毛绒较稀,织物较薄,宜作薄型或幼童毛毯。

⑦针织地毯。用双针床拉舍尔经编机生产的地毯有两种:双层割绒地毯及圈绒地毯。目前欧美使用较为普遍。

⑧针织贴墙织物。贴墙织物类材料用于对墙壁和天花板的粘贴装饰。它是在天然纤维或

合成纤维针织物上,把50～100g/m²的木浆纸用黏合剂在其背面褙糊而成,要求织物平整性好。品种有绞纱染色后织成的素色或提花织物,匹染的素色或花色织物,还有印花、轧花等织物。针织贴墙织物可以是经编或纬编产品,其优点是有温暖感和平静感,回音小,吸音效果好,防水珠凝聚,隔热性优越;同时其产品还具有生产效率高,花纹多,变化快等特点。防火墙用装饰布对防火性要求更高,达到不燃或难燃的效果。

3. 非织造织物的构成要素分析

(1)非织造材料的工艺:非织造材料的形成过程大致由纤维准备、成网、纤网加固、烘燥、后整理几个工序组成。

①纤维准备:在成网之前,必须对纤维进行开松、除杂和混合,使纤维得到充分的分离、混合和清洁,并通过添加油剂、喷撒抗静电剂等处理,保证后道工序的顺利完成和成品的品质。

②成网:将纤维铺叠成片状网结构的工序,这是非织造布在结构和加工上与机织、针织物之间的最大区别。

③纤网加固:传统机织、针织物中的纤维依靠加捻、交织固结在一起,而非织造布纤网则借助于黏合实现纤维固结。黏合的方法主要有机械黏合、化学黏合和热熔黏合等。

④烘燥:烘燥是将纤网中在成网或纤网加固工序中带来的水分除去的工序。烘燥的主要方法有烘筒接触式、气流热风式和红外线辐射式三种。

⑤后整理:为了增进或改善非织造材料最终产品的外观效果和内在性能,还须对非织造进行一些必要的后整理。外观整理有染色、印花、轧纹、烧毛等,性能整理有阻燃、拒水、防污、涂层等。

(2)非织造材料在家用纺织品中的应用:随着非织造材料加工技术的不断发展及其市场应用领域的不断拓展,目前,非织造材料在家用纺织品市场已有大量应用。据统计,全世界每年的非织造产品消费量已占纺织品消费总量的1/3左右。非织造产品按其耐用程度可分为用即弃产品和耐久型产品。按产品定量分类,一般将定量不大于120g/m、定压下厚度不大于1mm的产品归作薄型非织造布,其他较为厚重的非织造产品归作厚型非织造材料。

用作家用纺织品的非织造产品以耐久型产品为主,少量为用即弃产品。家用纺织品中使用非织造材料的主要目的可归结为两点:

(1)提高家用物品的使用性能,甚至创造新的实用功能。例如,靠垫等寝品内的填充絮片,增加了制品的弹性、柔软舒适性以及保暖性等;而制作沙发、弹簧软床(席梦思床)床垫内层的毡垫、衬垫,既增加了产品的弹性,又提高了产品受力均匀性和使用寿命。

(2)提高和丰富了家用纺织品的外观装饰功能。人造革的仿真皮效果,塑喷贴墙布的特质纹理,人工草坪制造出的一种新的室内外景观效果,都是典型实例。

①薄型家用非织造布产品:

a. 贴墙布:这类产品在居室、宾馆、餐厅有广泛使用,是非织造材料在市场上开发较早的一个产品。它是在薄型非织造材料上印上图案、色彩,后经表面喷塑处理制成的。

b. 台布:非织造材料台布有用即弃型和多次使用型两类。用即弃型台布主要用于餐饮、野营,定量在 $30 \sim 60 \text{g/m}^2$,多以粘胶纤维为原料,湿法成网制得,也有用聚丙烯纤维纺丝成网制得。多次使用类型台布以聚酰胺或聚酯等热塑性纤维为原料,干法成网,热熔加固,最后经染色、印花或轧纹等制得。

c. 家具电器罩布:这类非织造材料产品分用即弃型和耐久型两类。用即弃型的有座椅、沙发罩套等,采用聚酯纤维或粘胶纤维为原料,干法成网,化学黏合或热熔黏合而成。耐久型的家具罩套、床罩以及电视机、电脑等的外罩布等,是传统机织、针织物的非织造布替代品,常以聚丙烯纤维为原料,纺丝成网为主,也有干法成网,热轧黏合,定量规格为 $18 \sim 120 \text{g/m}^2$。

d. 窗帘、帷幔:这类产品对强度要求不高,但要求质地柔软、色泽鲜艳。有粘胶纤维经过干法或湿法成网、化学黏合加固的非织造材料产品,也有聚酯纤维经过干法或湿法成网、热熔加固的非织造材料产品。

e. 其他:薄型非织造材料在家庭厨卫方面也有应用,如湿面巾、厨具揩布和地板揩布等。湿面巾所用原料为粘胶纤维,或粘胶纤维与聚酯纤维混合,干法成网,热熔黏合,定量 $30 \sim 40 \text{g/m}^2$。厨具揩布要求吸湿又柔软,通常以棉纤维或粘胶纤维为原料,干法成网,化学黏合,也有纺粘/熔喷/纺粘复合材料,定量 $10 \sim 120 \text{g/m}^2$。地板揩布要求柔软而吸尘。

②厚型家用非织造材料产品:

a. 合成革:合成革可用作家用沙发、座椅面料以及御寒门、窗帘等。以合成纤维非织造材料为基材,经乳胶浸渍,再用聚氯乙烯(PVC)或聚氨酯(PU)涂层,再经后整理即可制得合成革。非织造材料合成革具有易于加工、各向同性、耐脏、耐水、耐油、质量轻、价格低等优势。

b. 保暖絮片:保暖絮片大量应用于床上用纺织品中,主要产品有喷胶棉、定型棉、蓬松棉等。

c. 地毯:非织造材料地毯大多为针刺地毯,少数为缝编地毯。针刺地毯原料主要是经熔体着色的丙纶,干法成网,针刺加固,背面作上胶或衬麻布等处理。缝编地毯以丙纶变形丝作毛圈,低弹锦纶作缝编纱,黄麻或粗特棉纱作底纱,其外观效果可与簇绒地毯相媲美。

d. 地板革基布:地板革是一种人造地板,用非织造材料作基布后,可使产品富有弹性,柔软而有韧性,耐磨且易于清洗。制作是将非织造材料基布用 PVC 涂层处理。

e. 毡垫、衬垫:产品广泛应用于家具、床垫、车船等方面,多以再生纤维为原料,采用化学黏合法或热熔粉末黏合法加工制得。

二、织物设计素材所表达的产品风格

(一)各种纤维产品的性能、特点及运用

1. **棉类产品**

染色性能好,织物缩水率为 $4\% \sim 10\%$,光泽柔和,富有自然美感,手感柔软,但弹性较差,遇无机酸时极不稳定。常见棉制品的主要特点和外观风格见表 2-1。

表2-1 常见棉制品的主要特点和外观风格

品 名		产品特点	风格特征	备 注
平布		没经过染整加工的白布	具有棉纤维的天然色泽	适用于一般家纺产品中的床品
府绸		一种高支高密的平纹织物,经向较密,纬向较稀,经纬纱粗细差异大	布面光洁,手感滑爽,质地柔软,轻薄,紧密,类似丝绸	适用于一般家纺产品中的床品
贡缎	直贡缎	大部分采用经面缎纹组织,经纱优良,经密高,经纬纱线密度相同或经纱线密度小于纬纱	布面光洁,手感柔软,细腻,似真丝感觉	适于做床品或室内室内其他材料
	横贡缎	纬面缎纹组织,织物表面显现纬纱效应,经纬纱原料为精梳纱	布面光洁,手感柔软,富有光泽,具有绸缎风格	适于做床品或室内其他材料
平绒		双层组织,两组经纱与一组纬纱交织而成	表面有短密、均匀耸立的毛绒,绒面平整	适合于卧室、客厅等各种产品
灯芯绒		纬起绒,是由一组经纱和两组纬纱交织而成	绒条圆整,绒毛丰满,质地坚牢,保暖性好,手感柔软	适合于卧室、客厅等各种产品

2. 麻类产品

质地坚牢,经久耐用,吸湿散湿快,服用凉爽,防腐防水性能好,湿强力高。但表面粗糙,有刺痒感,易起皱。常见麻制品的主要特点和外观风格见表2-2。

表2-2 常见麻制品的主要特点和外观风格

品 名	产品特点	风格特征	备 注
夏布	土法生产的苎麻平纹布,有原色、漂白、染色和印花等种类	表面粗糙,平挺	适用于靠垫等装饰家纺面料
亚麻布	有原色、漂白两种	表面粗糙,平挺	适用于床上蒙罩、台布、凉席、窗帘等
黄麻布	有原色、漂白两种	表面粗糙,平挺	可做沙发底布、地毯底布

3. 丝绸类产品

桑蚕丝织物色白细腻,光泽柔和明亮,手感柔软,高雅华贵。柞蚕丝织物略显棕褐色,光泽柔和,手感涩糯。绢纺织物表面粗糙。蚕丝织物服用舒适,但耐光性差,弹性不如羊毛。丝绸制品品种丰富,常见丝绸制品的主要特点和外观风格见表2-3。

表 2-3 常见丝绸制品的主要特点和外观风格

品 名	产品特点	风格特征	备 注
真丝斜纹绸	优质的桑蚕丝作经纬,斜纹组织,经纬不加捻或经线少捻	手感柔软,光泽柔和,绸身挺括,织物表面呈斜纹纹路	适用于床品、睡衣、睡袍、香囊等
乔其纱	平纹组织结构,经纬采用2股或3股优质强捻桑蚕丝织成,具有绉纹效应	绸面滑爽,稀疏,织物表面有水波纹状皱纹,手感滑爽,质地柔软,轻薄	适用于高级窗纱以及其他蒙罩类装饰
真丝素软缎	经纬用优质桑蚕丝,8枚经面缎	光泽明亮但柔和,表面平整光滑,质地柔软,手感滑爽	可作被面、枕头面料、睡衣、睡袍、香囊、纸巾盒以及其他装饰产品,有时作绣花基布
花软缎	经线为桑蚕丝,纬线为粘胶丝,缎纹地上起纬浮花	绸面地布光洁明亮,提花花纹清晰。纹样以传统题材为主,手感柔软、细腻	适于做被面、靠垫或室内其他装饰材料
织锦缎	经线为桑蚕丝,纬线为三色粘胶丝,纬三重结构缎纹组织作地,上面起纬浮花,一梭地纬,两梭纹纬	表面光亮细腻,手感丰糯,色彩绚丽悦目。纹样以传统题材为主,如梅兰竹菊、福禄寿喜等	适于做被面、靠垫、台毯、蒙罩、纸巾盒等,属于高档家用纺织品
古香缎	经线为桑蚕丝,纬线为三色粘胶丝,有时经纬均用染色粘胶丝或经用锦纶丝,纬用涤纶丝,纬三重结构,缎纹组织作地,上面起纬浮花,两梭地纬,一梭纹纬	表面光亮细腻,手感丰糯,色彩绚丽悦目。纹样以传统题材为主,如亭台楼阁、花鸟鱼虫、人物故事等,密度比织锦缎小,地部没有织锦缎紧密	适于做被面、靠垫、台毯、蒙罩、纸巾盒等,属于高档家用纺织品
蜀锦	桑蚕丝提花织物,产自四川,是中国三大名锦之一	表面多彩,质地丰满,纹样秀丽,配色典雅	用于做被面、靠垫以及其他装饰品等,属于高档家用纺织品
宋锦	桑蚕丝提花织物,产自苏州,是中国三大名锦之一	表面多彩,质地丰满,纹样秀丽,配色典雅	用于做被面、靠垫以及其他装饰品等,属于高档家用纺织品
云锦	桑蚕丝提花织物,产自南京,是中国三大名锦之一	表面多彩,质地丰满,纹样秀丽,配色典雅	用于做被面、靠垫以及其他装饰品等,属于高档家用纺织品
真丝地毯	桑蚕丝或柞蚕丝作材料,手工或机制	珠宝光泽,色泽优雅,手感柔软,蓬松性好	高档地毯
蚕丝絮料	桑蚕丝或柞蚕丝	手感柔软,吸湿性好,冬暖夏凉	高档绵絮

4. 毛类产品

具有良好的弹性、伸长性和定型性,不易起皱,织物挺括,保暖性好,使用舒适,其特点和外观风格见表2-4。

表2-4 毛类产品的主要特点和外观风格

品 名	产品特点	风格特征	备 注
羊毛毯	用优质羊毛织制而成	颜色纯正,光泽优雅,手感柔软,保暖性好	高档冬季床上用品
羊毛地毯、挂毯	优质的羊毛纤维作原料,用手工或机制而成	光泽柔和、优雅,结构稳定,硬挺	属于高档地毯或挂毯类
羊毛絮料	纯羊毛纤维,有时羊毛与其他纤维混合	保暖,蓬松,手感柔软	高档冬季床上用品
羽绒絮料	用鸭绒或鹅绒等作材料	质轻,蓬松,保暖	高档冬季床上用品

5. 化学纤维类产品

常用的化纤织物主要是以粘胶纤维、涤纶、锦纶为原料制成的家用纺织品。粘胶纤维织物吸湿性好,穿着舒适,手感柔软,悬垂性好,色泽艳丽,但刚度、弹性、保形性差,湿强低,缩率大。涤纶织物强度高,弹性好,坚牢耐用,挺括抗皱,洗后免烫,色泽鲜艳且不退色,但吸湿性差,贴身使用时有闷热感,易产生静电,易沾污,易熔孔。锦纶织物耐磨性好,吸湿性和穿着舒服性比涤纶好,弹性好,但织物挺阔性、耐热性、耐光性差。各种混纺织物、交织织物则发挥各种纤维各自的优点,比纯织制品更好。因此一般化纤织物宜作装饰用,不易作贴身用产品。常见化纤类产品的主要特点和外观风格见表2-5。

表2-5 常见化纤类产品的主要特点和外观风格

品 名	产品特点	风格特征	备 注
提花线绨	粘胶丝与棉交织物,有光粘胶丝作经,棉纱作纬,平纹提花织物	质地厚实,有身骨,花地清晰	宜作床品面料、餐桌布、台布或其他装饰等面料
锦纶塔夫绸	锦纶长丝平纹组织,经纬纱密度较大,经摩擦、轧光和防水整理或聚氨酯涂层而成	表面光洁,手感滑爽,防水透气	做沙发、靠垫、床垫等衬里,不宜直接接触皮肤
涤/腈/粘织物	经纬纱用较粗的三种纤维混纺而成,重组织或双层组织提花织物,密度中等	花地清晰,有立体感,表面较粗犷,悬垂性好,厚重,手感蓬松	宜作窗帘、靠垫、沙发布、餐桌布、台布以及其他各种装饰用
人造麂皮	涤纶长丝作经、细旦纤维纱作纬,经起毛磨绒、聚氨酯整理加工而成	华贵高档,手感柔软,富有弹性,透气舒适,坚牢耐用	宜作沙发面料、靠垫以及其他装饰等
维/棉布	经纬用维纶和棉纱混纺而成的平纹织物	表面精细,外观似棉,手感柔软	宜作中低档床品面料
涤/棉布	经纬用涤/棉纱,平纹组织织物	表面精细,外观似棉,手感柔软	宜作床品里料以及其他各种配饰布
腈纶膨体纱织物	高收缩和低收缩腈纶混纺纱经湿处理,使纱线膨体化,平纹或斜纹以及其他变化组织	织物结构蓬松,质轻,手感柔软,色泽鲜艳	宜作窗帘、床罩以及其他蒙罩类家纺

(二)各种织物组织运用所表达的产品外观风格

各种织物组织运用所表达的产品外观风格见表2–6。

表2–6 各种织物组织运用所表达的产品外观风格

风格	特征	构成要素	典型面料
立体感	平整	采用平经平纬或条份均匀的低捻纱线,大多为平纹组织和纬平针组织,结构紧密,表面平整、细腻、朴实	细平布、细纺、府绸、高密度斜纹布、凡立丁、派力司、驼丝锦、电力纺、塔夫绸、纬平针织物等
	起绉	采用绉组织、易收缩纱线、特殊整理工艺使织物表面产生绉纹效应,手感富有弹性,透气性、悬垂性好	绉纹布、双绉、乔其纱、碧绉、顺纡绉(柳条绉)、特纶绉、重绉、和服绸、留香绉等
	凹凸	采用易收缩纱线、双层组织、织造送经量控制、特殊化学与机械处理等方法,织物表面呈现富有立体感的凹凸起绉图案或肌理效果	泡泡纱、树皮绉、轧纹布、冠乐绉、凹凸绉、定形褶皱布等
	凸条	采用凸条组织、起绒组织、不同粗细的纱线、联合不同的组织和密度或整理(轧纹等)方法,织物表面呈现明显的凸条效果	麻纱、罗布、罗缎、灯芯绒、经条呢、巧克丁、马裤呢、文尚葛、四维呢、缎条绢、凸条绸、轧纹布、罗纹针织物、双反面针织物
光泽感	光感	采用具有不同光感的纤维材料或其他材料、纱线线型、织物组织以及丝光或轧光等方法,织物表面呈现不同风格和亮度的光泽,织物光滑、细腻、夸张,给人以扩张的感觉,装饰性较好	细纺、贡缎、贡呢、洋纺、电力纺、塔夫绸、柞丝绸、素绉缎、桑波缎、有光纺、美丽绸、羽纱、人丝软缎、金银人丝织锦缎、醋丝绸、拷花布、蜡光布、轧光布、涂层织物、驼丝锦等
	暗淡	采用棉、麻、绢丝等光泽较为暗淡或粗细不匀的短纤维纱线,易产生漫反射的变化组织或经过磨绒等处理,使织物光泽较为暗淡、风格朴实	粗平布、绵绸等
粗犷感	粗犷	采用条份不均匀的粗纱线或花式纱线、变化组织等方法,织物具有粗犷、松散、质朴和稳重的效果	粗平布、粗斜纹布、竹节布、疙瘩绸、麻布、粗花呢、杭纺、双宫绸、绵绸、鸭江绸、装饰布、手工编织物等
	细腻	采用细而均匀的精纺低特和超细纤维构成的纱线等,并配以较高密度,使织物细腻、精致	塔夫绸、细纺、织锦缎、驼丝锦、特细巴里纱、特细府绸等
刚柔感	柔软	采用抗弯刚度低的纤维如毛、丝、棉、粘胶纤维、超细纤维等,较小的紧度,长浮组织或针织组织,拉绒、拉毛和柔软整理等方法,织物具有柔软和温和的质感,悬垂性较好	细平纺、粘胶织物、细纺、细斜纹布、粘胶哔叽、贡缎、绒布、牛津布、水洗布、女衣呢、法兰绒、洋纺、真丝斜纹绸、真丝缎、素绉缎、人丝软缎、乔其绒、金丝绒、天鹅绒、桃皮绒、人造毛皮、法兰绒针织物、驼绒针织物、毛巾布等
	硬挺	采用抗弯刚度大的纤维、纱线以及如麻纱线、捻线、交织点多的组织,高紧度织制、硬挺或涂层等处理,织物具有坚硬、挺括的风格	夏布、苎麻汗布、麻布、塔夫绸、涂层布、帆布等

续表

风格	特征	构成要素	典型面料
厚薄感	薄透	采用透孔组织、经编网眼组织、细纱线、捻线、低紧度等方法，织物轻薄、透明、透气	东风纱、迎春绉、伊人绉、巴里纱、烂花布、洋纺、蝉翼纱、乔其纱、缎条绉、锦玉纱、雪纺绸、蕾丝、经编网眼织物、经编花边织物
	厚重	采用粗纱线、重组织、多层组织或特殊缩绒、拉毛等工艺，织物具有较厚的厚度以及良好的保暖性和强度	灯芯绒、双面女衣呢、麦尔登、海军呢、制服呢、学生呢、大衣呢、毛毡、填芯织物、双面提花针织物等
	质实	常用较粗的纱线和高紧度的设计方法织制而成，织物紧密、结实、质朴、耐用	华达呢、卡其、牛仔布、灯芯绒、平绒、帆布、粗服呢、防雨布等
	毛绒	采用花式纱线、起绒组织或特殊整理工艺，织物表面呈现耸立或平卧的绒毛或绒圈，有平素、提花和印花产品，手感丰厚、柔软、蓬松、保暖	灯芯绒、平绒、仿麂皮、人造毛皮、骆驼绒、乔其绒、金丝绒、天鹅绒、起绒针织物、毛圈针织物、毛巾布、经编起绒、经编毛圈等

(三) 运用时尚流行元素所表现的风格特征

1. 新纤维的开发利用

棉、麻、丝、毛四大天然纤维性能优良，但由于其抗皱性、色牢度、耐酸碱性、防霉防蛀、价格等方面的因素，大大制约了天然纤维在服装中的使用。因此，人们不断开发价格较低、加工制造便利、既具备上述纤维的优点，又弥补及改善了其缺陷的新型替代纤维。近年来开发的天然纤维如大豆纤维、天然色泽纤维、竹纤维、甲壳素/壳聚糖纤维、玉米纤维、蜘蛛纤维等；开发的化学纤维如 Tencel/Lyocell 纤维、PTT 纤维等。

纤维的开发还应包括改性纤维的研制、各种纤维的组合利用。例如目前国外所采用的化学纤维大多是差别化的，舒适性很好，如高吸汗透湿性涤纶。如采用棉/真丝/粘胶/莱卡面料，制作精细且富有弹性，深受消费者喜爱。如加入氨纶可改善服装的运动舒适性以及保形性，加入 2%~5% 的莱卡，使面料具有一定的弹性。

2. 面料视觉效果设计

(1) 色彩与图案：色彩与图案可以反映人们生活、环境的气氛。柔软而淡化的色彩是单纯而熟悉的生活方式的描述，冰冷与深沉的色彩掩饰人们的心理变化，温暖且感性的色彩可以挑逗人类的本性。"绿色"思想是 21 世纪全球呼唤的主题，"绿色"设计是以节约和保护环境为主旨的设计理念和方法。从美术设计的角度，更多地从回归大自然为出发点，将自然界的形态，特别是色彩、图案引入设计中去，唤起人们热爱自然、保护自然的意识。

色彩图案必须具备时尚性，与时俱进，利用各种设计手法、高新技术，以大自然中的各种景物为素材，作为面料色彩图案设计的基础，在传承传统色彩图案的基础上，赋予变化，增添新颖感、时代感。创新既是大胆的、前所未有的，又是规范的，设计的色彩图案应符合人们审美的共性，体现现代艺术的风格。

(2) 纱线线型：利用不同的纱线线型结构，可以产生不同的外观效果，改善面料的性能，这是在面料开发中使用较多的方法。如通过采用加捻纱线、复合纱线、不同纤维纱线可以使面料形成起皱、闪色、凹凸，从而改善面料的立体效果。为了满足家纺织物悬垂感、立体视觉、舒适性的要求，花式线型的不断推出立下了不可磨灭的功劳。如圈圈线、竹节纱、金银线、包芯纱、雪尼尔纱等线型，已广泛使用。他们在面料中可以增强面料的局部或整体的立体感，风格别致，装饰性提高。纳米技术的应用，对纺织纤维、纱线结构的设计也将起到推动作用。

从国内外家纺织物流行趋势分析，利用纱线线型来改善面料的外观、品质仍然是面料开发的主要途径之一。

（3）组织结构：织物组织结构的变化会产生各种新观感、新风格的产品，如今的消费者越来越重视自身的风格和气质与之相应，织物的质感和风格也越来越被强调。来自组织结构的变化，可以使面料形成独特、持久的风格。如条格组织、蜂巢组织、透孔组织、纱罗组织、重组织、双层组织、凸条组织等复杂变化组织，就其组织结构本身，已具备了纹理清晰、光泽明暗、凹凸立体、厚薄相间、通透亮丽的典型的、组织视觉效果。它们可以单独使用，也可以再次联合在面料的局部或整体中使用。还有针织物中不同的经编、纬编组织、钩针组织的应用。如果在变化组织的同时，配合不同粗细、不同种类的纤维或纱线、色彩、图案以及后整理加工，必将营造出独特的品质与风格。如各种具有精细表面平滑有光的低特纱织物、手感柔软的起绒织物和表面效应独特、有立体感的织物大受欢迎，例如各种起绒织物和双层组织的皱织物以及不同线密度纱的凹凸花纹织物等，都具有独特质感与风格。

（4）后整理技术：面料的后整理技术往往作为改善织物外观效果的一种途径。有时可以把后整理称为面料的"化妆"，通过一定的化学、物理、机械方法，使其外观变得更加漂亮，增强吸引力。除此之外，利用后整理可以改变面料的肌理。如褶皱、起绒或局部起绒、拉毛、磨毛、植绒、烂花、轧光、涂层等。

3. 功能性面料开发

随着人们环境意识和自我保护意识的加强，对纺织品的要求也逐渐从柔软舒适、吸湿透气、防风防雨等扩展到防霉、防蛀、防臭、抗紫外线、防辐射、阻燃、抗静电、保健无毒等方面，而各种新型功能性纤维的开发和应用以及新工艺新技术的发展，则使得这些要求逐渐得以实现。

功能性面料是指具有易护理、抗紫外线、抗菌消臭、防静电、防辐射、阻燃以及减肥保健等功能。功能型面料具有很好的实用性，且与人体健康有着密切关系。

❋ 织物素材选择工作流程

一、根据市场要求确定织物设计的基本风格

产品设计的基本程序如下。

设计准备—制订设计计划—市场调研与提出问题—设计分析与设计构思—设计深入与方案评价—商品化生产与方案评价

市场调查达到以下目的。

（1）了解市场需求，发现潜在的家纺市场，确定产品开发的范围。

（2）研究同类家纺产品的技术特性与品质，明确产品开发设计的功能需求，提出产品设计解决的问题。

(3)家纺产品使用环境的分析。

(4)人的审美与时尚需求的感性研究与分析。

(5)确定织物的基本风格。

二、按照产品风格选择材料、色彩、图案等要素

参考以下几种方法加以选择,见表2-7。

表2-7 选择材料、色彩、图案

产品风格、特征	原　料	色彩、图案形成的后处理工艺
薄型透明绡类织物	精纺细特棉纱、桑蚕丝、粘胶丝、合纤丝等	精练、染色、印花、定形、整理等
绉类织物	各种纤维的强捻丝、细度不匀丝、花式线	普通处理、热处理轧纹、化学处理起绉
厚型织物	粗的长丝或短纤纱线	皱缩、高花等热处理
薄型透气织物	细度较细的各种纤维,细纱可加10~20捻/cm	精练、染色、印花、定形、整理等
条格织物	色经、色纬排列或粗细不同或线型不同的原料或同种经纬线配置	普通整理、印花成条格状
粗犷效果织物	花式线、粗节纱或细度不匀的丝或纱线	一般的后处理,合纤需热定形
起绒或毛圈	各种纤维	割绒、通绒、拉绒或静电植绒
高花织物	无捻或弱捻纱线与强捻纱线配合或用弹性差异较大的两种以上的原料	一般的后处理,合纤需热定形
横凸条织物	各种纤维或纬比经粗	织造后即为成品或一定的后处理
烂花织物	酸碱性差异较大的两种原料	烂花、印花等
蓬松、保暖效果织物	各种原料、变形纱、花式线	蓬松整理
大提花织物	各种原料	染纱、匹染或其他的常规后处理

三、按照产品风格确定织物的组织设计

按照表2-8中几种技术方法加以确定。

表2-8 确定织物组织及其设计的方法

织物风格	组　织	密　度	织　造
薄型透明绡类织物	平纹	经纬密度小且趋于平衡	左右捻向排列、多梭箱
绉类织物	平纹、绉组织、简单斜纹或缎纹	一般比绡类大、紧密	多梭箱、双经轴
厚型织物	重经、重纬、双层、多层、填芯及针织	总密度值较大、双层或多层结构表层或里层为中等密度	多梭箱、双经轴
薄型透气织物	绞纱、透孔及各种简单方平组织、针织组织	一般较稀	起绞装置、普通织机、针织机

续表

织物风格	组　　织	密　　度	织　　造
条格织物	平纹、重经或条格组织、针织组织	中等密度，有时经向有稀密不同的排列	多梭箱、多经轴、变化穿筘等、针织机
粗犷效果织物	粗犷效果的绉组织、平纹及其变化或其他组织、针织组织	一般不大	普通织机或手工织造、针织机
起绒或毛圈	起绒组织、针织组织	单层的起绒系统密度比另系统大3倍左右，双层的两系统密度相同	普通织机、绒织机或针织机
高花织物	双层、多层、针织组织	一般为表里两种密度，且表层密度大于里层密度	多梭箱、双经轴
横凸条织物	横凸条、经重平或纬重平	粗纬原料一般不用专门增加密度	普通织机、多梭箱
烂花织物	平纹及其他组织、针织组织	一般不宜大	普通织机或间隔排列时用多梭箱或多经轴
蓬松、保暖效果织物	绒组织、双层组织、蜂巢组织、针织组织	中密或高密	普通织机、针织机或手编
大提花织物	提花组织	除重纬、重经、双层组织以外，和平素织物相同	提花机织造

四、其他工艺的选择

其他工艺的选择可参考表2－9。

表2－9　其他工艺的选择

织物风格	组　　织	密　　度	织　　造	后处理工艺
绣花织物	绣花工艺有手工、电子绣花	中密或高密	绣花机	一般的绣花整理
贴花	各种基布作底，采用粘胶丝、蚕丝等纱线	中密或高密	手工或机绣	手工或机绣
手工编织织物	随意设计编织结构	中密或高密	手工	一般的后整理

第二节　织物设计方案

✽ 学习目标

通过设计创意写作方法和材料整合知识学习，掌握针对设计方案编写创意说明书的工作流程及能力要求。

❋ 相关知识

一、设计创意主题写作方法

主题也叫主题思想，是作品内容的主体和核心。主题是作者对现实观察、体验、分析、研究以及对材料的处理、提炼而得出的思想结晶。它既包含所反映的现实生活本身所蕴涵的客观意义，又集中体现了作者对客观事物的主观认识、理解和评价。对于家纺产品设计，一个系列作品一般有一个主题，一般为 150～200 字。其内容要精辟，语言应精炼，寓意要深刻，文字应雅致。

家纺设计创意主题写作涉及许多方面。有形态要素、结构要素、功能要素、色彩要素、技术要素、历史文化等。主题写作方法应围绕这些内容进行分析、梳理、整合、提炼。对于一件或一套产品的设计主题写作内容，虽然不能将以上所有各项都包含进去，但应该通过主体语言来体现出此产品的创意结晶与评价。

（一）从形态要素中寻找主题

家纺品种多，样式千变万化。

（1）窗帘的造型按窗帘层次分有单帘和双帘，大空间住宅适用双帘和复帘，复帘有外帘、中帘、内帘之分。按窗帘悬挂形式分传统式、罗马式、气球式、奥地利式等。按不同幅面又分单幅式、双幅式、多幅式。按长度分有全窗、半窗、落地式三种。按使用效果分有透光、半透光和不透光三种。

（2）卫生盥洗用品分为面巾、方巾、茶巾、地巾、枕巾、浴巾、沙滩巾等。

（3）家具蒙罩类仅台布就有方形或长方形、圆形或椭圆形等。

（4）地面铺饰类地毯有长方形、方形、圆形、半圆形、椭圆形以及其他动物鱼鸟之类造型。

（5）室内装饰陈设类有悬挂式陈设品和摆放式，悬挂式陈设品主要包括：壁挂、信插、挂件等；摆放式主要包括：屏风、靠垫、布艺玩具、杂志架、各种桶套和小饰物等。

（二）从结构要素中寻找主题

结构是产品各部分要素的联系，产品的结构是功能与形式的承担者，其设计受到材料、工艺技术、环境、使用等相关因素的影响。结构形式不同传递的信息也不同，结构直接影响着产品的使用方式与精神功能的实现。家纺产品的结构要素包括：采用不同的组织结构、不同的线型、不同的缝纫技术、不同的后处理方法及其组合等。

（三）从功能要素中寻找主题

功能是产品开发设计的目的，产品的具体结构是实现产品功能的手段和形式。产品设计必须明确功能的定义，从更加深入的方面把功能从产品中抽象出来，寻找产品设计创新的途径。

（四）从色彩图案要素中寻找主题

家纺是烘托居家环境效果的主角，是设计者通过对社会的调查研究所形成的主观愿望的表现形式。色彩图案是家纺产品的灵魂。面料只是作为设计者表达色彩图案风格或灵感的载体，经过与形、色等要素的加工整合，最终产品才能表现出人们丰富的生活或生命的存在。这就是色彩图案所体现出的价值。

(五)从技术要素中寻找主题

技术要素是指产品设计时要考虑的生产技术、材料、加工工艺、处理手段等各种有关的技术问题,是使产品设计的构想变为现实的关键因素。在信息时代,科学技术深刻地影响着社会的方方面面,同样也深刻地影响着创意设计活动。如阔幅电子提花机不仅使得窗帘、床品摆脱了原来的窄幅所带来的接缝尴尬,而且花回变大了,整体感更强了。电子绣花机的使用不仅使得绣花效率大大改进,而且可以随意变换各种想要的花型。这些都是可以参考的主题。

(六)从历史文化中寻找主题

从古代的丝绸之路到当代的纺织文明,家纺经历了从古至今的变化过程,在这漫长的历史演变过程中,留下了大量丰富的文化符号和痕迹,不论是传统纹样还是西方现代图案,不论是洛可可艺术还是简约时尚元素,不论是手工绞缬还是数码喷绘技术,博大的文化精髓是取之不尽、用之不竭的源泉。这些文化元素是创意设计必不可少的主题之一。

例如,参加2008年中国国际家纺设计大赛获奖作品"忆江南"(图2-26)的主题为:"作品来源于江南的美景和人们对生活的追求。江南山美、水美、人更美,这给设计者带来独特的设计风格。简洁的设计风格,结合简洁的花型图案,不会给人带来烦乱的心情,再配以简洁的色彩,给人带来轻松愉悦的生活环境。现代人喜欢简洁明了的东西,而不喜欢烦乱的东西。人们在结束了繁忙的一天,回到家后尽情享受这轻松的环境和生活的愉悦。"

图2-26 忆江南

二、织物设计创新知识

家用纺织品织物设计有三种类型,即仿制设计、改进设计及创新设计。

创新概念的起源可追溯到 1912 年美籍经济学家熊彼特的《经济发展概论》。熊彼特在其著作中提出:创新是指把一种新的生产要素和生产条件的"新结合"引入生产体系。创新主要包括以下几方面内容:引入一种新产品,引入一种新的生产方法,开辟一个新的市场,获得原材料或半成品的一种新的供应来源。熊彼特的创新概念包含的范围很广,如涉及技术性变化的创新及非技术性变化的组织创新。

我国自 20 世纪 80 年代以来开展了技术创新方面的研究,傅家骥先生对技术创新的定义是:"企业家抓住市场的潜在盈利机会,以获取商业利益为目标,重新组织生产条件和要素,建立起效能更强、效率更高和费用更低的生产经营方法,从而推出新的产品、新的生产(工艺)方法、开辟新的市场,获得新的原材料或半成品供给来源或建立企业新的组织,它包括科技、组织、商业和金融等一系列活动的综合过程。"此定义是从企业的角度给出的。彭玉冰、白国红也从企业的角度为技术创新下了定义:"企业技术创新是企业家对生产要素、生产条件、生产组织进行重新组合,以建立效能更好、效率更高的新生产体系,获得更大利润的过程。"

(一)创新方法

1. 好奇——创新意识的萌芽

黑格尔说过:"要是没有热情,世界上任何伟大事业都不会成功。"所有个人行为的动力,都因出于好奇,都要通过他的头脑,转变为他的创新意识,才能使之付诸行动。

2. 兴趣——创新思维的营养

我国伟大的教育家孔子说:"知之者不如好之者,好之者不如乐之者。"可见他特别强调兴趣的重要作用。兴趣是最好的老师,兴趣是感情的体现,是学生学习的内在因素,事实上,只有感兴趣才能自觉地、主动地、竭尽全力去观察它、思考它、探究它,才能最大限度地发挥学生的主观能动性,容易在学习中产生新的联想,或进行知识的移植,做出新的比较,综合出新的成果。也就是说强烈的兴趣是"敢于冒险、敢于闯天下、敢于参与竞争"的支撑,是创新思维的营养。

3. 质疑——创新行为的举措

质疑便可发现问题。我国古代教育家早就提出"前辈谓学贵为疑,小疑则小进,大疑则大进"、"学从疑生,疑解则学成"。

(二)创新途径

1. 原料

新材料、能源与信息被称为现代文明的三大支柱,可见原料的重要性。新产品、换代产品、仿制产品以及改良产品都可通过原料入手加以改进。

2. 加工技术

加工技术是指改变产品的形态、风格以及使用功能等方面而必须采用的技术手段,包括从原料生产开始到家用纺织品形成整个过程的新工艺、新技术、新设备等。新型纺丝技术可以纺制出新型、异形、高功能、高性能纤维;新型纺纱技术可以纺制成新型纱、花式纱、包芯纱以及特种纱;新型织造技术可以织制成超高密织物、晶格织物、三维立体织物;新型的后处理技术可以赋予家纺织物各种外观风格及内在质量。

3. **产品结构**

产品结构包括原料形态的结构、化学结构、织物组织结构以及其他产品的结构等。

4. **功能**

如防辐射、防微波、防虫、防蛀、防火等。

5. **交叉**

吸取其他学科和技术领域的先进技术成果用于家用纺织品的设计开发中,是资源共享的有效途径和手段,如原本用于其他工业品的表面加工,将塑料薄膜以及纺织品进行喷镀,使其表面有一层镀膜,大大改善了表面特性与功能,用其制作窗帘,具有较强的光热反射功能。炎热的夏季可将光和热拒之室外,可以防晒降温;冬季将热能反射回室内,再加上有防风功能,可保持室内具有较高的温度,起到冬暖夏凉的目的。另外许多原来只作为服装的材料也可二次开发作为家用纺织品,如丝绸制品的织锦缎类用于家用纺织品配件等。

6. **综合**

对于家用纺织品,综合开发与应用是重要的开发途径,如整个室内装饰物件材料、材质、色彩、造型等的布局与协调、软硬搭配等;材料开发、加工技术手段及功能路径的同时进攻方可实现开发目的。

7. **终端产品**

按照终端产品来分,家用纺织品有各种类别,应该按照各类的最终要求细分每一种家纺产品的特点、功能,从而编制出各个环节行之有效的开发技术步骤和实现措施。

(三)创新评价标准

1. **批判与创新**

破与立是事物向前发展的两个基本条件,家用纺织品有长线产品,但又有短线产品,尤其是在市场销售正旺时期,要勇于批判原有产品,改变产品风格和营销渠道,以获得更大的发展空间和生命力。

2. **外观效果与使用功能**

家用纺织品使用功能是该种产品开发的主要项目之一。而外观效果又是体现它的价值的重要方面。

3. **传统文化与时尚**

家用纺织品是传统文化与现代文明相结合的产物,要能够体现出企业的文化品位与时尚认知。

4. **环保与生态**

由于家用纺织品是人的"终身伴侣",因此是否与人之间达到一种真正意义上的和谐也是衡量其自身价值的真正体现。

5. **市场与战略**

家用纺织品开发得如何,影响并决定家庭以至社会的整体发展水平,同时也决定该商品在市场上的寿命长短。

6. **共享性与多元化**

全球经济一体化已经使目前所有的工业产品成为公有和通用的资源,家用纺织品也不例外。而产品开发多元化和战略持久性是作为家用纺织品开发永不停息的话题。

7. 创新与复古

人类已经越来越多地占有自然界中仅有或不多的资源,创造已是各行各业所有领域都在追求的目标。同时,人们更多地在回味或留恋过去那些值得人们去思索和回味的野味和纯真而原始的感觉,从而去打造新的世界。

三、围绕设计主题说明材料、色彩、图案整合关系

(一)产品设计

设计工作是一项十分复杂的智力劳动。它的任务是运用科学知识和纺织技术原理,为家纺的组织生产制订出具体的模式和技术路线,以满足人们的需要。因此家用纺织品设计是将科学技术转化为应用的中介,是设计者构思转化为社会需要的广告,是一种创造性的活动。

(二)家纺的设计方法

家纺的设计方法主要有来样仿制、改进设计以及创新设计。无论是哪种方法都是以市场作导向,以经济作杠杆。

(三)家纺的设计内容

家纺的设计内容主要有以下内容:面料、里料及其他有关主、辅材料的类别选择、织物结构、织物形成工艺、花色图案造型及形成工艺、各种面、里、衬料等材料的裁剪、成形加工与制作、后处理等。对上述内容做出书面方案的文字材料。

(四)家用纺织品的设计理念

设计理念是家纺设计的核心,品牌是家纺设计的切入点,创新是家用纺织品的生命力。

面对激烈的市场竞争,我国家纺要想打破欧美、日本等国家的贸易壁垒,顺利进入国际市场,家纺产品设计创新、开发理念的更新及途径的扩展已经提到了家纺业最重要的位置。

创新的重点之一是利用和开发新原料,如:大豆纤维、罗布麻纤维、天然彩棉、甲壳素纤维、Lyocell纤维、聚乳酸纤维(玉米纤维)、竹纤维、牛奶纤维、蜘蛛纤维、香蕉纤维、构树纤维及莫代尔纤维等。

生命工程重点是提高人的生命意义以及家纺、环境对其影响。

家用纺织品在开发与设计过程中,首先是设计开发,然后是工程开发,最后是商业开发—品牌创造。

(五)材料、色彩、图案整合要点

1. 原料选择

家用纺织品可利用的纤维及纱线的种类繁多,经纬纱线的组合、线型结构各异,在家用纺织品开发中,为了丰富花色品种,采用或设计各种新线型,包括各种毛圈线、包芯线、竹节线等,会达到各种新颖、别致的效果。

各种原料的性能不同,组成纱线的线型设计不同,赋予各种家纺不同的纹理、风格、质地等。从这点上讲,材料的选择及不同形式线型对家纺产品的开发是十分重要的。

(1)选择原料时主要考虑的因素如下。

①用途：按照各种家纺产品的类别，除了考虑应具有一定的装饰效果以外，还应用量较大方面考虑降低成本。如普通实用性家用纺织品要强调材料的吸湿性好，易洗快干，成品色泽，光泽宜人，价格低廉一些。常用原料有棉、粘胶纤维、涤/棉、涤/粘、维/棉/涤纶等。高档装饰产品，不仅在色彩、图案方面应具备浓郁的装饰性，还应采用高档材料与之搭配，常见的材料如蚕丝、毛纤维、粘胶丝等。又如作为装帧和裱画用的原料，则要求细腻、均匀、光泽及吸湿性好，以桑蚕丝及粘胶丝材料为好。

②实用性：服用性是衡量家用纺织品的主要指标之一，同时也是消费者选购产品时极为关注的项目之一。天然纤维如棉、毛、丝、麻织物柔软透气，手感舒适，实用性优良，但抗褶皱、使用寿命、色泽等方面稍差一些，另外蚕丝、毛织物、大豆纤维制品及竹纤维制品等价格较贵。化学纤维中的再生纤维素纤维实用效果较好，价格适中。合成纤维的色泽好，抗褶皱，易洗快干，但实用性及静电问题通常也是很困扰的问题。因此，考虑实用舒适和价格问题，常常采用混纺或交织织物。

③产品造型及款式：窗帘等大面积使用的面料在手感、舒适性方面不需要求太高，可用合成纤维，配合较好的染色、印花等后处理工艺，只要能够烘托整个室内大方面的效果即可。因为棉纤维的造型可塑性、实用性、使用与保管、生产加工、价格等综合评价效果好，因此是床上用品的最好材料。对于小面积的室内配件及其他装饰物，如果强调具有浓郁的装饰性，就应该选用富丽、高档、光泽好且细腻的蚕丝、粘胶纤维、涤纶等长丝。沙发造型没有大面积的平面，而且考虑到安坐性好，宜用光泽暗淡且摩擦因数大的棉纤维、混纺、皮革等材料。对于卧室及起居室的地毯、垫类等产品，要考虑其形状是否具有良好的装饰性，以毛纤维或不易吸湿的毛、腈纶、丙纶为好。餐橱用的地垫要防滑，耐腐蚀性好，宜用丙纶、腈纶等纤维。总之，要根据各种不同家用纺织品的使用功能和特点来合理选用不同的纤维材料，物尽其用，恰到好处。

(2)原料的选用原则如下。

①有利于企业获得最大经济效益：产品在市场上要有较强的竞争力，企业才能取得较好的经济效益。产品在市场上与消费者的结合要平衡，为了求得这种平衡，就应做到以最低的成本获得最高的利润，以产品的低消耗、高质量来争取更多的客户，使社会效益与经济效益双赢。从这点上讲，家用纺织品所使用的材料就应在保证满足使用功能的情况下，合理搭配原料并配合织物结构、密度、织造等。如果经纬都用蚕丝，造价较贵，就可在不影响外观效果前提下，适当用蚕丝与棉交织或混捻，同样可达到目的。

②有利于生产的正常进行：如果只从家用纺织品的外观要求考虑，而使用复杂线型或复杂生产加工工艺，会产生较好的效果，但如果生产工艺太复杂，就可能给企业生产带来不必要的麻烦，因此，生产工艺、生产过程的难易程度是产品设计应考虑的问题。

③充分发挥各种原料的优良性能：各种原料性能不一，风格各异，为了取得良好的设计效果，选优缺点互补的原料交织或混纺，是设计的重要手段之一，其好处很多。如天然纤维与合成纤维交织，主要是利用天然纤维吸湿性好、服用舒适及合成纤维的保形性好、硬挺等优点。光泽明亮的粘胶丝与光泽暗淡的棉纱交织，用粘胶丝起花，棉纱作地，不仅使花纹明亮、突出，而且价格低廉。涤纶长丝与同属性的涤纶短纤维交织，同时长丝作经纱，短纤维作纬纱，不仅提高了织造效率，而且织物表面富有毛型感，悬垂性也有提高。

除了考虑原料本身的优缺点以外,结合工艺,可将缺点变成优点。如,包芯纱原料,将舒适、质好、能够满足外观要求的原料做外包线,而芯线用性能较差,但强力、弹性优良的原料,使面料能够满足各方面的要求。或者利用各种花式线达到外观好看、质地又满足要求的目的。

④有利于增加产品的艺术效果:通过织物的光泽、色泽、花纹、毛绒、风格、弹性、手感、结构、纹理等方面来体现的。如利用色线形成的色织物,利用光泽明暗对比变化,利用纤维粗细不同而呈现高花效应,利用各种纱线的组合得到隐条、隐格、皱纹等效果,利用特殊材料的性能,采用特殊的后整理方法,如绣花、修花、手绘、喷墨等赋予产品各种艺术效果。

2. 组织结构设计

家用纺织品要求各异,组织结构是家纺的构架,不同组织有不同的效果和性能。有单薄型、厚重型、透明型、轻柔型、缜密型、毛绒型、平板型等。一般单薄型家纺需用平纹组织,厚重及保暖型织物需要用斜纹、缎纹、重经、重纬或大提花组织;透明性织物需要用透孔及绞纱组织;富丽、饱满且光泽好的需要用缎纹组织或大提花组织;素洁、平整表面的家纺用品需要用基原组织或条格组织;有立体感的织物需要用色织、提花等组织;蓬松且有凹凸感的用蜂巢组织;有绒毛效果的用起绒或毛巾组织等。

3. 织造工艺确定

不同原料、不同品种、不同组织结构所采用的织造条件和工艺要求不一。如棉织物需要用适合棉织物织造的织机,蚕丝织物需要用丝织机,毛织物需要用毛织机,化纤产品一般用织长丝织物的织机等。另外现代新型织机,如箭杆织机、喷气织机、片梭织机等也越来越扩大了其生产规模和品种适合范围。

4. 染整和后整理

染整和后整理赋予各种白坯织物丰富多彩的外观效果和风格。针对不同原料的性能、不同家纺品种、不同的外观及质量要求,应采用不同的染料、印染工艺以及必要的后整理设备。尤其是采用织印结合、印经工艺、手绘、扎染、泼染、数码喷墨印花等,都会给家用纺织品成为家庭装饰品的主要角色添上重重一笔。

5. 成品加工

成品加工包括制图、面料和辅料的排料、裁剪、缝制、衍缝、刺绣、抽纱、花边、衍绣、镶边、流苏花边等工艺过程。成品加工工艺是实现家纺质量和外观的重要保证。尤其是品牌更应加强加工质量。

6. 成品整理、检验与包装

对成品进行分类归类,对成品制作质量、工艺,尤其是环保生态方面的各项要求内容的检查和验收,以确保产品质量符合要求。

成品包装是给成品进行的二次加工,一个好的包装能使产品提高档次,从包装材料的选择到造型,从图案到花色,都是一个再创作的过程。要从树立品牌形象出发,通过好的包装形式打造出产品更好的外观效果,赢得顾客。快速、有效地占领市场高地。

7. 销售

家纺在国内还是比较新的一项产业,应正确运用市场运行规律,对消费者进行正确的心理分析,注重国内外家纺市场环境,作好市场未来预测,从产品策划,到分销、促销以及跨国经营等方面作好战略决策。

四、材料、色彩、图案、工艺的整合过程

材料、色彩、图案、工艺的整合过程见图2-27。

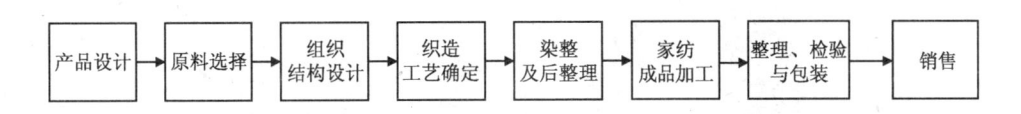

产品设计 → 原料选择 → 组织结构设计 → 织造工艺确定 → 染整及后整理 → 家纺成品加工 → 整理、检验与包装 → 销售

图2-27 材料、色彩、图案、工艺的整合过程

❋ 织物设计方案制作流程

一、确定织物设计的创意主体并说明其风格特点

创意主题是纲领性文件,由此初步描绘出整体风格特点及具象东西。

二、围绕设计主题说明材料、色彩、图案整合关系

主要有以下内容:面料、里料及其他有关主、辅材料的类别选择、织物结构、织物形成工艺、花色图案造型及形成工艺、各种面、里、衬料等材料的裁剪、成形加工与制作、后处理等。对上述内容做出书面方案的文字材料。

三、针对设计图案的主题风格和要素组合关系写出创意说明书

创意说明书包含以下内容。
(1)设计构思:设计依据、灵感来源等。
(2)设计内容:面料设计、花样设计、成品效果设计、作品名称确定等。
(3)组织生产、总结与评价。

案例:一款奥运题材床品设计

1. 设计构思

现代人在选择床品时不再千篇一律,而是越来越看重精神享受,环境氛围。他们有着独特的要求,喜欢标新立异,张扬个性,体现自己的与众不同,更加注重个性需求,颜色、款式、质量等都成为他们选购家纺产品时所考虑的因素。

另一方面,太复杂太烦琐的家纺产品显得太过沉闷,只有简洁、色调明快风格的产品,才能使忙碌了一天的人们身心得到放松。

(1)设计依据:2008年北京奥运会的浓郁的运动之风席卷而来,经济的发展,人们文化素质和生活环境的不断提高,精神上的需求不断升温,生活的多元化、个性化、趣味化的理念在不断增强。通过对市场的调查了解到,家纺市场上千篇一律的产品已经无法满足一些消费者的需

求。本产品设计主要定位于"80后"的年轻人。

（2）灵感来源：该作品灵感来源于北京2008年奥运会以及所倡导的奥运精神的理念，以篮球为设计元素，采用篮球弧形线条感与色块相结合，赋予整个作品时尚动感的感觉，色彩以蓝灰为底色调，再配以鲜亮的黄色提升整个床品的亮度，把奥运精神表现得淋漓尽致，如图2-28所示。

图2-28 以篮球为设计元素

图2-29配饰方面借助福娃和一些体育器材，使床品整体效果更好。

2. 作品名称：奥运之星

家用纺织品设计体现的是艺术与生产工艺的组合与搭配。只有恰到好处的组合与搭配方能表现出产品整体的完美效果。

3. 设计内容

（1）面料设计：

①原料：纬纱为40英支棉纱线。这种细度配合斜纹组织使织物手感柔软，服用舒适。

②组织结构：$\frac{2}{1}$右斜纹，如图2-30所示。

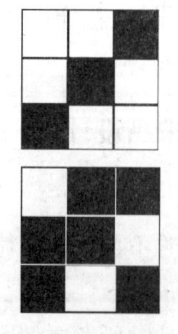

图2-29 福娃　　　　　图2-30 组织及上机图

本产品特点是吸湿透气性好，保暖性良好，织物耐洗涤，耐老化，不易虫蛀，但易受微生物侵蚀而霉烂变质。

（2）花样设计：根据设计灵感，选用需要的元素配合面料，用Photoshop设计软件进行操作，如图2-31所示。

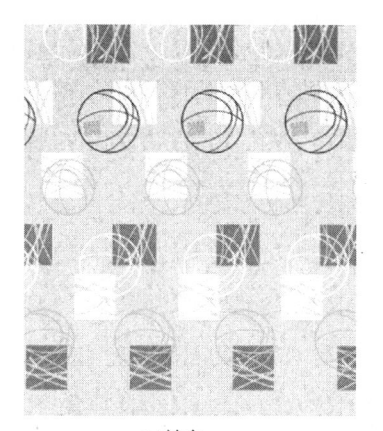

(a)被套　　　　　　　　　　　　(b)床单

(c)单人枕

图 2-31　花样设计

(3)成品效果：见彩图 2-32。

图 2-32　成品效果图

4. 生产工艺

(1)面料生产工艺：

原料准备→整经→浆纱→卷纬→织造→染色→印花→整理

(2)印染生产工艺：

①电脑分色制版，打印彩色纸稿确认后激光照排。

②制手工打样的网。

③手工打样，确认。

④制大网。

⑤印花出成品。

(3)成品缝制工艺：

①被套(200cm×230cm)，如图2-33所示。

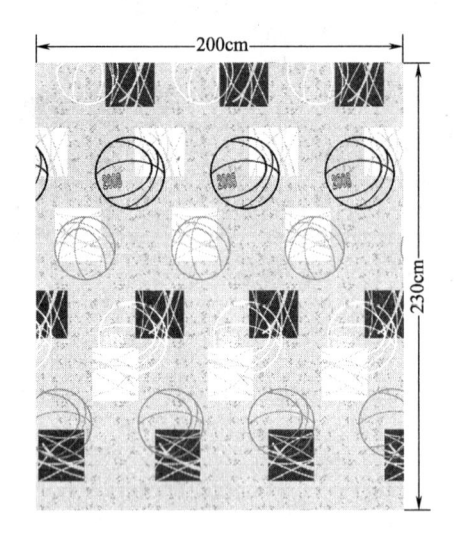

图2-33 被套

一、缝制要求

1. 被面：被面200cm×230cm，用230cm的门幅裁210cm。

2. 将正反面块色布相拼，位置依据已给的工艺尺寸，面里相拼做缝1cm。

二、工艺要求

1. 正面：色布。反面：同款式色布。

2. 缝纫线：同面料颜色。

3. 缝纫针距：(12~13)针/3cm，线迹美观，流畅，顺直，无跳针、漏针现象。

4. 成品薄厚一致，无杂质、色差、坨块，填充料清洁，无脏污，四角、四周填充料厚薄均匀。

②枕套(48cm×74cm)，如图2-34所示。

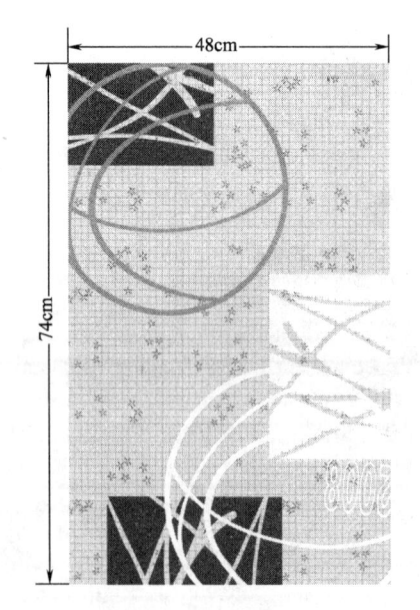

图2-34 枕套

一、缝制要求

1. 枕面61cm×87cm，枕夹(反面)规格76cm+28cm，两片叠合为61cm，色布与色布相拼。

2. 面里相拼做缝1cm。

二、工艺要求

1. 正面：色织。反面：同款式色布。

2. 缝纫线：同面料颜色。

3. 缝纫针距：(12~13)针/3cm，线迹美观，流畅，顺直，无跳针，漏针现象。

4. 缝位：5cm(枕边)。

5. 成品薄厚一致，无杂质、色差、坨块，填充清洁，无脏污，四角、四周填充料厚薄均匀。

③床单(245cm×230cm),如图2-35所示。

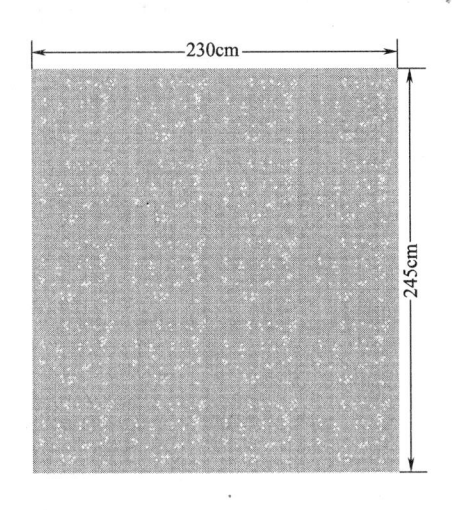

图2-35 床单

一、缝制要求

床单(245cm×230cm),采用同款色布裁剪,要求预留卷边及缝头布。

二、工艺要求

1. 采用同款式色布。
2. 缝纫线:同面料颜色。
3. 缝纫针距:12~13针/3cm,线迹美观、流畅、顺直,无跳针、漏针现象。
4. 成品无杂质、色差、坨块,填充料清洁,无脏污,四角、四周填充料厚薄均匀。

四、试样生产

根据生产工艺进行试样生产。

第三节　织物样品制作

❋ 学习目标

通过织物样品制作知识的学习,能编制织物设计的说明书,并能指导织物制作工艺流程及小样的试织,能对小样织制效果进行改进。

❋ 相关知识

一、编制设计说明书知识

(一)设计意图

(1)产品销售地区。

(2)产品投放市场时间。

(3)文化习俗和使用人群定位。

(4)材料选用。

(5)产品风格。

(6)档次价格。

(7)市场潜力等。

(二)设计内容

(1) 设计主题。

(2) 材料选用。

(3) 织物组织结构。

(4) 经纬密度。

(5) 匹长。

(6) 幅宽。

(7) 准备设备类型及工艺计算。

(8) 选用织机类型。

(9) 织造工艺确定。

(10) 重量计算等。

(11) 图示。组织图及上机图、色线与组织配合,提花织物的纹样、纹板、目板穿法等。

(12) 小样试织。

(13) 调试。

(14) 上机生产。

二、生产工艺知识

(一)棉类家用纺织品

棉类织物是家纺用品及其他各种室内纺织品的主体材料。

1. 白坯织物

(1) 单色纯棉织物:

经纱:原纱→络筒→分批整经→浆纱→穿结经⎫
纬纱:(有棱)原纱直接纬或间接纬→给湿　　⎬织造→检验→修整
　　　(无棱)原纱→络筒　　　　　　　　　⎭

(2) 单纱涤棉织物:

经纱:涤/棉原纱→络筒→分批整　　　　　　　⎫
纬纱:(有棱)涤棉原纱→络筒→蒸纱定捻→卷纬　⎬织造→检验→修整
　　　(无棱)涤/棉原纱→络筒→蒸纱定捻　　　⎭

(3) 股线织物:

经纱:股线→络筒→分批整经→并轴上轻浆或过水→穿结经⎫
纬纱:(有棱)股线卷纬　　　　　　　　　　　　　　　⎬织造→检验→修整
　　　(无棱)股线→络筒　　　　　　　　　　　　　　⎭

2. 色织物

色织物是由经纬色纱交织而成的。这类织物是以色纱配合组织结构和密度的方法来体现各种条、格或小花纹的效果,织物表面条格层次分明,花纹有立体感。常用于小件家纺用品或床上用品等使用。

(1) 一般色织物工艺流程：

经纱：绞纱→漂染→络筒→分批整经→浆纱→穿结经管纱→络筒→染色 ⎫
纬纱：绞纱(有梭)漂染→络筒→卷纬 ⎪
　　　(无梭)漂染→络筒 ⎬ 织造→检验→修整
管纱(有梭)络筒→染色→卷纬 ⎪
　　　(无梭)络筒→染色 ⎭

(2) 花式线及股线等免浆工艺流程：

经纱：绞纱股线等→漂染→络筒→分条整经→穿结经 ⎫
　　　筒子股线等→染色 ⎪
纬纱：绞纱(有梭)股线等→漂染→络筒→卷纬 ⎬ 织造→检验→修整
　　　(无梭)股线等→漂染→络筒 ⎪
筒子(有梭)股线等→染色→卷纬 ⎪
　　　(无梭)股线等→染色 ⎭

(二) 毛类家用纺织品

毛类家纺用品分精梳与粗梳两大类。在家用纺织品中毛类家纺织物主要用粗梳织物作沙发面料及毯类等。工艺流程：

经纱：毛纱(筒子)→分条整经→穿结经 ⎫
纬纱：(有梭)毛纱(筒子)→卷纬 ⎬ 织造→检验→修整
　　　(无梭)毛纱(筒子) ⎭

(三) 麻类家用纺织品

麻类家纺主要用于如靠垫、沙发面料以及餐桌布等装饰用品。其工艺流程如下所述。

1. 苎麻类

经纱：络筒→分批整经→浆纱→穿结经 ⎫
纬纱：直接纬纱或间接纬纱→卷纬 ⎬ 织造→检验→修整

2. 亚麻类

经纱：络筒→整经→浆纱→穿结经 ⎫
纬纱：卷纬 ⎪
　↓ ⎬ 织造→检验→修整
给湿或蒸纱 ⎭

3. 黄麻类

经纱：络筒→整经→穿结经 ⎫
　　　　　↓　　↑ ⎬ 织造→检验→修整
　　　　　浆纱— ⎭

(四) 蚕丝类家用纺织品

(1) 桑蚕丝生织织物：平经平纬织物。如各种纺、绡、绸、缎等平素或提花家用纺织品。

(2) 桑蚕丝熟织织物：桑蚕丝熟织织物在家纺中常用于装饰性很强的场合，如靠垫、台毯、被套、壁画等。以熟织锦类产品为多见。

(五)化学纤维

目前化纤在家用纺织品中的应用主要是各种装饰用产品,如窗帘、沙发布、床罩、桌布、台毯等。近年来,随着差别化涤纶的开发,仿麻、仿毛产品得到了相应的快速发展。加工原料除涤纶复丝外,经常使用的还有涤纶空气变形丝、网络丝等。用无梭织机加工的涤纶长丝仿麻、仿毛产品质量好,附加值高,很受市场欢迎,尤其是销量大的中低档家用纺织品。其织造工艺流程为:

经丝:涤纶复丝→整浆联合(或整浆分开)并轴→穿结经 ┐
纬丝:涤纶复丝   ┘ 织造→检验→修整

或者:

经丝:涤纶空气变形丝、涤纶网络丝→分条整经→穿结经   ┐
纬丝:涤纶复丝、涤纶空气变形丝、涤纶网络丝   ┘ 织造→检验→修整

(六)涤棉、涤粘、毛涤混纺类家用纺织品

在家用纺织品中,根据用途及各类纤维的特点,除用同种纯纺织物以外,还有各种纤维混纺织物,如棉麻、涤棉、维棉、涤粘、涤麻等混纺等。其织造工艺可根据各种纤维的特点及产品规格、工艺特点等综合考虑制订。

三、织物小样织制

(一)小样制织方案确定与织制

1. 设计意图

(1)根据调查结果确定销售地区。

(2)确定产品投放市场时间。

(3)产品的使用人群定位。

(4)文化习俗和风格定位。

(5)确定材料选用。

(6)确定档次价格。

2. 织物小样织制流程

(1)织物设计内容:

①确定设计主题。

②确定材料选用:包括种类、粗细、线型结构等。

③确定织物组织结构。

④确定经纬密度:包括成品经纬密度、坯布经纬密度、机上经纬密度。

⑤确定匹长:包括成品匹长、坯布匹长、机上匹长。

⑥确定幅宽:包括成品幅宽、坯布幅宽、机上幅宽。

⑦准备设备类型及工艺计算:即络纱、并纱、捻纱、上浆、卷纬等。

⑧确定织机类型:选用平素织机还是提花织机等。

⑨确定织造工艺:如穿经、穿筘、经轴等。

⑩重量计算等。

(2)图示设计:组织图及上机图、色线与组织配合,提花织物的纹样、纹板、目板穿法等。

(3)小样试织。

(4)调试。

(5)上机生产。

(二)小样的织制

(1)上机图的绘制:有组织图、穿筘图、穿综图及纹版图。

(2)整经与卷纬。

(3)织样:按照小样机各部件配置完成织样工作,有手动小样机和自动小样机。

(4)简单后整理,如修整、熨烫、煮练以及其他简单后处理。

说明:平素织机只能织出原组织、简单组织、变化组织及复杂组织等,大提花织物只能靠提花织机进行大样织造。

(三)织物分析

根据所试织小样,进行以下各方面内容的分析,做法及操作要求同前。

1. 取样

一般取样品不同部位的 5 个点位。

2. 确定织物的正反面

试织时已经确定了正反面。如果需要重新界定,可依据以下内容进行判断。一般机织物的正反面有如下几个特点。

(1)正面较平整、光滑、细腻,色泽纯正。

(2)装饰性强的提花织物正面富丽,花纹突出,颜色清晰、纯正。

(3)经面织物正面经浮长占优势,纬面织物正面纬浮长占优势。

(4)重经、重纬或双层织物若表里用不同种类的原料时,一般情况下,正面所用的原料比反面的好。若表里经排列比不同,则表组织密度大,而里组织密度较小。

(5)条格织物条纹显著与匀称的一面为正面。

(6)有凹凸效果的织物,正面花纹凹凸分明,反面一般是由浮长线起收缩作用。

(7)绒组织正面有绒毛或毛圈。

3. 确定织物的经纬向

试织时已经确定了经纬向。如果需要重新界定,可依据以下内容进行判断。

(1)如果样品织物带有布边,布边的方向为经向。

(2)一般的织物经密大于纬密,密度大的系统为经纱系统。

(3)有时经纬采用两种不同原料,质量好的为经纱。

(4)有浆料的为经纱。

(5)按照织造时所留下的织疵也可判断,如有筘路、经柳的为经向,而有亮丝、稀弄的为纬向。

(6)按照花纹方向也可判断出经纬向。

4. 原料鉴别

纺织品所使用的原料是多种多样的,有纯织、交织、混纺等。鉴别方法在《助理家用纺织品设计师》中已有介绍。

5. 测定经纬纱密度

详细鉴别方法已在《助理家用纺织品设计师》中织物部分介绍过,此处不再重复。

分析样品时,一般用密度分析镜在一定的刻度内,分别查出经线与纬线根数,然后用经向、纬向根数除以所选取的宽度(cm),再乘以 10 得出经、纬密度 p_j 及 p_w 值。即:

$$p_j = 经线根数/10cm$$
$$p_w = 纬线根数/10cm$$

6. 组织结构分析

用织物分析镜做工具,用拆拨法来分析并作出组织图和其他必要的结构图。拆拨法是在将经线或纬线拆拨成松弛状态下观察织物的经纬交织规律。方法是线将样品中的经线或纬线拆去 1cm 左右,留出丝缨,然后在分析镜下用针将第一根经线或第一根纬线拨开,使其与第二根纱线或丝线稍有间隔,置于丝缨之中,即可观看第一根经线与纬线的交织情况(或第一根纬线与第一根经线的交织情况)。并把观察得到的交织情况用组织点记录在意匠纸或方格纸上。然后把这根经线或纬线拆掉,再以同样的方法分析下一根经线或纬线的交织情况,一直分析到完全组织循环为止。应注意:在织物的拆拨方向应与所画出的组织图方向一致,不能左右颠倒或上下颠倒;在拆拨方向上最好将密度大的纱线或丝线拨开,观察密度小的系统丝线与拨开的这根丝线的交织情况。这样看组织点清晰度较好。

7. 测定经纬纱缩率

根据所测的成品、坯布及在机的各项指标,完成实际染整幅缩率、织造幅缩率、染整长度缩率、织造长度缩率的计算。

染整幅缩率(%)(实际)=[坯布幅宽(cm)-成品幅宽(cm)]/坯布幅宽(cm)×100%

织造幅缩率(%)(实际)=[钢筘宽度(cm)-坯布宽度(cm)]/钢筘宽度(cm)×100%

染整长度缩率(%)(实际)=[坯布长度(m)-染整后成品长度(m)]/坯布长度(m)×100%

织造长度缩率(%)(实际)=[整经长度(m)-坯布长度(m)]/整经长度(m)×100%

8. 织物工艺计算

(1)经纬密度计算:

①经线密度:

坯布经密(根/10cm)=成品经密(根/10cm)×(1-染整长度缩率)

在机经密(根/10cm)=坯布经密(根/10cm)×(1-坯布下机长度自然缩率)

②纬线密度:

坯布纬密(根/10cm)=染整后成品纬密(根/10cm)×(1-染整幅缩率)

在机纬密(根/10cm)=坯布纬密(根/10cm)×(1-织造幅缩率)

(2)织物的幅宽:是织物设计所规定的宽度,用厘米(cm)表示。有成品幅宽、坯布幅宽和在机幅宽。成品尺寸有中幅、宽幅和阔幅三种,中幅系列有:81cm、86.5 cm、89 cm、91.4 cm、94cm、96.5 cm、98 cm、99 cm、101.5 cm、104 cm、106.5 cm、122 cm;宽幅系列有:127 cm、132 cm、137 cm、142 cm、150 cm、162.5 cm、167 cm;阔幅系列有:145~310 cm。

$$坯布幅宽 = 成品幅宽(cm)/(1 - 染整幅缩率)$$

$$在机幅宽 = 坯布幅宽(cm)/(1 - 织造幅缩率)$$

(3)总经线数:

$$总经线数(根) = 内经线数(根) + 边经线数(根)$$

$$内经线数(根) = 成品内幅 \times 成品经密(根/10cm) \times 10^{-1}$$

$$边经线数(根) = 每边成品边幅(cm) \times 成品边纱经密(根/10cm) \times 10^{-1} \times 2$$

(4)匹长:长度取决于织造染整设备、服装缝纫裁剪要求和生产操作方便;宽度影响到织物的用途,如床上用品宽;厚度影响到保暖性、强度,它决定于原料的细度、组织结构、密度等。一般为20~70m左右。

$$坯布匹长(米) = 成品坯长(m)/(1 - 染整长度缩率)$$

$$整经匹长(米) = 坯布坯长(m)/(1 - 织造长度缩率)$$

(5)各种缩率:计算公式同前。

(6)穿筘:

$$内经筘号 = 内经线数(根)/[钢筘内幅(cm) \times 穿入数(根/每筘齿数)]$$

$$边经筘号 = 每边经线数(根)/[每边边幅(cm) \times 穿入数(根/每筘齿数)]$$

筘齿穿入数根据组织循环、经线密度、经线原料粗细等因素而定。一般平纹组织2或4筘/入,三枚斜纹为3或6筘/入,5枚缎2或3筘/入,8枚缎为2或4筘/入。

(7)穿综:穿综应考虑以下几方面:组织点不相同的经线不能穿在同一综框里,组织点相同的经线原则上应穿入同一综框里,但应结合其他因素加以确定;穿入经线多的综框放前面,少的放后面;原则上原料性能差的经线穿前面综框,反之穿后面综框。

(8)经纬纱用纱量计算:

① 白坯织物:

$$百米织物用纱量 = 百米织物经纱用量 G_j + 百米织物纬纱用量 G_w$$

a. 百米织物经纱用量(kg/100m) G_j:

$$G_j = [m_z \times Tt_j \times (1 + 加放率) \times (1 + 损丝率) \times 100]/[1000000 \times (1 - 经纱织缩率) \times (1 + 经纱总伸长率) \times (1 - 经纱回丝率)]$$

b. 百米织物纬纱用量(kg/100m) G_w:

$$G_w = [幅宽 \times p_w \times 10 \times Tt_w \times (1 + 加放率) \times (1 + 损丝率) \times 100]/[1000000 \times (1 - 纬纱织缩率) \times (1 - 纬纱回丝率)]$$

式中:Tt_j——经纱线密度,tex;

Tt_w——纬纱线密度,tex;

m_z——总经根数,根;

p_w——纬纱密度,根/10cm。

②色织坯布：

千米织物用纱量(kg/km) = 千米织物经纱用量 $G_{j色}$ + 千米织物纬纱用量 $G_{w色}$

a. 千米织物经纱用量(kg/km) $G_{j色}$：

$$G_{j色} = [m_z \times 千米织物经长(m) \times Tt_j]/[1000 \times (1+经纱总织缩率) \times (1-染整长缩率) \times (1-捻缩率) \times (1-经纱回丝率)]$$

b. 千米织物纬纱用量(kg/km) $G_{w色}$：

$$G_{w色} = [p_w \times 筘幅 \times Tt_w]/[100 \times (1+准备伸长率) \times (1-染整幅缩率) \times (1-捻缩率) \times (1-纬纱回丝率)]$$

③分析织物组织及色纱的配合：根据已经设计并试织的情况，进一步核实实际产品是否符合设计方案所要达到的效果。

④该产品的市场分析定位：将产品设计人员、工艺技术人员、销售人员、企业其他相关人员以及不同年龄和层次的普通消费者集聚在一起，共同评价该产品，对市场潜力做分析，定出价格。

四、改进设计方案的制订

许多产品经过试织和分析，发现现有产品某些方面与原来设想有一定差距，这样必须对原设计进行分析和改进。

（一）织物的整经长度、坯布长度

将实际测量已试小样的缩率作为已知条件，重新按照下式求出整经长度和坯布长度。

$$整经长度(m) = 坯布长度(m)/[1-织造长度缩率(实测)]$$

$$坯布长度(m) = 染整后成品长度(m)/[1-染整长度缩率(实测)]$$

（二）织物的钢筘宽度、坯布宽度

将实际测量已试小样的缩率作为已知条件，重新按照下式求出钢筘宽度。并重新确定穿筘数等上机工艺。

$$钢筘宽度(cm) = 坯布宽度(cm)/[1-织造幅缩率(实测)]$$

$$坯布宽度(cm) = 成品宽度(cm)/[1-染整幅缩率(实测)]$$

（三）织物的重量

按照实样各有关参数和上述经纬纱用纱量公式计算重量。

❋ 织物样品（样稿）制作流程

一、样稿制作与实施

完成该类产品的调查结论，形成设计构思，完成产品定位、技术路线、实施计划、工艺路线和步骤等。

二、编制用于指导试样的设计说明书

设计说明书包括产品名称、原料、组织、密度、色彩、图案、准备及织造设备类型及工艺的确

定、织造工艺及计算、色经色纬排列、组织图和上机图、织物练染印等后处理的所有文字和图示以及其他相关的必要补充。其主体内容用设计表形式表示。

三、根据织物设计工艺进行小样试织

1. 手动小样机

(1) 检查组织图及上机图。

(2) 准备：小样织机、并纱、捻纱、浆纱、络筒等。

(3) 织造：

经线：整经→前处理(如浆纱)→上轴→理丝→穿纵→穿筘→接经 ⎱→投纬织造
纬线：卷纬→钉纹板→上机 ⎰

2. 自动小样机

(1) 检查组织图及上机图。

(2) 准备：小样织机、并纱、捻纱、浆纱、络筒等。

(3) 织造：

经线：整经→前处理(如浆纱)→上轴→理丝→穿纵→穿筘→接经 ⎱→输入组织信息到自动显示板→投纬织造
纬线：卷纬→钉纹板→上机 ⎰

思考题

1. 织物设计的要素有哪些？如何根据产品风格来分析设计要素？
2. 如何从织物外观和织物的综合设计上分析其风格特征？
3. 围绕某一类家纺产品具体要求分析织物要素的整合方式。
4. 如何按照织物风格要求进行组织设计？
5. 举一实例说明织物设计过程中选择素材的方法步骤。
6. 如何确定设计创意的主题？试举一例。
7. 设计创新包含哪些方面的内容？
8. 如何围绕设计主题整合材料、色彩、图案三者之间的关系？
9. 编写创意说明书要注意哪些问题？
10. 请选一款设计试编一份创意说明书。
11. 如何按要求编制设计说明书？
12. 样稿制作与实施分哪些步骤？
13. 请分别说出织造工艺的具体流程。
14. 小样的织制的实施分哪些步骤？
15. 请举实例说明织物小样织制过程。

第三章　印染图案设计制作

家纺设计师的印染图案设计制作功能是在涵盖助理家纺设计师职业功能之上的提升,其重点是对各种印染图案设计要素的选择和整合能力,并在确定设计主题、风格的基础上制订产品设计方案。

第一节　印染图案素材选择

✿ 学习目标

通过印染图案设计风格、素材运用、工艺知识的学习,掌握按图案设计风格要求选择各种设计素材和印染工艺的能力。

✿ 相关知识

一、印染图案设计风格知识

(一)设计风格

风格在艺术作品中是指一个时代、一个流派或一个人的文艺作品在思想内容和艺术形式方面所显示出的格调和气派。因为作品是艺术家创作出来的,由于他们个人出身、生活经历、文化教养、思想感情的不同,又因为创作时主题形成的特殊性和表现方法的习惯性,因而不同的作品便形成不同的风格。而这种风格往往表现出时代的、民族的和阶级的属性。

(二)设计风格的演变规律

纺织品的图案所蕴涵的历史和文化是深厚的。经过上千年艺术流派的变迁、风格特点的转换、生活方式的更改、技术条件的进步,造就了大批的经典图案。事实证明,历史总是轮回进行的,家纺设计也是如此,通过对家纺的主流风格的分析,可以发现家纺的设计风格实际上是在"经典"与"时尚"两条线路上并列发展的。以国际家纺的流行趋势来说,也总是从"简单"装饰风格(如北欧简约主义等)到"繁复"装饰风格(如巴洛克、洛可可等)的渐变,再从"繁复"装饰风格到"简单"装饰风格的轮回,当然这个轮回不是简单的设计风格重复,而是受到社会发展、人们审美心理等多重因素影响的复杂运动过程。换句话说,经典的每一次流行都不是简单的重复,而是一次经典与时代性相结合的再创造。如200年前诞生于克什米尔的佩斯利纹样就经历了无数次的反复流行,而每一次流行,都会结合新的时尚元素重新演绎(图3-1)。

图 3-1 充满设计感的家纺产品

因此,每一个成功的图案设计,都是在特定的历史背景、技术限制和市场需求下,准确地传达了一种人文的情调、艺术的品位、时尚的概念,反映出消费者的不同需求。因而对不同时期纺织品图案风格的认真研读,对其产生的渊源、发展的方向、演变的历程进行深入了解与分析,有利于设计师吸收其精华并与时尚潮流相结合,设计开发出具有时代感又充分体现视觉美的原创产品。

进入 20 世纪后,世界科技的高速发展,使艺术领域也出现了急剧而繁复的变化。印花图案也不例外,科技和艺术领域中每次出现的重大变化都会给其带来新的内容和引起各种质的变化。尤其是近一个世纪来西方美术史上所出现的各种思潮和流派几乎都在印花图案中反映出来。一些艺术家积极地探索和追求新的艺术形式,他们要求跳出既定模式的牢笼,要求推翻传统的时空观念,更充分地发挥艺术家的想象作用。

20 世纪的印花图案大致划分为七个时间段,每个时间段都以当时最为流行或最新的图案为代表,图案的形式随着绘画和其他设计领域的发展不断地更新、不断地进行着新的反复,图案形式的每一次更迭都是时代所赋予的使命。

1. 工艺美术运动、新艺术运动时期的设计风格

19 世纪末 20 世纪初的新艺术运动树起反对传统的大旗,并欲以新的工艺美术形式表现这个时代的特征。但他们对传统形式的研究和借鉴仍然相当重视,从花纹运动方式和曲线的结构上便可以看出是对哥特式植物纹样的模仿并受巴洛克雕塑形体运动的启发,当时的许多流行纹样源于古典式建筑上的纹饰(图 3-2)。

受莫里斯艺术的影响,这个时期纹样形式常常以装饰性花卉为主题,在平涂勾线的花朵、涡卷形的枝叶中穿插 S 形(对称或不对称)的曲线或茎藤,结构精密、排列紧凑具有强烈的装饰性(图 3-3)。

图3-2 源于古典建筑上的纹饰 　　　　图3-3 受莫里斯艺术影响的纹样

到了新艺术运动后期，繁复花卉及结构形式逐渐由一些单纯的符号代替，但这种符号的演变却不离形太远，看上去还能辨认出。这时期的印花图案在色彩及结构形式上繁华的程度大大降低，并已初现现代主义画风的端倪（图3-4）。

2. 早期现代主义、现代主义的设计风格

19世纪末的新艺术运动试图把莫里斯精神与大机器生产作某种调和的尝试，但未能取得预想的成果。随着这个问题的日益突出，就需要把装饰艺术从新艺术运动的迷路中摆脱出来，开创一条新的现代装饰艺术之路。受"野兽派"的影响，一种独特风格的"杜飞花样"在这一时期甚为流行，首先运用一改以往印花图案中的写实风格，运用印象派和野兽派的写意风格（图3-5）。

图3-4 新艺术运动后期的纹样 　　　　图3-5 印象派和野兽派的写意风格

以毕加索和勃拉克为首的立体派提出了"绘画应是一个由具体到抽象的变形过程"、俄国画家康定斯基提出了"只有当符号成为象征时,现代艺术才能诞生"等理论对当时的设计思想产生极大的影响。

此时兴起的包豪斯设计思想——现代设计必须与生产和时代相结合,即产品的设计不仅要使成品在功能上、美学上符合社会的需求,还要在生产上也能适应工业化大生产的需求。在印花图案上逐渐出现了以圆、长方和立方等几何形为基础的包豪斯风格和以几何形为基本单元的构成主义图案,即使是花卉,也经过一定的几何抽象,以勾线平涂的块面处理为主,色彩主要依靠原色和第一间色(图3-6)。

杜飞图案、野兽派风格、立体主义、新造型主义、表现主义、构成主义、风格派艺术都是这种装饰图案的丰富源泉。

3. 功能主义及工业化艺术时期的设计风格

20世纪20年代,以包豪斯为基础形成了以功能主义为基本特征的现代主义设计,功能主义是在设计艺术史的发展中形成的,在新的时代发展趋势下,功能主义设计也随着时代潮流作出相应的变化,达到与人们生活需求的平衡,主张设计要适应现代大工业生产和生活需要,以讲求设计功能、技术和经济效益为特征。在设计中注重产品的功能性与实用性,即任何设计都必须保障产品功能及其用途的充分体现,其次才是产品的审美感觉。这种功能至上的理念首先是在建筑上产生的,随后波及其他设计领域,印花图案受功能主义理念的影响,其形式也较以前有了一定的变化,一是康定斯基、保罗·克利等对当时包豪斯设计风格起了重要作用,图案风格也追随他们的画风;二是这种功能主义所产生的建筑及其他设计为印花图案提供了丰富的设计题材;三是注重内容和实用性的观念常常使画面包含了许多充实的内容(图3-7)。

图3-6　包豪斯设计风格　　　　　图3-7　功能主义及工业化艺术时期的设计风格

4. 当代艺术时期的设计风格

20世纪50年代,波洛克和以他为首的塔希画派在美国及西欧取得广泛承认,并成为美国"现代美术之父",这个时期的绘画艺术是由波洛克的滴画占支配地位(图3-8)。

图3-8 波洛克的滴画风格

法国塔希派画家George·Mathieu自1945年起就采用"滴画"技法和"溅、投、甩"等画法,并多次在日本东京、大阪以及巴黎、纽约等地作现场表演,从而使滴画艺术在世界上造成了更大的影响,并发展运用到印花图案中来。作为印花织物图案的"滴画",在排列上不能太密,色与色之间有一定的间隔而不能像波洛克的画那样色彩相互交错重叠。

5. 欧普、波普、幻觉意识时期的设计风格

20世纪60年代后,欧普、波普艺术开始运用到织物印花图案的设计中来,并很快在世界范围内流行起来。

欧普图案(图3-9)是利用几何学的错视原理(对比错视、分割错视、方向错视与逆转错视),把几何图形(直线、曲线、圆、大小的点、三角形、正方形等),用周期性结构(简单几何体的大小组合和重复)、交替性结构(循环结构的突然中断)、余像的连续运动、光的发射和散布以及线与色的波状交叠,色的层次连接或并叠对比等手法,使视网膜引起刺激、冲动、振荡而产生视觉错误和各种幻象,造成画面上的律动、震颤、放射、涡旋及色彩变幻等效果。与此同时,波普艺术也在美国盛行,波普派画家们认为抽象艺术只是少数人享用的艺术,而他们则要打破艺术与生活、实体与艺术之间的界限。波普艺术的题材大多取自美国的流行文化,即电影、场景、各种商业广告、连环漫画等人们所熟悉的事物和人们所日常接触的东西,这种艺术很快就在纺织图案中反映出来,在欧洲和美国首先流行起来,并迅速地扩大到整个世界,1986年初再度流行。

波普图案(图3-10)多取材于商业广告题材,所以又被称之为"广告图案"。欧普艺术中还

图3-9 欧普图案

图3-10 波普图案

经常以连环画为题材,用夸张、比喻、寓意的手法,描写生活中一些有趣的片段和反映社会政治生活中的一些情节。

6. 乡村主义的设计风格

在用抽象效果表现的图案流行了相当一段时间后,写实的具象图案接踵而来,并显露出与以前截然不同的风格。风景图案,是以世界各地的景色为题材展开的,它可以是美国式摩天大楼为主的现代化城市风景,也可以是以日本富士山、荷兰风车、法国教堂那些具有典型性的名胜,那种宁静的田园式的景色更能调节人们处在节奏紧凑、环境喧闹的现代城市生活中产生的烦躁心理。此外,建筑图案、老式汽车图案、航海图案、体育图案、文字图案、工业图案等迎合了当时复古的思潮(图3-11)。

7. 后现代主义及数字化的设计风格

到20世纪末,科学技术的飞速发展进入了印花图案设计领域,电脑分色技术的日趋精确

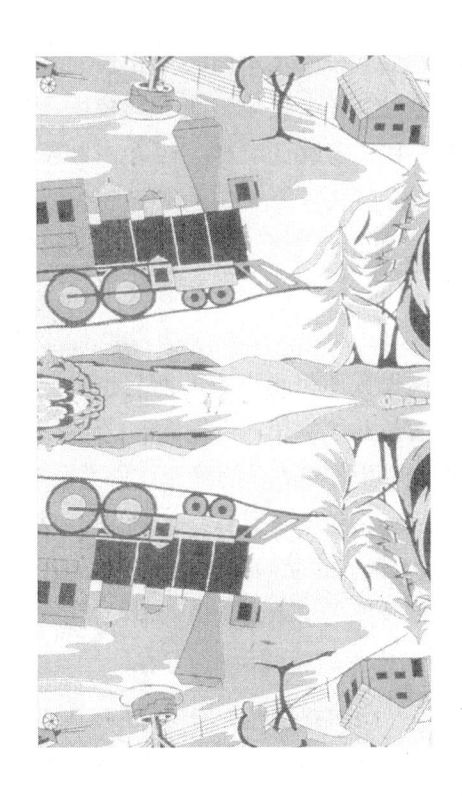

图3-11 乡村主义的设计风格

摆脱了以往印染技术对图案套色的限制,使得图案形式朝多样化发展(图3-12)。

二、印染设计素材运用知识

印染设计在家用纺织品中起到修饰、美化的的作用,由纹样、色彩、表现技法、材质肌理等要素构成,是一项较为复杂的创造性活动。首先通过产品目标定位确定产品的风格,然后选择纹样、色彩、面料和款式,将图案自身的造型与产品的款式、面料、色彩、工艺等各个要素共同整合形成产品的整体风格。

(一)纹样

纹样是装饰花纹的总称,又称花纹、花样,是一种装饰性和实用性相结合的艺术形态。

纹样的题材广泛而丰富,包括植物花卉纹样、动物纹样、风景纹样、人物纹样、民族纹样、几何图案纹样、器物造型纹样、文字纹样

图3-12 后现代主义设计风格

等。由于风格派路的变化,即使采用同一题材进行设计,也可变幻出不同的风格。

每一种风格都有其代表性的纹样,如中国传统风格,纹样上使用传统的缠枝纹、团花纹、祥云纹、落花流水纹和各种具有中国传统意味的古朴典雅的散点纹样。西方古典风格纹样以法国文艺复兴式纹样、波斯纹样、朱伊花样、阿拉伯卷草纹样等为主。欧美现代风格的纹样反映出多种科技发展的变化及西方艺术领域中急剧而繁复的影响变化,从迪斯科音乐与舞蹈引申出来的迪斯科纹样;由现代美术流派影响形成的点彩纹样、立休派纹样、欧普纹样;由电子、光学和摄影技术而产生的电子、光像纹样等。

纹样在不同的历史时期、不同时代、不同区域、不同民族所呈现出来的面貌也是截然不同的。以中国传统的染织绣纹样为例,商代的几何纹、饕餮纹除了运用在青铜器上,在服饰品上也是常见的。周代的纹样更为讲究线条艺术,象征性极强并可增减组合的单元纹样的出现,反映了冠服制度的成熟。到了春秋战国时期,出现了十字、丙丁和龟甲等具有特色的几何纹样,更值得注意的是几何纹样式的人物、鸟兽和花卉图案的产生。以古代楚国所在地出土物为代表的神话动物纹样,其色彩瑰丽、线条缠绕曲折、繁杂多变,不但映照出了楚文化中的浪漫主义精神,还可以从中窥视到东方民族鸟图腾的残痕以及与楚衣纤细瘦长风格的关系。两汉时期纹样的题材和风格趋于多样化,着重表现运动和气势,在几何纹的基础上,大量采用鸟兽、云气、山水、文字等题材,使之互相穿插,组成了一个异常生动的世界。至魏晋南北朝时期,染织绣图案在继承汉代传统的基础上,又受到了各少数民族文化和佛教艺术的影响,其风格更加严谨,装饰趣味也有所增加。隋唐时期的图案又有了新的变化,缠枝、团花、小朵花、小簇花等新纹样全面流行,具有

丰满、肥硕、浓重、艳丽的特点；窦师纶创造的"陵阳公样"，有瑞锦、对雉、斗羊、翔凤、游鳞、天马等花色，烙有鲜明的个人印记；联珠团窠型纹样本源自波斯萨珊王朝，经过中华文化的洗礼，使之产生了新的生命力；唐草纹由忍冬缠枝和变形卷草演变而成，其源可追溯至汉代的云气纹；宝相花以莲花为主体，辅以如意云等，带有极强的佛、道等宗教色彩；野猪、熊、狮、鹿等兽纹和西域题材的大量运用，则与初唐、盛唐兼收并蓄的时代精神不无关系。同样宋代画苑重写生花鸟的风气，对染织纹样也产生了很大影响，出现了写生折枝式的"生色花"纹样；至于纹样重现的民间题材，汉唐常见的宗教题材则略见衰微；纹样风格清秀精细，配色文静素雅，常流露出一种文人气息；几何纹如"八答晕"和"大、小宝照"，比过去更为规整而复杂，成为后世装饰纹样的典范。元代的染织绣加以金艺术为主体表现，反映了原来生活在广漠环境中的游牧民族对辉煌豪华风格的追求。较之于清代康熙、雍正、乾隆时期纹样的精细繁琐，明代纹样则更为饱满而富有概括力(图3-13)。

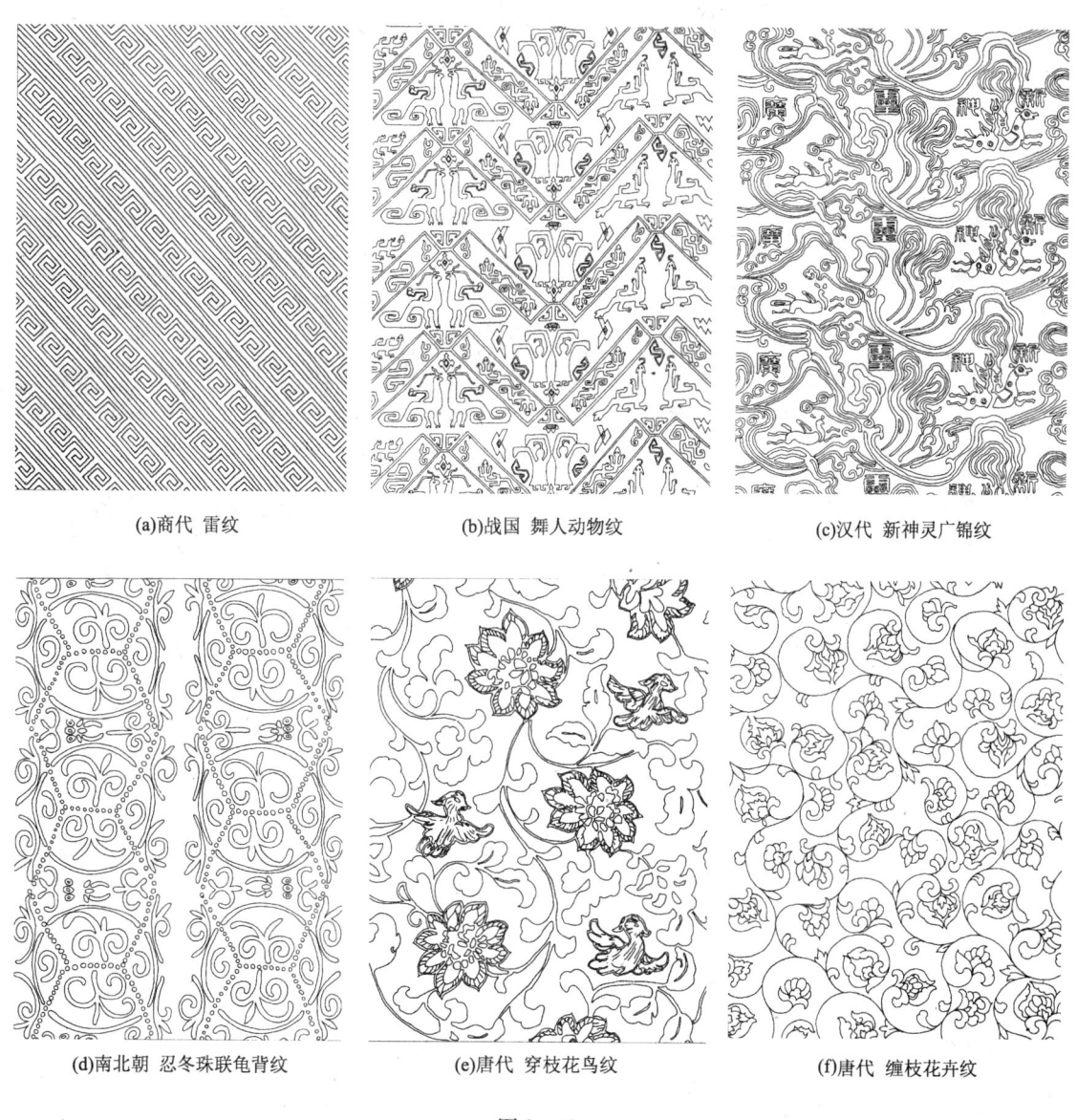

(a) 商代 雷纹　　　　　　(b) 战国 舞人动物纹　　　　　　(c) 汉代 新神灵广锦纹

(d) 南北朝 忍冬珠联龟背纹　　(e) 唐代 穿枝花鸟纹　　　　　(f) 唐代 缠枝花卉纹

图 3-13

(g)唐代 宝相花纹　　　　　(h)明代 八答晕纹　　　　　(i)明代 团龙纹

(j)明代 缠枝宝相花纹　　　(k)清代 富贵如意福寿万年纹　　(l)清代 四合云莲纹

图3-13 我国历代家纺传统纹样

  因此，印染图案的设计构思要在体现风格的基础上具有鲜明的时代特征，既符合时代的流行趋势又有所创新，因为每一季的流行趋势不是简单的风格重复，而是受到社会发展、人们审美心理等多重因素影响，融入新的元素和理念，体现人们在不同时期的审美需求。

  预计自然主义将可能是家纺图案的主旋律，从趋势预测分析来看，自然界中的任何对象都可能成为纺织品图案设计的表现主题和内容，灵感来源于山野、花园、路边不知名的花草以及自然界形成的纹理，在图案设计及面料组织结构上模拟自然的形态与肌理，强调浑然天成的质朴美感,在设计表达上体现更多感性的元素,如植物的叶脉和纹理、浑圆的鹅卵石、结晶的冰花、绽放在山野的蒲公英……自然主义风格的设计表现如图 3-14 所示。

各大家纺品牌相继推出了自然主义风格的设计,从 Teixidors 细腻的手工编织系列(图 3-15)、PineConeHill 床品的素色花朵系列(图 3-16)到 Jalla 的丛林系列,可以看出,自然主义的设计理念已不再局限于木头、藤条等天然材质,或是木纹、绿色等温和浪漫的调性。夸大出位的草木图案以及各种来自大自然的鲜活色彩把自然主义从原始质朴演绎为生动炫彩。

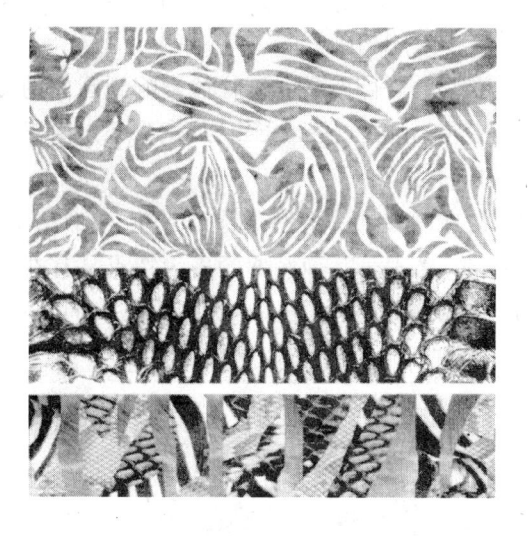

图 3-14 自然主义风格的设计表现

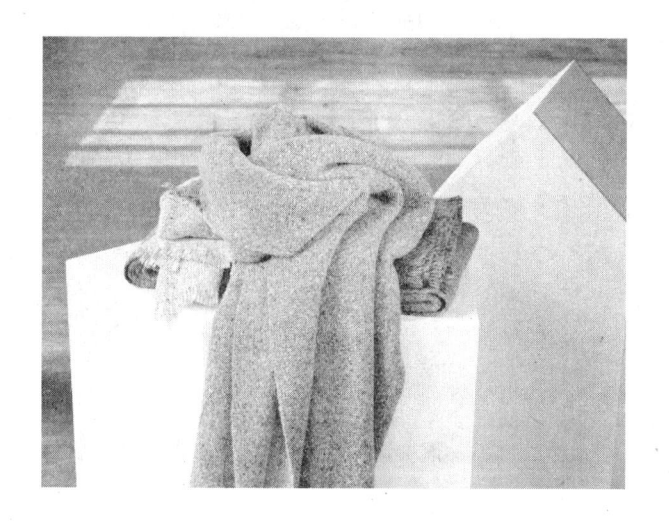

图 3-15 Teixidors 编织系列

图 3-16 PineConeHill 床品

(二) 构图

家用纺织品图案由于受各种工艺生产条件的制约,图案的构图并非完全自由,而是与坯布、印制工艺、成品款式有密切关系。一般单独型的印花图案规格有明显的框架,如被面、床单、方巾、靠垫等,纹样就在框架尺寸内布局。而连续图案则无明显框架,以反复连续的规律来限定平面空间,设计师就在这个平面空间内合理编排构图,构图主要受印花工艺影响,如在平网印花机上生产连续纹样,需依据坯布的幅宽和筛网版的长、宽来设定设计稿的规格。在圆网印花机上生产,通常采用圆周为 64cm 的圆网,设计稿纸就采用长度(径向)为 64cm 的规格,需要几个单位循环,则以上述尺寸除以循环的个数。

纹样的构图设计可分为纹样排列、布局、空间层次、接版方式设计四个部分。

1. 纹样排列

印染图案的排列是指单元图案平面空间内构成要素组织的基本骨架,包括散点排列、几何形排列、重叠排列等。在印花布图案设计中有着极其重要的作用。

（1）它关系到图案的完整性和灵活性。图案结构的完整性和灵活性，往往影响到画面的美丑。有些图案显得凌乱散漫或画面单调平淡；有的是挤挤满满，或是稀稀寥寥，这大都是由于构图的处理不当，没有达到表现装饰美的目的。

（2）它关系到形成图案的风格。任何风格的图案，在图案结构上都具有完整性，塑形精练，主题突出，层次清晰，特征鲜明。如波斯图案（图3-17）区别于其他图案的最大特点是其在排列骨式上的特殊性。波斯图案在排列的骨式上一般有三种：第一种是采用波形连缀式的骨式；第二种是圆形连续的骨式；第三种是在区划性的框架中安排对称的图案。

图3-17　波斯图案

（3）它关系到产品的实用效能。图案的组织结构对不同的对象、用途和生活习惯，都有不同的要求。如果违反了这个基本要求，生产出来的产品就缺乏实用性。

2. 图案的布局方式

家用纺织品图案设计中的布局方式，是指设计中所要考虑的要素，在图案规格内占据的平面空间的密度，以及单独纹样元素在整体图案设计中的配置形式、基本骨架、花与地，包括色与形在内的比例大小、空间层次等。

根据花纹在整幅图案中所占面积的比例，图案的布局方式可以分为清地布局、混地布局和满地布局三类。

（1）清地布局：清地布局（图3-18）指图案中"花"占据空间的比例较少，而留出的"地"空间较大。这种图案花地关系明确，对花的造型和排列要求都比较高。

（2）混地布局：混地布局（图3-19）指图案中"花"与"地"占据空间比例大致相等。由于这种布局看起来比例适中，画面效果富于变化，所以在印染图案设计中应用十分广泛。

图 3-18　清地布局　　　　　　　图 3-19　混地布局

(3)满地布局:满地布局(图 3-20)指图案中"花"占据画面的整个或大部分空间。这种图案有多层次、丰富、华美的艺术效果。

图 3-20　满地布局

3. 图案的空间层次

在印染图案设计中,我们通常把图案中所描绘的各种纹样称之为花,而把不描绘的空白或底纹称之为地,"花"与"地"的关系,是指平面图案空间层次的组织关系,是图案布局中十分重要的问题。根据花纹造型与图案地部形态之间的关系，可以分为平面关系空间、模拟立体空间或穿插关系空间和花与地暧昧关系空间。

（1）平面关系空间：指图案造型本身是平面的，形与形之间也是处在同一平面上，如图3-21所示。在这种空间关系中，各类形象都应是平面而无厚度，既没有前后远近，也没有立体深度。形与形之间存在分离、切合、反复、聚合、扩散、旋转等关系，由此产生动与静、方向、节奏和韵律感，图案效果单纯、明晰。

（2）模拟立体空间与穿插关系空间：指形与形之间具有视觉上的前后、虚实的空间变化关系，或者题材本身的造型有一定的立体感。这种空间关系的处理，使图案具有自然、真实、丰富的视觉效果（图3-22）。

（3）花与地暧昧关系空间：指图案中"花"与"地"的关系不明确，或者"花"与"地"相辅相成，花地双方都可以作为图形，又可以作为背景的空间关系。这种布局方式使图案产生神奇迷离的视觉效果（图3-23）。

图3-21　平面关系的空间

图3-22　模拟立体空间与穿插关系空间

图3-23　花与地暧昧关系空间

（三）色彩

由于家用纺织品的装饰美化、实用保健的使用特性，色彩在印染图案设计中占据了重要地位，是消费者在选购时考虑的重要因素。对色彩的喜好也随消费者的年龄、性别、职业、文化程度、生活习惯、宗教信仰的不同而千差万别。

色彩与图案是决定家用纺织品设计风格的重要因素,因此在确定图案的主色调时应及时了解市场信息及流行趋势,根据特定的风格和具体要求,先确定主色调,再选择辅助色、陪衬色和点缀色。例如,西欧古典风格色彩华丽、大方,有光感、有尊严,它的主要色彩有深橄榄绿、金黄、深紫红、深蓝、米黄、深棕等;自然主义风格颜色和花型一般以自然界的动植物有关,色调偏向浅绿、浅黄、粉红、天蓝、沙漠黄等;中国古典风格讲究造型简洁、高雅、完美,色彩古朴庄重,主要以传承的宫廷、官邸的形式为主,颜色一般运用纯度比较高的大红、金黄、蓝、绿等,色彩对比较强烈;现代简约风格色彩则以黑、白、灰或无色调为主,传达以人为主的居家哲学,表达一种低调、内敛的极简质感。

同时,家用纺织品受流行色的影响特别敏感,它既是一种信息又是商品竞争的一种重要手段。在运用时应结合实际情况和风格特征,以便更好地满足市场需求和指导消费。

流行色的制订与国际经济大环境有密切关系,经济繁荣时期色彩以浅淡、含灰、高雅为主流;经济衰退时期,色彩以明亮、热烈为主流。如经济危机时期,以往长期主宰男装的黑色、灰色、藏青色和棕色让位于诸多斑斓的彩色。高档百货商场波道夫·古德曼(Bergdorf Goodman)男士时尚总监汤米·法奇奥(Tommy Fazio)说:"这是我们的一个重要趋势,如今是明亮色的大好时光,似乎部分影射了当前经济的蓝调,以绚烂的、张扬的色彩来化解人们对于经济危机带来的压力,以一种积极的态度去面对危机。"

流行色包括:常用色(目前仍流行的色系)和时髦的流行色系。家用纺织品设计在色彩运用中常用色占70%,流行色占30%,常用色是人们常年喜欢使用的色彩,与各地区民俗、宗教、地理环境有关,如欧洲人常使用乳白色、咖啡色、米色、驼色等。流行色的特点是流行快、周期短,魅力在于增加了季节性的新鲜感。流行色与常用色之间是相互依存的关系,在设计中常选用1~2种流行色与纺织品的基本色搭配使用。

(四)材质

色彩、图案、材质是构成纺织品艺术风格的三大重要因素,缺一不可,而其中惟有材质既能产生艺术效果又会影响纺织品性能。

多年来,国外纺织品设计者除了赋予纺织品非常漂亮的色彩和图案之外,还非常注重纺织品材质肌理设计。但是在我国,色彩和图案的艺术效果比较容易被设计者所重视,而对于材质艺术风格设计,则与国外的差距较大。我国纺织品设计者应当重视纺织品的材质风格设计,这对适应国际竞争、满足国内消费者对纺织品材质审美要求以及提高家用纺织品设计师本身的设计水平都是非常必要和迫切的。

面料和纱线是纺织品材质的构成元素,它即是纺织品的一部分,成就整体之美,又具有独立的语言和个性,自成一体。实际上,面料和纱线的研究是提高整体纺织品设计水平的重要内容之一,而从面料中发掘、发现更多的肌理、质感之美,是纺织品设计的重要内容。可以说,面料在经过编织、揉搓、熨烫等的再加工之后,极大地丰富了纺织品的表达内涵,虽然没有色彩、图案那样醒目和直观,但是却有其本身独特、含蓄的艺术效果,对家用纺织品的风格、造型及性能关系影响甚大,也为纺织品造型的进一步变化提供了可能。

纺织品的材质风格主要是运用纤维原料、纱线造型、结构纹理以及整理后加工工艺,使纺织品产生诸如平整、凹凸、起绉、闪光、暗淡、粗犷、细腻、柔软、硬挺、厚薄、结实、起绒等肌理效果(图3-24)。

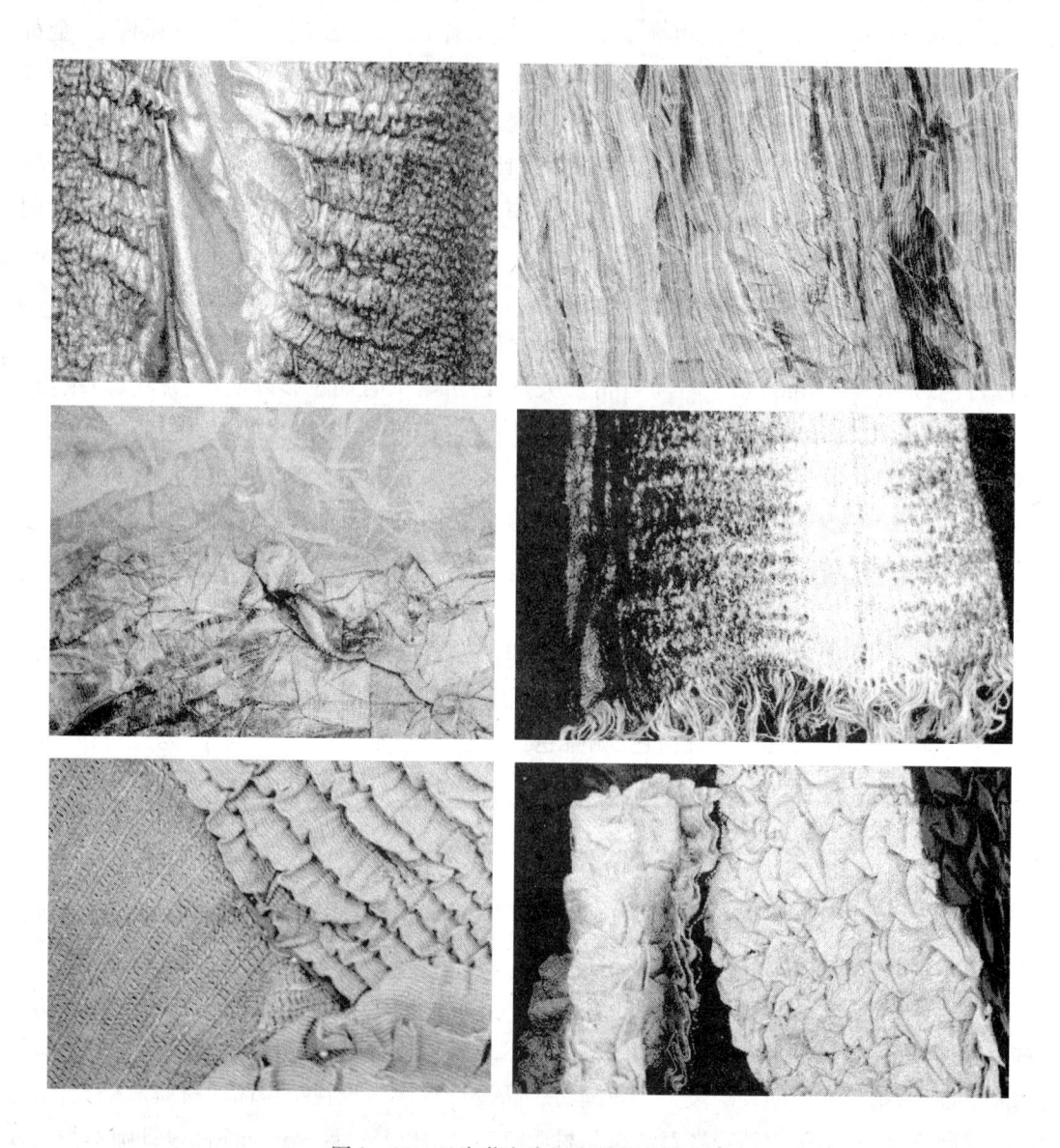

图3-24 日本著名染织大师新井淳作品

不同的面料具有不同的风格特征,同时人们对不同类型的织物又有不同的风格要求。

棉、麻、丝、毛等天然纤维风格特征明显,如棉具有良好的吸湿性和透气性,穿着柔软、舒适;麻以其独特的粗犷豪迈的特性为人们所青睐,面料表面有明显均匀的粗纱,立体感强,面料强度高,耐磨性好,具有良好的吸湿散热性能,干爽舒适;丝绸是以天然的蚕丝纤维织造而成,飘逸轻薄、柔软、滑爽、透气、色彩绚丽、富有光泽、高贵、华丽、典雅、穿着舒适,抗紫外线,有轻薄柔滑的感觉;毛织物手感柔和、弹性丰富、挺括抗皱、身骨良好、光泽自然而有膘毛。

天然纤维织物的风格多为自然、质朴,而化学纤维织物则表现出复杂、多样的风格特征。化学纤维的优点是色彩鲜艳、悬垂挺括、滑爽舒适;缺点则是耐磨性、耐热性、吸湿性、透气性较差,遇热容易变形,容易产生静电,缺乏自然感和柔和感。

如粘胶纤维具有天然纤维的基本性能,染色性能好,织物柔软,体积质量大,悬垂好,吸湿性好,穿着凉爽,不易产生静电、起毛和起球。醋酯纤维有丝绸的风格,穿着轻便舒适,有良好的弹性和弹性回复性能,色牢度差。涤纶具有优良的弹性和回复性,面料挺括,不起皱,保形性好,强度高,经久耐穿并有优良的耐光性能,但吸湿性差容易产生静电和吸尘。锦纶的染色性在合成纤维是较好的,穿着轻便,又有良好的防水防风性能,耐磨性好,强度、弹性都很好,但暗淡、呆板。丙纶外观光滑,有蜡状手感和光泽,弹性和回复性一般,不易起皱,体积质量小,轻,能更快传递汗水使皮肤保持舒适感,强度、耐磨性都比较好。氨纶弹性好,手感平滑,吸湿性小,有良好的耐气候和耐化学品性能,耐热性差。腈纶织物丰满、蓬松。再生纤维光亮,垂感好。

家用纺织品材质的选择和设计,除了考虑到织物表象的风格特征,还要重视社会环境的变化对人们的心理影响,以及由此带来的精神上的需求。如经济危机时期,人们开始重新寻觅方向和审视自我,低调简朴的自然派生活方式高调回归,并比以往有了更深层次的含义。在国际市场中,随着"生态"概念的深入人心,强调环境友好的有机棉、有机羊毛等天然纤维;强调可生物降解的竹纤维、海藻纤维、玉米纤维等再生纤维素纤维;强调可循环利用的回收棉、再生涤纶、氨纶与锦纶的回收利用技术等,都仍是市场关注的热点。另一方面,消费者已经从关注原料的环保属性发展到关注"可持续发展"的环保生产上,工艺技术的不断提升在全流程的清洁生产实现中起到至关重要的作用。

三、印染工艺知识

印花图案设计是艺术创作和科学技术相结合的产物。印花图案设计体现着一定社会的审美水平,体现着时代的审美理想,体现着对美的认识、理解、愿望和要求。

(一)家用纺织品的印花工艺

使用染料或涂料在织物上印制而形成图案的过程,称为织物印花。

印花工艺流程主要包括图案设计、分色描样、工艺打样、雕刻制网、调制色浆、织物印花烘干、后处理等加工过程。各个环节密切联系、相互配合至关重要,否则,会影响印花质量。印花工艺的基本流程如3-25所示。

印花设备形成的印花工艺类型如下。

1. 滚筒印花

滚筒印花(称铜辊印花),是指用刻有凹形花纹的铜制滚筒的印花机,在织物上印花的工艺方法。印花时,先将滚筒表面粘上色浆,再用刮刀将滚筒未刻花纹部分表面色浆刮掉,使凹形花纹内保留色浆。当滚筒压印于织物时,色浆即转移至织物而印出花纹。每只滚筒印一种色彩,如在印花设备上同时装有多只花筒,就可以印制多种色彩。其优点是:生产连续,成本低,效率高,操作方法简便,印制花纹轮廓清晰,可印制精细线条花纹。其不足是:套色限制在1~8套;

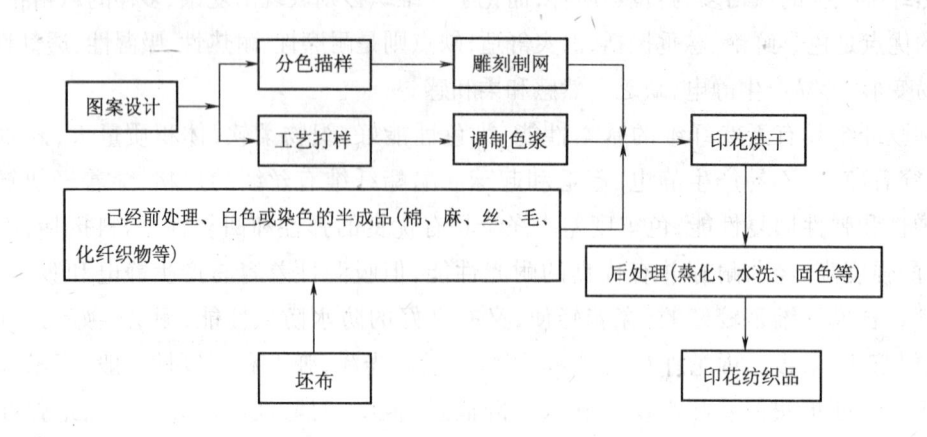

图3-25 印花工艺的基本流程

花纹单位面积受到滚筒尺寸的限制,图案组织结构受到一定的拘束。

2. 筛网印花

筛网印花是指将筛网固定在框架上,按照印花图案封闭其非花纹部分的网孔,使印花色浆透过网孔沾印在织物上。筛网印花又分为平网印花与圆网印花两种。

(1)平网印花:是先把绢网绷在框架上,经感光工艺获得印花图形,制成镂空花纹的网框。印花时先将织物平贴在具有一定长度的弹性平台上,再将平网框平放在织物上面,框内加色浆,用橡皮刮刀在筛网上刮浆,使印花色浆透过网孔粘印在织物上而印出花纹。平网印花分手工印花与机械印花,手工印花灵活,能印制较精细且套色丰富的图案,适合小批量生产,属于高档印花工艺,但生产效率不高。机械平网印花生产效率高,且具有许多优点,不受花型大小、套色多少与织物类型的限制,能表现造型精致、色彩丰富(套色8~20种)的图案效果。适宜于小批量、多品种花色的高档织物印花生产。

(2)圆网印花:是利用圆网的连续化机械运转而进行印花的一种方法。圆网采用镍质圆形金属网,也称镍网。镍网的印花图案由感光工艺制成。印花时色浆通过自动加浆机从镍网内部的刮刀架管注入,刮刀使色浆受压并通过网眼在织物上印出花纹。圆网印花既保持了筛网印花的风格,又大大提高了印花生产的效率。圆网印花适用于各种织物的印花,对图案组织结构的约束更少,能印出6~20套色,可印制平网印花所不能及的如规矩几何、长直线、细茎花样,给家纺用品的图案设计开辟了更广阔的空间。

3. 转移印花

转移印花是指根据花纹图案,先将染料或涂料印在纸上得到转印纸,而后在一定条件下使转印纸上的染料转移到纺织品上去的印花工艺。利用热使染料从转印纸升华转移到纺织品上的方法叫热转移法。在一定温度、压力和溶剂的作用下,使染料从转移纸上剥离而转移到纺织品上的工艺叫湿转移法。转移印花是一种20世纪50年代兴起的新颖印花方法,它特别适于印制小批量的品种,印花后不需要后处理,清洁而无污染。印制图案层次清晰,色彩丰富,花形逼真,艺术性强。适宜于合纤混纺、化纤织物的印花。其不足是:转印纸的消耗量大,成本高;在天然纤维纺织品上,还无法进行转移印花。

4. **数码印花**

数码印花,其全称是数码喷射印花。数码喷射印花是一种全新数字化的印花工艺,它是将微小的染料液滴直接喷射在织物上或纸上(再转移印在织物上)的无版印花方式。从数码喷射方式,可分为连续化油墨喷射印花和按需滴液喷射印花两种。从数码喷射印花方式,可分为数码喷墨热转移印花和数码喷墨直接印花两种。

(1)数码喷墨热转移印花工艺:是先通过计算机设计或处理图案,然后,设计的图案通过数码喷射印花机将染料喷印在转移纸上,再把打印在转移纸上的色彩图案,通过热转移印花机将图案转移到纺织品上。

基本设备有:计算机、数码喷射机、热转移印花机。

工艺流程为:在计算机设计或处理图案→喷射印花机将图案喷印在转移纸上→热转印机将纸上图案转印在织物上(200°以上)。适用织物是:各类化纤织物。适配染料是:分散染料。

(2)数码喷墨直接印花工艺:先通过计算机设计或处理图案,然后,设计的图案通过数码喷射印花机将染料直接喷射在织物上而获得印染图案造型。

基本设备有:计算机、数码喷射机、上浆机、固色蒸化机、水洗设备。

工艺流程为:在计算机上设计或处理图案→织物上浆处理→喷射印花机将图案喷印在上浆织物上→固色蒸化机使染料固定在织物上→去浆水洗。适用织物是:各类天然织物。适配染料是:活性染料、分散染料或酸性染料。

(3)最新的数码喷射印花设备及印花工艺:

①Zimmer 喷射印花机。用于地毯喷射印花,该机色浆喷头多,在 12 只颜色组中可安排 1344 只喷头,其活性喷印工艺流程为:喷印→汽蒸→烘干。具有短流程的特点。

②Stork 喷射印花机。Stork 公司最新开发的新一代喷射印花机 Amethyst,是数字化工业喷射机,其印花头为 8 个,最大幅宽为 1650mm,卷长 250m。

③TPU—0020A 气泡喷射印花机。由日本佳能公司(Canon)开发。最大印花宽度 1650mm,可以印制分辨率为 360dpi 的 1670 万种颜色。

其印花工艺流程为:织物前处理→数字图像处理→喷射印花→织物后处理。

数码喷射印花有许多优点:印花的精度高,接近照片的效果(1440dpi);印花色数不受限制,其理论色彩数量最高可达到 1600 万种之多;印制的图案造型精细、色彩丰富、过渡自然;适合小批量、多品种、高效率的生产,满足个性化消费需求;设计资源存储与使用方便,印花生产空间小,绿色环保并节约资源等(图 3 – 26)。

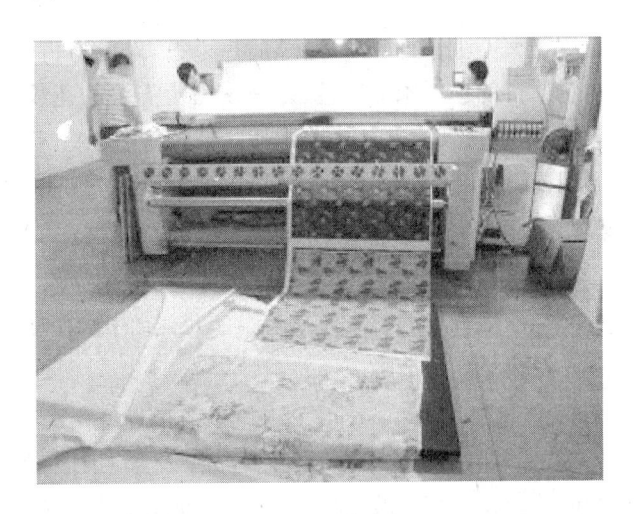

图 3 – 26　数码印花

(二)印花方式形成的印花工艺类型

1. 直接印花

直接印花是指在白色或浅色地的织物上先直接印以色浆,再经过蒸化等后处理的印花工艺过程。印花色浆是由染料、吸湿剂、助溶剂等与原糊调制而成。染料可根据织物的纤维性质、图案特征、染色牢度要求和设备条件而定。不同纤维的织物,直接印花的染料、浆料和工艺条件不尽相同。直接印花常用的染料有:还原染料、可溶性还原染料、不溶性偶氮染料、稳定不溶性偶氮染料、涂料和活性染料等。

直接印花工艺的优点较多:生产工艺简单,操作方便;用浆节省,成本较低;应用的染料广泛;直接印花产品色泽鲜艳,能较好地发挥图案设计的艺术效果。

根据花形图案,直接印花可获得三类印花产品,即白地花布,其花色较少,白地较多;满地花布,其花色多,白地少;地色罩印花布,是在染色布上印花,此种花布上没有白花,地色比花色浅,地色与花色属于同类色或邻近色,是应用广泛的一种印花工艺。

2. 拔染印花

拔染印花是在染过色的织物上,用拔染剂将地色破坏而获得各种图案的印花工艺。所谓拔染剂,是指能使底色染料消色的化学品。常用拔染剂有还原剂、氧化剂等。用拔染剂印在底色织物上,获得白色花纹的拔染,叫拔白;用拔染剂和能耐拔染剂的染料印在底色织物上,获得有色花纹的拔染,叫色拔。

拔染印花用的地色染料很多,如不溶性偶氮染料、活性染料和直接染料等。

拔染印花优点是:拔染印花产品的地色匀净,色泽丰满艳丽,花纹细致,轮廓清晰,花色与地色之间没有第三色,视觉效果好。其不足是:在印花时较难发现疵病,工艺也较复杂,印花成本较高,且适宜于拔染的地色不多,所以其应用有一定的局限。

3. 防染印花

防染印花,是指在织物上预先印上某种能够防止地色染料上染的防染剂,然后进行染色,这是以防止花纹上染的一种印花工艺。防染印花有白花防染和色花防染两种。所谓白花防染,即先在织物上印上一种防染剂,然后再染色,染色后再把这层防染剂除去,在印有防染剂的地方,因织物原有的色泽未经染色,即呈现出所需要的花纹图案。所谓色花防染,其印花方法同白花防染,只是在所使用的防染浆中按需要色泽,加入一种耐防染剂作用的染料。

目前,棉布印花中常用的防染工艺有:不溶性偶氮染料的防染印花、还原染料防染印花、苯胺黑防染印花和可溶性还原染料防染印花。

防染印花优点是:印花工艺简便,工序中不需要汽蒸,印花产品具有立体感强、并有少套色多色彩与深地浅花的图案效果。其不足是:由于纳夫妥染料色谱不多,图案配色受到限制,花纹轮廓不及拔染印花清晰。

4. 防印印花

如果只在印花机上完成防染或拔染及其"染地"的整个加工,这种印花工艺称为防印印花,也叫防浆印花。它一般是先印防染浆,而后在其上罩印地色浆,印防染浆的地方罩印的地色染料由于被防染或拔染而不能发色或固色,最后经洗涤去除。防印印花还可分为湿法防印和干法防印两种。湿法防印,是将防印浆和地色浆在印花机上一次完成的印花工艺,但它不适合于印制线条类的精细花纹,罩印中易使线条变粗,故可采用干法防印。干法防印一般分两次完成,第一次在印花机上先印防染浆,烘干后第二次罩印地色浆。

(三) 新颖印花工艺

1. 金银粉印花

金银粉印花是用类似金银色泽的金属粉末做着色剂的涂料印花。

2. 发泡印花

发泡印花是指在印浆中加入发泡物质和热塑性树脂,在高温焙烘中,由于发泡剂膨胀而形成具有贴花和植绒效果的立体花形,并借树脂将涂料印着于织物上的印花工艺。

3. 钻石印花

钻石印花即选定一种成本较低和能形成近似钻石光芒的物体作为微型反射体印花,使印在织物上的花纹具有钻石光芒的印花工艺。

4. 珠光印花

珠光印花是使用一种具有"珍珠光泽的制剂"在织物上印花,这种制剂由于对光的多层次反射现象,能闪烁珍珠般的光泽。

5. 烂花印花

烂花印花是指印花方法将混纺或交织物中的一种纤维烂去而成半透明花纹的印花工艺。

6. 泡泡印花

泡泡印花,即用化学药剂使织物表面出现皱缩花纹的印花工艺。

7. 植绒印花

植绒印花是近年来家纺行业使用频率较高的一种印花方法。

四、印染前后整理工艺知识

(一) 前处理

纺织纤维不论是天然纤维还是化学纤维,本身或多或少都含有杂质,尤其是天然纤维含杂较多、较复杂,而且纤维在纺织加工过程中又添加了各种浆料,沾染了油污。这些杂质(包括天然和人为杂质)的存在,在不同程度上影响了纤维的物理性能,降低了织物的润湿性和白度,并使织物手感粗糙,而且还会妨碍染色及印花过程中染料的上染,影响色泽鲜艳度和染色牢度。因此,无论是漂白、染色或印花产品,一般都需要进行前处理。

前处理的目的是应用化学和物理作用,除去纤维上所含有的天然杂质以及在纺织加工过程中施加的浆料和沾上的油污等,使纤维充分发挥其优良品质,使织物具有洁白的外观、柔软的手感和良好的渗透性,以满足使用要求,并为染色、印花、整理提供合格的半成品。

前处理过程一般包括原布准备、烧毛、退浆、煮练、漂白、丝光和热定形等工序。其中,除烧毛和热定形必须以平幅加工处理外,其他过程均可以绳状或平幅的形式加工。具体加工形式的选择,应根据原布品种和后续加工的要求而定。

就棉而言,前处理的过程主要有原布准备、烧毛、退浆、煮练、漂白、丝光等。通过这些过程的处理以去除棉纤维中的天然杂质和外加的浆料等杂质,并改进织物的外观,提高织物的内在质量。

羊毛的前处理主要有洗毛、炭化工序,以去除羊毛纤维中的羊脂、羊汗、土杂及植物性杂质。蚕丝织物的前处理以脱胶为主,以去除生丝中大部分的丝胶及其他杂质。

化学纤维较纯净,不含有天然杂质,只有浆料和油污等,因此,前处理较简单。特殊的品种有其特殊的要求,前处理也有所不同。

(二) 后整理

纺织品后整理是指通过物理、化学或物理和化学联合的方法,采用一定的机械设备,从而改善纺织品的外观和内在品质,提高其服用性能或赋予其某种特殊功能的加工过程。纺织品后整理从广义上理解,是指从纺织品离开织机或针织机以后所经过的全部加工过程。但在实际生产中一般认为,纺织品的后整理就是指机织物或针织物在染整加工中完成前处理、染色及印花后的加工过程。

1. 纺织品后整理的功能

纺织品后整理的内容十分丰富,其目的概括起来就是使纺织品"完美化"或"功能化",大致可归纳如下:

(1)使纺织品规格化。包括使织物幅宽整齐划一,尺寸和形态稳定。如拉幅整理、机械预缩整理、化学防皱整理和热定形整理等。

(2)改善纺织品的手感。赋予纺织品柔软而丰满的风格或者硬挺的手感。如柔软整理、硬挺整理。

(3)改变纺织品的外观。改善纺织品的表面光泽或赋予其一定的花纹效应,以改变织物外观。如轧光、电光、轧花、起毛、磨绒等。

(4)赋予纺织品某种特殊功能。使织物具有某种特殊性能,如拒水拒油、阻燃、防辐射等防护性能,易去污及亲水、抗静电、保暖等舒适性能,抗菌、防臭、防霉、抗昆虫等抗生物功能。

2. 纺织品后整理的分类方法

纺织品后整理的范围十分广泛,方法比较多,因此,分类方法也比较复杂。

(1)按织物整理加工的工艺性质分类:这种分类方法是以织物整理工艺对织物中纤维的作用及加工工艺类型来区分的。具体可分为机械物理整理、化学整理及物理—化学整理三种。

①机械物理整理:纺织品的机械物理整理又称一般性整理。是利用水分、热能、压力及其机械作用来改善和提高织物品质的后整理方式。这种整理方法的工艺特点是,组成织物的纤维在整理过程中不与任何化学药剂发生作用。因此,整理效果一般是暂时性的。如拉幅、轧光、起毛、机械预缩整理等。

②化学整理:化学整理是通过树脂或其他化学整理剂与织物中纤维发生化学反应,以达到提高和改善织物品质的加工方式。这种整理方法的工艺特点是,化学整理剂与纤维在整理过程中形成化学的和物理—化学的结合,使纺织品不仅具有物理性能上的变化,而且还有化学性能

上的改变。化学整理一般整理效果耐久,并具有多功能效应,如棉及其混纺织物的防皱整理、拒水拒油整理、阻燃整理、抗菌防霉整理等。

③物理—化学整理:随着整理加工技术的发展,人们往往把化学整理与机械物理整理合并完成,提高机械整理的耐久性。该方法的工艺特点是,纺织品在整理加工中,既受到机械物理作用,又受到化学作用,是两种作用的综合。如,织物耐久性轧纹整理就是把树脂整理和轧纹整理结合在一起,仿麂皮整理就是把树脂整理与磨毛整理相结合,此外还有真丝织物的砂洗、水洗等。

(2)按纺织品整理目的分类:这种分类方法是以通过整理,改善纺织品的性能或赋予其某种特殊功能来区分的。

①常规整理:又称为一般整理,通常把使织物幅宽整齐划一、尺寸和形态稳定的定形和预缩整理、外观整理、手感等整理划分为常规整理。

②功能整理:又称特种整理,是赋予织物某种特殊性能的整理加工方式。主要包括防护性功能整理、舒适性功能整理、抗生物功能整理等。此外,还有一些新型的功能性整理,这些整理除了使纺织品具有单一的功能外,还可将几种功能叠加在一种纺织品上,使其成为具有多种功能的纺织品。

✱ 印染图案设计素材选择流程

一、确定印染图案设计风格

印染图案设计是一种较为复杂的创造性活动,需经过"接受任务→确定目标→市场调查→设计方案→设计评价→工艺制作→效果分析"等严格的程序性过程。在产品设计之前,应先进行消费群体目标定位、产品设计目标定位和产品使用目标定位,通过目标定位确定图案的设计风格,既要与产品的整体设计风格相呼应,又要结合流行趋势和时尚元素,做到风格统一又体现个性。

二、根据印染图案的设计风格选择各种素材

作为设计师,平时应该注意各种设计素材的收集,也就是从现实生活中搜集到的、未经整理加工的、感性的、分散的原始材料,包括纹样、色彩、表现技法、肌理等,然后根据已确定的设计风格选择素材并进行整合。

三、按设计要求选择确定相应的印制工艺

确定印花工艺的因素是多方面的,要根据设计要求来选择印制工艺,如花样的色泽、花型结构、纤维种类、品种规格、整理要求、成品服用目的、染化料使用情况、产品成本等,其中以花型结构、色泽和纤维种类、品种规格为主要考虑因素。

1. 直接印花

直接印花适用于白地花样、浅地花样、满地花样。由于染料直接印制在白地或浅地上,最终的色泽较纯正,花色也较艳亮,同时不受化学药剂的影响,可供选择的染料范围较广,色谱齐全,

而且色浆调制方便,是印花的首选工艺。

2. 防印印花

防印印花主要适用于花型相碰的各色是相反色又不允许有第三色;比地色浅的细勾线、包边;由多个色固定轮廓的花型,仅靠对花轮廓很难连续光洁;深浅倒置的花样又不希望配制两套筛网(或花筒);深满地中的精细小花,印花织物用纱较粗,织物密度相对比较稀松的。

但防印印花对于精细线条、点子、云纹,由于防印剂有限,很难得到稳定的防印效果,这类花型的印制效果不及拔染印花。

3. 拔染印花

拔染印花适用于大面积深地色的印花,尤其是紧密织物的深满地,如用直接印花工艺即使花型没问题,地色的深度、均匀性和渗透性也难以达到拔染的效果;在各种深浅地色上可以重复印制复杂的多色精细花纹的图案,而且花纹轮廓清晰;精致的白花,如用直接满地留白的印花方法,轮廓不光洁,花样失真,如用防印印花,精致度有差异,如用罩印白涂料,花样也会失真。

四、其他工艺的选用确定

印花工艺完成后根据设计要求及产品的使用目标,还需要对产品进行后期整理,使产品更加"完美化"或"功能化",整理的项目大致可归纳如下。

(一)使纺织品规格化

包括使织物幅宽整齐划一,尺寸和形态稳定。如拉幅整理、机械预缩整理、化学防皱整理和热定形整理等。

(二)改善纺织品的手感

赋予纺织品柔软而丰满风格或者硬挺的手感。如柔软整理、硬挺整理。

(三)改变纺织品的外观

改善纺织品的表面光泽或赋予其一定的花纹效应,以改变织物外观。如轧光、电光、轧花、起毛、磨绒等。

(四)赋予纺织品某种特殊功能

使织物具有某种特殊性能,如拒水拒油、阻燃、防辐射等防护性能,易去污及亲水、抗静电、保暖等舒适性能,抗菌、防臭、防霉、抗昆虫等抗生物功能。

第二节　印染图案设计方案

✤ 学习目标

通过对印染图案设计创意主题、要素整合、综合分析知识的学习,掌握印染图案方案制作的流程。

❋ 相关知识

一、印染图案主题创意写作知识

家用纺织品设计师要求能够编写产品设计文案,能结合设计风格进行构图和色彩的表达。而设计主题和创意的表达是设计与实践结合的关键,创意的产生源于主题的确定。

(一)主题

家用纺织品设计是集功能性与艺术性于一体的室内环境的创造活动,它必须满足随人类社会与文化的不断发展而产生的新的功能性和审美性的需求,设计主题的选择应适应这一需求,其中代表物质表象的主题是设计师必须遵循的,而象征精神表象的主题又是设计师创意过程中最能体现其设计品质的。设计师通过主题的设定赋予产品特殊的"思想"和"情感语言",使消费者通过这一主题能感受到不同的地域文化、民俗情趣和都市时尚。

可以说主题是家用纺织品设计的"灵魂",没有主题引导的产品之间没有联系,只是散乱的个体;而根据主题设计出来的系列产品具有秩序化的美感。

面对不同的审美人群、不同的文化体验、不同的教育背景,主题的确定必然反映和映衬自然生态、人文景观、历史文化内涵等内容,同时又在精神内涵上表达人的内在因素,包括思想、行为、价值观念等。

(二)创意

印染图案的创意来源和其他造型艺术一样,都来自于艺术家对生活的积累、感受、提炼和升华。但由于家用纺织品的特殊空间效应,其构思与创意受材料肌理、色泽、形态等表现特性的制约,因此创作者根据不同的环境空间,在构思创意时有所注重和追求。

创意中的形象要丰富而且生动,可以从以下几方面去挖掘、构思。

(1)地域文化、历史、人文及自然生态背景是创意的重要素材库之一。所谓地域性应包含国家、民族、不同地区、不同民俗、不同文化特征,诸如人类在社会实践中获得的物质、精神、生产能力所创造的物质与精神财富;社会意识形态、自然科学、科学技术、政治、文化、艺术等。

(2)阳光、空气、天空、土壤、树木、花草、海洋、山石等自然环境也是设计师寻觅创意和灵感并传达设计内涵的重要来源。

(3)传统艺术悠久的文化积淀所形成的精神含义的表达。传统艺术在现代已经演化成为一种信息符号的艺术形式,其色彩、形态及材质,投射出民族文化凝聚力的特质,设计师可以借鉴传统艺术的精华,采用新材料、新工艺、新构成方法表现古老艺术的生命力。

(三)主题与创意的关系

主题与创意是设计中十分重要的两个因素,主题是设计的中心思想,它统率着设计作品的创意和文案,主题形象要靠其他设计要素衬托。创意通过构思创造出新的意念和意境来表现主题,使产品兼具实用性和艺术性。

主题与创意既相互呼应又相互制约,设计有了明确的主题后,如果缺少表现主题的创意,就不会引人入胜、令人注目、诉之于消费者的心理;如果创意新奇,但与主题不相协调,主题思想不能得到充分表现,那就会转移人们的注意力,削弱设计的效果。

以2010年中国国际家用纺织品设计大赛为例,来阐述印染家纺产品的设计在主题和风格上所表达的创意。

大赛的主题是"新中式",体现新中式风格主要包括两方面的基本内容,一是中国传统风格文化意义在当前时代背景下的演绎;二是对中国当代文化充分理解基础上的当代设计。新中式风格不应是纯粹的元素堆砌,不是纯"中式",而是通过对传统文化的认识,从中华民族的历史渊源中汲取灵感,将现代元素和传统元素结合在一起,以现代人的审美需求来打造富有传统韵味的事物,让传统艺术在当今社会得到合适的体现。

新中式风格应体现民族的意愿,格调高雅,造型易简朴优美,色彩浓重而成熟,崇尚自然情趣,花鸟、鱼虫等精雕细琢,富于变化,充分体现出中国传统美学精神。

如创意设计金奖作品《烟花冷》,如图3-27所示。

图3-27 《烟花冷》

作品采用工笔重彩的中国画技法与线描加淡彩渲染的手法巧妙地演绎了设计的创意主题。整个作品刻画细腻,无论是意境还是处理手法都给人以清新、时尚的美感。在色彩、构图和绘画技法的处理上强调了厚重与轻薄、虚与实、疏与密的对比,重重叠叠,繁而不乱,错落有致。

产品设计大赛银奖《徽州印象》,如图3-28所示。

作品以徽州建筑为原型,用简约精致的手法勾勒出一幅粉墙黛瓦青石桥的场景,营造出一种神形兼备的江南生活意境。内涵丰富,将徽州富有代表性的建筑形式采用现代平面构成的设计手法呈现出来,点线面的虚实构造游离在黑白灰的颜色碰撞中,强烈、又不失平衡之感。面料选择厚重、略有粗糙的棉麻面料,衬托出一种"新中式"的大气之韵。创意独特,布局合理,工艺衔接巧妙,产品整体设计统一协调。

图 3-28 《徽州印象》

二、印染图案设计要素的整合方法

印染图案的设计要素是由无数个设计元素所构成,而设计师不仅仅要选择和搭配这些设计元素,更重要的是对设计的最终效果的控制。

每个品牌在一定时期内都应有一个稳定的设计元素群,来构成该品牌的基本风格,其中主要设计元素(也就是经常使用的元素)构成了品牌的基本风格,其他元素作为补充和点缀,也是流行元素之所在。如著名品牌 Louis Vuitton,以"LV"字母、四瓣花形、正负钻石设计出闻名的 Monogram 图案(彩图 3-29),是深受 19 世纪时流行的东方艺术以及兼有装饰和实用效果的 Nabis 画派所影响,四瓣花形和正负钻石皆是两者的精髓融合,这个经典花纹沿用百余年,成为其标志性的设计元素。

对于品牌来说,单个设计元素不可能构成一个产品,必须适当加入流行元素来保持品牌的活力。例如,富安娜家纺以花卉为主要设计元素,将"艺术与家纺"完美结合,形成了独特的家纺文化。其 2010 秋冬系列《浮生若茶》(彩图 3-30),整体设计为混搭风格,野性霸气的豹纹,结合古典优雅的佩兹丽纹样与雍容华贵的富安娜特色花卉,各种元素融合在一起,彰显出豪迈大气的贵族风格,似幻似真的变化所带出的丰富层次,更使画面成为视觉的盛宴。

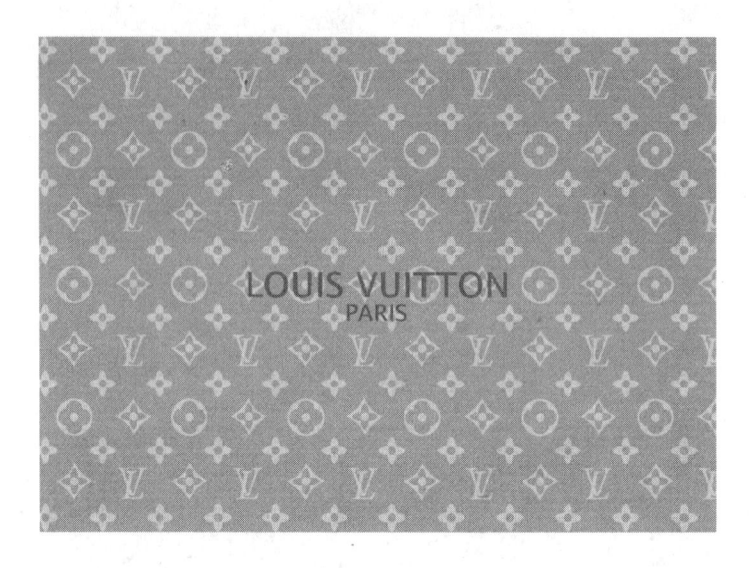

图 3-29 Monogram 图案

图 3-30 富安娜 2010 秋冬系列《浮生若茶》

(一)印染图案设计的形式美

印染图案设计是在以人为本的前提下,满足其功能实用,运用形式语言来表现题材、主题、情感和风格的,因此在设计元素的整合中还要注重形式美法则的运用。在运用中首先要明确欲求的形式效果,之后再根据需要正确选择适用的形式法则,从而构成适合需要的形式美。印染图案设计的形式美包括以下几个方面。

1. 对比

对比是变化的一种形式。指形、色、质等图案构成因素的差异。如大小、方圆是形的对比;冷暖、明暗是色的对比;粗糙与光滑、轻薄与厚重是质的对比等。把两个明显对立的元素放在同一平面中,经过设计,使其既对立又谐调,既矛盾又统一,在强烈反差中获得鲜明对比,求得互补和满足的风格效果。

2. 和谐

和谐包含谐调之意。是指在满足功能要求的前提下,使室内各种物体的形、色、光、质等组合得到谐调,成为一个非常和谐统一的整体。和谐还可分为环境及造型的和谐、材料质感的和谐、色调的和谐、风格样式的和谐等。和谐能使人们在视觉上、心理上获得宁静、平和的满足感。

3. 对称

对称是形式美的传统技法,是人类最早掌握的形式美法则。分为绝对对称和相对对称。上下、左右对称,同形、同色、同质对称为绝对对称。而在印染图案设计中经常采用的是相对对称。对称给人以秩序、庄重、整齐的和谐之美。

4. 均衡

均衡是指从力的平衡上给人稳定的视觉艺术享受,使人获得视觉均衡心理,均衡是依中轴线、中心点不等形而等量的形体、构件、色彩相配置。均衡和对称形式相比较,有活泼、生动、和谐、优美之韵味。

5. 层次

图案设计的构图要分清层次,使画面因具有深度、广度而更加丰富。如色彩从冷到暖,明度从亮到暗,纹理从复杂到简单,造型从大到小、从方到圆,构图从聚到散,质地从单一到多样等,都可以看成富有层次的变化。层次变化可以取得极其丰富的视觉效果。

6. 呼应

呼应如同形影相伴,在图案设计中,主花型与辅助花型、主色调与辅助色、点缀色,采用呼应的手法,起到对应的作用。呼应属于均衡的形式美,是各种艺术常用的手法,呼应也有"相应对称"、"相对对称"之说,一般运用形象对应、虚实气势等手法求得呼应的艺术效果。

7. 简洁

简洁或称简练,是指在图案设计中没有华丽的修饰和多余的附加物。以几何形或简单的图形为基本设计元素,色彩以无彩色为主,坚持少而精的原则,把装饰减少到最低程度。简洁是极简主义风格中常用的手法之一,也是近年来十分流行的趋势。

8. 独特

独特也称特异。独特是突破原有规律,标新立异引人注目。在大自然中,"万绿丛中一点红,荒漠中的绿地",都是独特的体现。独特是在陪衬中产生出来的,是相互比较而存在的。在图案设计中特别推崇有突破的想象力,以创造个性和特色。

(二)设计要素的整合方法

1. 美式乡村风格

美式乡村风格融合了许多欧式流行风格的特色,以手工质感营造而成的粗犷及休闲情趣为主,并将其精华与随性大气的美洲风格混搭在一起形成了一种既崇尚自然,又不失精致品位的设计风格,为越来越多的人所喜爱。

美式乡村风格家用纺织品(图3-31)的处理及摆设追求自然有趣,使用自然材质与手工制品感觉的基本构成元素,如棉印花布、手工纺织的毛呢、粗花呢以及麻纱织物等都是乡村风格的基本要素。设计中使用暖色系可以让整体空间看起来暖和又温馨;色调一般偏向浅绿、浅黄、粉红、天蓝、沙漠黄、湖蓝等,或者凸显天然材质本身的颜色,如麻布本色、未经加工的棉本色以及皮革本身的颜色等,达到乡村风格予人休闲、轻松的气氛营造。其花型一般以自然界的动植物为主,如树、鸟、方格子、花草图案、条纹、拼布与自然未加工的图案摆饰等搭配,显现纯正的乡村风味。

图3-31 美式乡村风格

2. 新古典主义风格

新古典主义风格的主要特点是"形散神聚",放弃了洛可可风格过分矫饰的曲线和华丽的装饰,追求更为合理的结构和比较简洁的形式,在注重装饰效果的同时,用现代的手法和材质还原古典气质。

新古典主义具备了古典与现代的双重审美效果;讲求风格,在造型设计上不是仿古,也不是复古,而是追求神似;用简化的手法、使用现代的材料和加工技术去追求传统式样的大致轮廓特点;在色彩上,白色、金色、黄色、暗红色、宝蓝色是欧式古典风格中常见的主色调,与白色糅合,使色彩看起来明亮;注重装饰效果,图案的选择往往会照搬古典纹样来烘托室内环境气氛。

例如,Versace Home2009 年家居设计作品(图 3 – 32),设计师在现代材质及设计中,融入古典的元素:色彩上突出纯粹;纹样设计灵感来自于自然的几何回纹图案;选材上选用充满质感的材料,透出一种低调的奢华。

图 3 – 32　新古典主义风格(Versace Home2009 年家居设计作品)

三、文案综合分析方法

印染图案设计的最终效果是通过整合设计元素中的色彩、图案、面料和造型之间的关系实现的,因此文案的综合分析就是阐述这些设计元素之间的关系。

(一)图案

图案在家用纺织品装饰中,通常以一种特定的象征意义来表达整体的装饰风格,是根据室内不同产品的功能需求以及产品的整体风格而设定的。因此,应根据产品风格先确定图案的基本形,并将基本形给予简或繁的处理,根据不同的装饰要求进行不同的排列,如聚散、纵横、虚实、大小、增减、强弱等变化,以构成空间层次与秩序,还可通过各种不同渐变的排列形成韵律,使之搭配成多种组合,在空间中配合色彩与形式作反复运用从而形成协调统一的装饰风格。

(二)色调

主体色调是家用纺织图案设计必须重点考虑的问题。或冷或暖,或艳或灰,或明或暗,都因主体色调的确定而形成总体色彩倾向。其间每一个局部环境的同种色、类似色、对比色、极色分组的层次变化,形成强弱、轻重、起伏、虚实的空间韵律并与整体色彩呼应,从而达成空间混合的协调统一。

(三) 肌理效果

肌理在家用纺织品设计中有面料和图案两种表现方式，面料的肌理是指面料平整、凹凸、起绉、闪光、暗淡、粗犷、细腻、柔软、硬挺、厚薄、结实、起绒等材质肌理效果；图案的肌理表现为手绘、拓印、喷洒、渍染、熏炙、刻划、拼贴等特种技法。不同材质、不同肌理的家用纺织品在配套组合中形成质的对比，加强了触觉美感与视觉美感。同时，这一切肌理效果都是通过印染工艺表现出来的，先进的工艺与丰富的材质给各种肌理的表现提供了无限空间，如提花加印花产生含蓄的肌理效果、烂花加印花取得疏密透漏的肌理效果、漏纱加褶皱使抽象图案表现出飘然立体的肌理效果。

每一年的家用纺织品流行趋势发布就是对流行趋势设计要素整合的综合分析，包括从消费者的生活方式和审美取向出发，从自然、文化、科技和思想等各个方面按照概念、图案、面料、空间等对家用纺织品流行趋势做了一个总体解析。

以 2011 中国家用纺织品流行趋势为例，做简述。

1. 第一主题 释心（Free Up）

放弃浮华的修饰，摆脱纷繁的诱惑，多些真实，少些雕琢，追求怡然和宁静的完美境界，一切都是最本原的体现。弥漫在生活中的恬适感纯美得就像花草的芳馨，这就是现代人追求的"本真生活"（彩图 3-33）。

图 3-33 主题为"释心"的家用纺织品

(1) 关键词：仿生，注重细节，柔软。

(2)主题色:温和浪漫的调性,各种来自大自然的温馨色彩把自然主义从原始质朴演绎到了温暖柔和。

(3)图案:细腻的植物图案、拼补风格肌理图案、抽象的写意图案。

(4)面料:柔软的毛呢织物、细腻的棒针或钩针织物、拼接绗缝织物、镂空风格织物。

2. 第二主题:视界(Vision Unlimited)

各具特色的民族文化无可置疑地相互吸引,全球化进程更让东西文化以不可思议的方式碰撞出灵感。这不是简单的拼凑,而是文化心理的积淀和知性的交融,表达出多元背景下的不同人文情怀(彩图3-34)。

图3-34 主题为"视界"的家用纺织品

(1)关键词:交织,融汇,分享,异彩。

(2)主题色:人文与地理共同结合,民族色彩浓郁,宫廷紫、中国红、桃红、华丽的孔雀蓝、浅灰及米色穿越其间,使热烈的色彩组合得以平静。

(3)图案:融合东西方元素的图案、经典民族纹样。

(4)面料:富于光泽感的织物、真丝刺绣加蕾丝和珠片装饰、拼布印花、贴布绣、植绒与刺绣的组合演绎。

3. 第三主题:探寻(Discover Infinity)

人类社会的进步激励人们不断追求与探索。飞速发展的信息化进程促使设计师们的理念构思更加自由地穿越于历史时空,突破民族、艺术与非艺术、传统与现代的边界(彩图3-35)。

(1)关键词:现代手法演绎经典元素,光影,未来感。

(2)主题色:亦古亦今,既有未来感的清冷色,亦有经典的藏蓝色、古铜色,而银色与金色充满了工业与科技相融合的冰冷质感。

(3)图案:冷光感/科技感/X光影图案、流线型/流动感图样、传统题材与科技感元素结合、

图3-35 主题为"探寻"的家用纺织品

经典元素模糊化/像素化处理。

（4）面料：涂层织物印染、特种纤维（如金属丝、扁平纤维、多种变形花式纱）介入、双层织物、使用特殊印染工艺、助剂、整理，产生浑浊效果的织物。

4. 第四主题：异想（Novel Fantasia）

人们刚刚走出了经济危机的迷惘，尽管天空的浓云尚未散尽，但从云朵间洒下的阳光如雨后的彩虹，已把大地的炫色重新唤醒。用更多积极的因素，来展现纷繁的社会，以满足对自我律动空间的渴望（彩图3-36）。

图3-36 主题为"异想"的家用纺织品

(1)关键词:天马行空的想象,梦幻,趣味生活。
(2)主题色:每种颜色都像加入了略微的灰色,好似朦胧的梦境。
(3)图案:体现空间立体感的图案、数字化处理手法带来的视觉效果、幻如梦境般的题材表现。
(4)面料:交织与混纺、提花与印花、布料随意扭曲组合、天马行空的想象拼凑。

❋ 印染图案设计方案制作流程

一、确定印染图案设计风格和创意主题

依据家用纺织品的使用空间和产品的目标定位进行市场调研确定产品风格,从风格的设计特点和构成要素出发构思设计创意与主题。创意和主题要以人为中心,必须满足人类社会与文化不断发展而产生的无限的生理要求和审美欲望,表达功能性与艺术性的完美统一。

二、按照印染图案设计风格整合各种设计要素

设计要素的整合是指根据产品的设计风格来选择各种设计元素,以达到预期的整体效果。而在不同的室内环境中,家纺配套产品的面料、款式、色彩、图案、功能与风格都不尽相同,这些因素与构成的特定空间是否协调,就取决于家纺配套产品各因素的合理搭配与构建,也就是各种设计要素的整合。

三、对印染图案设计方案做出整体的分析

设计要素整合后要将每一要素所表现的风格特征做出说明,然后将要素与要素之间的关系做出分析和说明。如图案的艺术性、色彩的象征性和流行性、肌理应用的效果、印染工艺的使用、各要素之间的对比和呼应关系等。

四、编写产品设计文案

产品设计文案是指结合产品的设计风格进行构图和色彩的表达,内容包括产品设计主题、创意、表现手法、材料的运用、整体效果以及工艺要求和配色等。

第三节　印染图案样品制作

❋ 学习目标

通过对编制样稿设计说明知识以及印染分色、描稿知识的学习,掌握印染图案样稿制作流程,并能按样稿生产要求进行修正。

❋ 相关知识

一、样稿设计知识

样稿设计应先从确定主题入手,明确设计风格、选择材料要素以及确定表现手法,选择色

彩、纹样。

下面以设计作品《融》(图3-37、图3-38)为例介绍样稿设计的具体步骤。

图3-37 图案设计稿

图3-38 作品效果图

(一)确定主题和设计风格

时尚的风水轮流转,奢华风格去了又来。曾经盛行的简约主义受到豪华亮丽派的挑战,欧陆风格的金银色所体现的富贵、所表达的奢华,越来越多地走进了现代人的家居装饰中,为忙碌的生活增添一分慵懒和一丝高贵的情调。

作品的主题意在将中国传统的文化与西方古典主义风格相结合,一分浪漫、一分华丽再加一分简约,成就了改良后的古典主义风格,保留原有的材质、风格以及基本色调,加入了中国的传统文化精髓,表现出了华丽简约的新古典主义。

(二)要素选择

图案设计的灵感来源于我国的传统文化,不同的艺术形式、不同的形态、不同的意境,让我们感受到历经几千年传统文化散发出的新的魅力(图3-39)。

图3-39 灵感来源

高雅却不张扬,奢华却不累赘是新古典主义所追求的目标,为了在简约中营造一种类似于欧洲宫廷般的贵族气息,家具选择了具有古典气质的沙发,融入中国元素的布艺。使整个作品显得华丽端庄而又不失现代感,同时也提升了家具本身的华贵感,很适合大面积居室。

(三)表现手法

图案运用剪影的表现手法,以平面形态为主,极具装饰性。

(四)纹样及色彩

纹样的选择是关于戏曲、皮影、剪纸的概念化的缩写,线条抽象流畅,流动的曲线如泼墨一般自然流淌,充满动感;颜色搭配充满中国味道的红、黑和灰三种颜色,将图案化繁为简。

二、编制样稿设计说明书知识

样稿设计说明书是按照产品的设计主题或设计风格来对生产要求和工艺进行详细表述,主要包括以下内容。

(一)设计理念

在家用纺织品设计中,设计理念是设计的核心,品牌是设计的切入点,创新是生命力。设计理念是设计师在作品构思过程中所确立的主导思想,它赋予作品文化内涵和风格特点。好的设计理念至关重要,它不仅是设计的精髓所在,而且能令作品具有个性化、专业化和与众不同的效果。

1. 大家纺的设计理念

近年来,随着家用纺织品行业的不断发展,设计理念也发生了变化,过去的家纺设计只考虑一个产品的平面设计效果,如花型搭配、色彩搭配等;随后逐渐提出了软装饰文化,包括窗帘、床品、台布,是一个产品集体的概念;现在又提出大家纺的概念,是一个整体空间的概念,涵盖软装饰、家饰等之间的搭配。在家居方面,有卧室文化、客厅文化、餐厅文化、书房文化、卫生间文化,它们在色彩要求、花型要求等各个方面都完全不一样,这就需要在设计时更深入地研究和挖掘各种不同功能居室的不同文化。使家纺设计符合室内设计风格的整体要求,与室内的装修风格、家具、电器等其他陈设形成统一的整体。

家用纺织品的系列设计和与家居环境的整体配合是设计的重点,要正确处理纺织品与室内空间的关系。精美的家用纺织品不仅可以成为室内环境中的视觉中心,同时还可以改善空间感觉,例如窗帘的款式、花型、色彩、造型可以改变窗体的空间大小及改善窗体的形状;地毯的形状、花型、色彩的特殊效果可以将室内划分出单独的活动空间。

2. 以消费为主导的设计理念

设计理念必须要以人为本,针对客户年龄、职业、爱好、文化层次等特点,根据客户主观方面的个人喜好,做到"因人而异,以人为本"。

首先,从消费者年龄分析,家纺用品市场从年龄上看分为成人、儿童两大系列。儿童家纺产品的需求特点主要是健康和具有童真特色,而成人对家纺产品的需求心理是功能、时尚、环保和健康的综合体现。就成人市场而言,不同年龄的消费者文化层次、情感心理、审美趣味存在差异,因此对产品风格、色彩、式样、材质会有着不同的需求。年轻人对家纺产品更看重时尚,中老年人看重的是产品的功能。但在20~30岁的成人消费群中,也有一部分人追求卡通文化的时尚感和童趣心理,而某些老年人也会由于观念的影响选择一些与传统审美观相反的较时尚的产品,选择活泼的几何形、年轻化的设计风格。

其次,就性别而言,男性消费者和女性消费者在选购家纺产品方面表现出极大的差异。家纺产品的消费与女性有重要的关系,她们可能不是商品的直接使用者,却极有可能是倡议者、信息搜集者、意见提供者、决策者与购买的执行者。女性不仅自己爱美,还注意恋人、丈夫、儿女和居家的形象,因此女性的审美观影响并决定着家纺产品的消费潮流。

再次,消费者的个性差异在某种程度上决定着个人的自我意识和生活方式。对个性化的追求,通过居室环境体现个人的文化气质、审美趣味是当代家用纺织品审美表现的主要特点。

消费者由于生活阅历、文化水平、性格特点、审美追求的不同而有着迥异的个性追求,或清新活泼、或典雅豪华、或纯朴自然、或含蓄内敛。一种对于深层次的心理追求,将是未来家用纺织品设计的关注要点。在家纺产品的审美选择中,几何风格、新古典主义风格、国际现代风格、中国古典风格,往往是消费者生活方式、审美趣味的外在表现,体现一个人、一个家庭的个性化的消费需求。成功的产品应该将设计的个性与消费的个性化审美需求和生活风格联系起来,以此满足不同消费群体的多样化、个性化的审美需求。

3. **坚持发展本土设计**

"民族的才是世界的",在全球经济一体化的今天,中国的市场经济地位不容小觑,而我们的文化也具有越来越深远的国际影响力。

世界家纺流行趋势经历着变革与融合,朝着多元化的发展方向,从以欧美为绝对重心逐渐向多样化扩展。博大精深的中国文化有着自身独特的魅力风格,在国内外有着巨大的影响力。国内的消费者也已跨越盲目追随外来的初级阶段,越来越关注本土文化。许多国际品牌和著名设计师也都将目光投向了中国文化,如2010年,中国设计师蒋琼耳与法国爱马仕集团携手创立了新的品牌"上下",共同打造着一个传承中国文化及复兴传统手工艺的梦想,意为"承上启下",其产品线包括家具、家居用品、服装、首饰及与"茶"有关的物品,并将在以后逐渐推出更多的产品。

日本建筑大师隈研吾为"上下"品牌特别设计的白色高科技织物所营造的 $125m^2$ 零售空间如图3-40所示。

图3-40 "上下"品牌的零售空间

"全球化"的经济竞争加速了文化的碰撞与融合,家纺图案设计和其他设计形态一样,在面临新的发展机遇的同时也面临严峻的挑战。必须更好地吸收西方后现代文化思潮下的美学成果来为我国的家用纺织品图案设计服务,拿出具有中国特色的并且合乎世界新潮流的家用纺织品设计图案去为世界上更多的国家服务,即从东西方文化互补的角度和设计战略的高度,发展当代中国的家用纺织品图案设计。

任何一种产品的背后都依托着一种文化,没有文化渊源的产品是没有生命力的产品。中国家用纺织品要想在国际上占有一席之地,就必须依托好中国传统文化。中国家纺图案设计虽然尚不属于一种独立的艺术形式,但它包含的文化因素和艺术特色及其美学成分极为浓厚,它同样能够像艺术作品所肩负的重任那样来表达设计者的艺术观念。因此,要在国际市场上树立和培育中国家用纺织品的形象风格,用国际的流行趋势、国际家纺时尚的元素为中国传统的设计元素重新整合进行形象设计,逐步塑造出可以被国际家纺大舞台所接受和喜爱的新的"中国风格"。

(二)原布准备

纺织厂织好的布称为原布或坯布,原布准备是练漂加工的第一道工序。它包括原布检验、翻布(分批、分箱、打印)和缝头。

1. 原布检验

检验内容主要包括物理指标和外观疵点的检验。一般检验率为10%左右,也可根据原布的质量情况和品种的要求适当增减。

(1)物理指标检验:包括原布的长度、幅宽、经纬纱的规格和密度、强力等。由于原布的规格标准直接影响到印染成品的规格标准,例如原布幅宽不足,将影响到成品的幅宽和织物纬向的缩水率等,因此,加强对原布的检验是保证印染产品质量的首要工作。

(2)外观疵点检验:主要是检验纺织过程中所形成的疵病,如缺经、断纬、跳纱、棉结、筘路、破洞、油污渍等,另外,还要检查有无铜、铁片等杂物夹入织物。严重的外观疵点不仅影响产品质量,而且还可能引起生产事故。一般漂白布、色布对外观疵点的要求较严格,如严重的油污原布不能加工成漂白布;纬密过稀或过密将造成染色布的横档和条花等疵病。而花布对外观疵点的要求相对低一些。外观检验时如发现问题应及时修补或做适当处理。

2. 翻布(分批、分箱、打印)

为了便于管理,常将同规格、同工艺的原布划为一类,并进行分批、分箱。分批的数量原则上应根据原布的情况和设备的容量而定。若采用煮布锅煮练,则以煮布锅的容布量为依据;若采用绳状连续练漂加工,则以堆布池的容量为准;若采用平幅连续练漂加工,一般以十箱为一批。

为了便于布匹在加工过程中运输,每批布又可分为若干箱。分箱的原则是按照布箱大小、原布规格和便于运输而定。为了便于绳状双头加工,分箱数应为双数。卷染加工织物还应使每箱布能分解成若干整卷(如2~3卷)。

原布分箱目前多采用人工翻布,即把一匹匹布翻摆在堆布板或堆布车上,同时把布的两端拉出,以便缝接。翻布时,织物的正反面要一致,堆布要整齐,布头不能漏拉。每箱布上都附有一张分箱卡,注明织物的品种、批号、箱号等,以便于管理和检查。

印染加工的织物品种和工艺过程较多,为了在加工不同的品种或进行不同的工艺时,便于识别和管理,避免将工艺和原布品种搞错,每箱布的两头要打上印记。印记一般打在离布头 10~20cm 处,印记上标明原布品种、加工类别、批号、箱号、发布日期、翻布人代号等。打印用的印油必须耐酸、碱、氧化剂、还原剂等化学药品和耐高温,而且要快干,不沾污布匹。目前,常用的印油多以机油和炭黑为原料,将 $40^\#$ 或 $50^\#$ 机油加热后加入炭黑或油溶性染料,其比例为 $(5 \sim 10):1$,搅拌均匀后即可使用。

3. 缝头

缝头是将翻好的布匹逐箱逐匹用缝纫机连接起来,以适应印染生产连续加工的要求。缝头要求平直、坚牢、边齐,针脚均匀,不漏针、跳针,缝头的两端针脚应加密,加密长度为 $1 \sim 2$cm,以防开口和卷边。同时应注意织物正反面要一致,不漏缝等,如发现坯布开剪歪斜,应撕掉布头歪斜的部分再缝,以防织物产生纬斜。

常用的缝头方法有平缝、环缝和假缝三种。平缝采用一般家用缝纫机,它的特点是使用灵活、方便,缝头坚牢,用线量少,适合于各种机台箱与箱之间的缝接,但布层重叠,易损伤轧辊和产生横档等疵病,因此,不适用于轧光、电光及卷染加工织物的缝接。环缝采用环缝式缝纫机(又称满罗式或切口式缝纫机),其特点是缝头平整、坚牢,不存在布层重叠的问题,适宜于一般中厚织物,尤其是卷染、印花、轧光、电光等加工的织物。假缝缝接坚牢,用线也省,特别适用于稀薄织物的缝接,但同样存在着布层重叠的现象。

缝头用线多为 $14\text{tex} \times 6$(42 英支/6)或 $28\text{tex} \times 4$(21 英支/4)的合股强捻线,薄织物及卷染织物用 $10\text{tex} \times 6$(60 英支/6)纯棉线。针迹密度一般为 $30 \sim 45$ 针/10cm,稀薄织物上的针迹应密一些($40 \sim 45$ 针/10cm),厚重织物可稀一些($30 \sim 35$ 针/10cm)。

(三)前整理

印染前整理过程一般包括原布准备、烧毛、退浆、煮练、漂白、丝光和热定形等工序。主要目的是应用化学和物理机械作用,去除织物或纱线上所含有的天然杂质以及在纺织加工过程中,施加的浆料和沾上的油污等。不同的纤维面料有不同的整理要求。

(四)工艺制订

1. 印花工艺选择

不同的印花工艺有不同的印花特点,工艺制订人员要结合花样特点和不同印花工艺特点确定印花工艺。常见的印花工艺有以下四种。

(1)直接印花:直接印花工艺流程短,工艺简单,染料限制少,适应花型广,印花成本低,是首选的印花工艺,因而也是最常用的工艺。直接印花适宜于白地或白花面积大的花型以及花色深浅层次多、色相变化复杂、色泽要求鲜艳的花型。

(2)染地罩印:先染浅色再印花,比直接印花工艺流程长,工艺并不复杂,染料选择范围广,生产成本较高,对于特殊花型能保证印花效果。染地罩印特别适宜于有大面积浅地色或有一大面积浅花色的花型,而且花地属同类色调,花色深且小,无白花纹,不能露白地。对于浅地色印涂料的花型,此工艺更适宜。

(3)拔染印花:先染色再印花,比直接印花工艺流程长,工艺复杂,染料选择范围小,生产成本高,对于深地浅花等特殊花型能保证印花效果。拔染印花适宜于在深地色上印浅色的图案、小的花纹。

(4)拔印印花:先印深色再印浅色,工艺流程短,工艺复杂,染料选择范围小,生产成本不高,适宜于印制深色花中有浅色细线、点的图案。

2. 花稿和花版制备工艺制订

圆网、平网制版时,电子分色照相稿精确度高,适宜于精细图案。选择花网时,精细花型应选高目数花网,大块面花型应选低目数花网。

滚筒印花花筒雕刻时,缩小雕刻适宜散花、满地花和几何图案;照相雕刻适宜多种图案,特别是层次变化多的图案;钢芯雕刻适宜精细图案。在花筒雕刻时,对于深浓色和厚重织物要深雕,对于浅淡花色和轻薄织物要浅雕。

3. 花版(筒)排列顺序确定

花版(筒)的排列顺序影响印制效果,因而必须根据花型、色泽和染化料的性质排列花筒的前后顺序。一般的排列原则是:浅色在前深色在后,色泽鲜艳在前色泽暗淡在后,细小花型在前粗大花型在后。若有叠色时则反之。色浆成分不同时,不稳定的色浆先印。

4. 色浆工艺制订

工艺制订人员首先应根据织物纤维和印花方法选择染化料类别,进行仿色打样,以确定色浆配方和蒸化、水洗工艺条件。

(五)后整理

后整理是指通过物理、化学或物理和化学联合的方法,根据产品的不同要求可选择拉幅、定形、柔软、轧光、起毛、磨绒、水洗、防皱、拒油、阻燃等工艺。

(六)产品造型

家用纺织品的造型设计是指家纺产品的款式及其与面料、色彩相结合的设计,即运用款式变化、面料材质和色彩搭配、纹样配置等手段来塑造产品的艺术形象。这里指的造型设计即款式设计,通过款式设计来体现产品的风格特征。

家用纺织品的品种丰富,有床上用品、窗帘、靠垫等,对于不同的品种,款式变化的侧重面也有所差异,但都力求整体造型的优美和谐,使之既符合纺织品的结构原理,满足使用的要求,又充分发挥装饰性的特点。

款式设计首先受纺织品的结构外形特点、使用功能要求等的制约,同时又与使用对象、地点等密切相关。一般来说,家用纺织品的款式由外部轮廓、内部结构和部件等构成。例如窗帘的款式从外部轮廓分为单幅、双幅、多幅、全窗、半窗、落地等形式;内部结构分为平面型、褶裥型、重叠型和自然悬垂型等;部件包括帷幔、垂花饰、遮光帘和系带等。

三、印染分色描稿与制版工艺知识

(一)电子分色工作原理

电子分色系统是将计算机、激光及光电技术运用到分色制版领域的一项高新技术,系统由彩色扫描仪、计算机及激光成像机等构成。

其工艺过程为：

来样稿→扫描→接回头→并色→修改→分色→成像→胶片

系统在Windows环境下进行印花彩样分色处理，它的输入操作工具是键盘和鼠标器，用户工作台面是彩色大屏幕显示器。系统操作为人机交互方式，菜单的内容是画笔、线条、橡皮、喷笔、拖动、平滑、扩张、剪裁、复制、粘贴及填充等常用工具模拟和方法模拟。计算机可代替纸、笔、颜料等绘画工具，若操作熟练，运用起来得心应手。

系统工作由电子扫描、分色处理和激光输出三个方面组成。

1. 电子扫描

扫描是将来稿通过彩色扫描仪输入计算机。来稿可以是布样，可以是美工人员设计的画稿，也可以是照片和宣传画，扫描的精度可在1200dpi（线/英寸）以下任选，对大花回来样，也可以分块扫描，计算机可自动拼接。当用户提供的花回尺寸不能适合圆网印花的要求时，例如圆网滚筒的直径不是大花回的整数倍，就需适当对花样进行缩放，改变花样在计算机内的宽度或高度。

2. 分色处理

分色处理是指在计算机上接回头、并色、修改及取单色稿的过程。

（1）接回头：由于来样一般是一个小的完整花回（有时回头不十分准确），在出分色胶片时，应在竖直、水平方向上连晒数倍，才能形成整幅图案，计算机分色设计中考虑了工艺上常用平接（1/1）、跳接（1/2,1/3,1/4）接回头方法，并能自动确定最小花回。

（2）并色：并色是将图案中的各种色彩归类为原图样的颜色种数，并色处理就是将其还原为原来的色彩。由于来样（布样）带有布纹、杂色、褶皱以及其色均度差等情况，扫描进入计算机内的图案显现的色彩很杂，在经过扫描处理工序后，还需经过专门的并色处理。系统为用户提供256套颜色，并以调色板的形式显示在屏幕上，用户可以通过窗口的操作，将图案还原为原来布样所具有的套色数。

（3）修改及分色处理：由于来样带有杂色等情况，并色后还需要经过修改处理，系统专门为花样的修改提供了30多种修改工具，如橡皮（去杂色）、剪刀（对图案进行裁边处理）、旋转（将花样在任意角度平面内旋转）、边缘平滑（将色块、线条的边界自动平滑，或称去毛刺）等，可以满足各种花型的修改和综合处理。经过修改的花样，输出胶片精度高、色块纯、线条光洁。若有的图案有压色、借线、合成色、防留白、留白等印花工艺要求时，可以在分色过程使用全部扩张、局部扩张和其他绘图工具进行处理，达到工艺所需要求。

3. 激光成像

激光成像过程是指每一颜色的黑白稿从彩色稿中分出并连晒，通过印花激光成像机输出胶片的过程。激光成像机采用声光调制器，四路激光同时扫描，并采用真空泵吸附，使胶片严格处于光学平面上，保证了重复成像的高精度。输出胶片的设计是根据恰好可包住圆网滚筒设计的，输出精度为1200dpi（线/英寸），可满足做各种精细花纹及云纹要求。

（二）电子分色描稿系统软件

分色描稿系统软件即计算机上所安装的自动描稿系统，它具有颜色的测量输入、信息处理与传送功能,可对图样上的所有颜色进行有效控制,通过显示屏及打印机等输出设备调校与再现图样颜色,通过颜色数据采集、处理、传送及再现,实现所见即所得,提供企业与客户双方对商品的迅速确认,随即输出用于制版雕刻的分色片或直接驱动制版印花。在系统工作站中,可对原有图样进行再创作或编辑工作,软件中包含了流行色谱及色卡的应用,如 NCS 系统、孟塞尔系统、Panton Color 色卡等,只要输入色号就可将颜色调出。此外,该系统还可将与颜色有关的生产条件输入,使系统更有效地控制产品的质量。系统在颜色处理上的特殊功能主要有叠色预测、云纹及半色调控制、自动图像重叠和图像编辑功能等。

1. 叠色预测

系统对测量和输入的颜色进行两色叠加,可预测上下两色相叠后的颜色。

2. 云纹及半色调控制

在具有云纹效果或半色调颜色花样的生产中,其加工控制的关键在于确定网的密度与生产时颜色梯度间的关系,自动描稿系统可以按颜色梯度计算出网点密度,并预测出一个网可具有的最大颜色梯度,从而计算出最佳网目数。

3. 自动图像重叠

系统可以从原始图像开始到完成分色片制作,也可逆向地将分色片重整而再现出产品的外观,与原样图像进行检查对比。计算机能提供一张接一张的数字化稿片,在显示器上可显示各分色片处理以及整个图样设计的重叠效果,因而便于观察和控制云纹等特殊印花效果的演绎、覆盖、重叠及曲线平滑化等处理。

4. 图像编辑功能

对输入的原样图像信息可以进行编辑修正或再创作,如有些布样输入后会存在许多杂色或带有布纹,对此可以手动、半自动或全自动操作进行修正,对特殊图案,系统具有多种绘制功能(如云纹、泥点、干笔、底纹、勾边、几何图形、文字及重叠等),而这些是手工描稿无法与之相比的,此外还具有线条的强化、光滑处理、图案变形处理、图像校正、尺寸重定等功能。

(三)电子分色系统的操作过程

1. 扫描及处理

打开主机、显示屏、扫描仪,进入 Windows 状态,选择扫描程序,使计算机处于扫描状态。若样稿是布样,需先将布样粘贴在硬纸板上,以保持花样不走形。

2. 图案拼接与接回头

对于花纹面积超过扫描仪的图案,一般应标号分块扫描,分块存盘。系统软件中有图案拼接功能,可保证分段扫描后花回的完整性。拼接完后的图案即可进行接回头处理。

3. 开色及修理

接好回头、确定图案在计算机内的尺寸后,可进行分色处理工作,因来样中有不同原因造成的杂色,不够净化,因此分色处理首先是并色处理,使杂色减少到最低程度。修改工作是整个分色系统处理的重要环节,在分色系统中,除了修改工序,其他大多数是通过指令由计算机自动完成,因此,修改工序也是发挥美工人员创造性的主要环节。这就要求操作人员全面、深入地了解各类型图案的组成方式、各种修改用的指令和工具的功能及使用方法。修改工作是一副胶片成功与否的关键,只有熟练掌握分色系统提供的各项功能和工具,再加上良好的美术修养和娴熟的操作技能,才能创造出精美的产品。

(四)分色

分色有自动分色、手工分色、交互分色三种方式,具有色序调整,修改图像颜色效果等功能。

(五)图像处理、图像编辑及图像输出

1. 图像处理

主要用于图像的前处理,如平滑、图像增强、细化、去杂点等操作,还可进行图像校斜、尺寸调整等。

2. 图像编辑

以多种方式绘制点、线、多边形等,并有特绘功能(如泥点、撇丝、干笔等),曲线拟合,颜色替换,线型线宽选择,图像四方连续,铺设任意底纹,图像漫游等。

3. 图像输出

按设定比例和区域向磁盘、屏幕、激光成像机输出(单色、彩色、灰度图等)图像及其胶片,输出的图像应满足印花工艺要求,幅面可任意设定,但不能超过所选配的激光成像机的最大输出幅面(1800mm×1200mm)。在屏幕上可对任意一幅单色稿观察其叠加复色及罩印效果。

四、按照印染图案分色、描稿与制版工艺要求修改样稿知识

在印制出小样后,应根据设计要求样稿确认,并最后对设计生产的分色及制版以及上机打样作出审定,提出修改意见,概括起来样稿修改包括对花稿的修改和印制工艺的调整两个方面。

(一)对花稿的修改

1. 布局的调整

印花图案设计在接版(尤其是平接)时由于排列不当,大面积连续后,易产生横条、直条、斜路,即花路、空路、色路。

(1)花路:在图案结构中,由于设计者过分强调疏密的对比,导致在某一个方向上过于密集,最终在图案四方连续后,形成直、横、斜三种花路。

(2)空路:在散点式排列时,某一部位的造型特别稀,空地云集,出现经纬空路。

(3)色路:着色时在某一个局部造型上,一味追求过分渲染,色彩冷暖对比强烈,四方连续后产生色路。

如出现这种布局,应及时对花稿进行部分修改和调整以使设计更趋于完善与合理。

2. 图案造型的调整

也可能有一些图案在设计时考虑不够周全,接版后图案造型不够完美,花与花之间的呼应、大花与小花之间的前后和重叠关系或穿插存在某些欠缺,这时就需要对花稿中的图案进行修改,完善图案的缺憾之处,使其修正不足,使画面丰富、饱满,富于动感和层次感。

(二)对印制工艺的调整及常见疵病的防治

1. 平网印花常见疵病及防治

(1)塞网(堵版):花网网眼部分被堵,不能露浆,产生花样轮廓不清、断茎、泥点不全等疵病

称塞网。

防治措施：选择遮盖力、黏着力强的墨汁描稿；花版感光后充分冲洗；加强前处理，减少半成品绒毛，必要时进行烧毛处理；加强色浆管理，涂料印花严格控制色浆黏度，严格控制交联剂的活性以及色浆的存放温度和时间，必要时色浆应过滤后再上机；热台板印花应勤观察网版，必要时要勤擦洗网版。

(2) 对花不准：不同套色印制在织物上，颜色重叠或脱开，印制花型与原样不符。

防治措施：细心贴布，贴布浆黏度适中，布浆尽量薄且分布均匀，使贴布浆达到"黏、薄、匀"，布贴得牢且平；及时、彻底清洗台板、导带，保持其清洁、平坦；合理安排印花套色顺序，对花关系密切的套色应安排在相邻位置，以免因印花浆的收缩引起对花不准。

(3) 框子印：平网印花时，在织物纬向产生有规律的、色泽深浅不一的直条痕，疵点间距与花框宽度相同。

防治措施：保持花框底部的清洁、干燥，选择底部有斜度的框架；合理控制给色量，以免给色量过大，浆层难干；合理选择刀口、角度、速度、压力，以使收浆干净；尽量拉大花版间距离。

(4) 花纹影印（又称花纹双印或双茎）：印制花型的边缘、茎线出现花色影印（或双经线，常模糊不清）使花型变形。

防治措施：绷网经纬张力应足以保证将网绷紧，并且同一画稿的各套版的绷网条件应相同，以使各套版紧度一致；机器印花时调整好刮印参数，使前后各版的刮刀同步进行；手工台板的对花规矩眼应定牢，大小应一致，有磨损的应及时更换。

(5) 糊化（溢浆、渗化）：印制花纹轮廓不清，花型周边不规整、不光洁，色相之间相互渗溢，花型"发胖"，与原样不符。

防治措施：织物前处理后应充分烘干，贴布浆应尽量薄，以保证印前织物的干燥；印花色浆抱水性应好，黏度适中；合理选择刮刀类型、合理控制刮印压力，以使透浆不会过多；控制印花版升降移动的稳定性。

(6) 压糊：部分花型被压成气孔状，色泽深浅不匀，轮廓不清。

防治措施：拉大花版间距离，在印制过程中加吹热风或其他烘干装置；调整印花色浆的黏度和含固量，以保证浆层适当薄；合理选择刮刀类型、合理控制刮印压力，以使浆层不会过厚。

2. 圆网印花常见疵病及防治

(1) 刀线：由于刮刀上有缺口或黏附有固体杂质，使印花织物出现经向深浅线条的疵病，称为刀线。

防治措施：选择耐磨、耐弯曲的刮刀；合理控制刮刀角度和压力，尽量减小刮刀和筛网间的摩擦力；保证圆网内壁光洁，避免刀口局部受损；合理选择糊料，严格调制工艺，使糊料充分膨化，并过滤色浆，避免色浆中有固体杂质。

(2) 露地：印花织物上某些花纹，特别是大块面的花纹处出现局部得色浅甚至露白的疵病，称露地。

防治措施：合理选用筛网，满地大花一定要用目数小的网；合理控制刮刀角度和压力，以保证大块面花纹和厚重织物印制时的给色量；合理选用糊料，合理控制色浆黏度，以保证足够的给色量;严格织物前处理质量,特别是织物表面绒毛和毛效的控制,避免纤维绒毛堵网。

(3)网皱印:在印花织物上出现有规律的、间距等于圆网周长、形态相同横线状或块状的深浅色泽的疵病,称网皱印。

防治措施:细心调节圆网托架,严格控制圆网与导带间距离在0.3mm,避免圆网受刮刀压力过大而变形,造成网皱印;圆网运转之前,先使圆网均匀拉紧,保证圆网有均匀的刚度和弹性,防止圆网在刮刀的压力下产生单面传动引起扭曲,造成网皱印;刮刀刀片的两端与圆网接触的两角,不能是尖的,必须剪成圆弧,并进行磨光,以降低刮刀阻力,避免损伤圆网而造成网皱印。

(4)多花:印花织物上出现的有规律的、间距等于圆网周长、形态相同的色斑,称多花(砂眼)。

防治措施:上感光胶前认真清洗筛网,并低温充分烘干;保持室内清洁,避免涂胶前和涂胶室尘埃黏附在胶层中;选择黏着力强的感光胶,并严格按工艺进行涂胶、曝光、显影、冲洗,避免在制版中产生砂眼;制版后和印制中认真检查网版,及时修补砂眼。

3. 滚筒印花常见疵病及防治

(1)刀线:由于花筒表面出现不平、不光之处或刮刀出现缺口使织物上出现经向直线或波浪形线条,称为刀线。

防治措施:保证花筒做到"三光",即上蜡前铜环光、镀铬前花筒表面花纹光、镀铬后铬层光;合理选择、安装刮刀;合理选择染化料,严格调制工艺,使糊料充分膨化,染化料充分分散,并过滤色浆,避免色浆中有固体杂质。

(2)传色:花筒挤压织物时沾上前一套色的色浆并传到色盘中,污染色浆,使色浆变色,称传色。

防治措施:合理安排花筒顺序,尽量使同类色花筒靠近,浅色应安排在前面;加淡水白浆滚筒;加放水刀。

(3)拖浆:印花织物上紧邻图案在经向出现色条线,称拖浆。

防治措施:保证半成品清洁,无绒毛杂质;保持刮刀和花筒清洁;合理选择染化料,严格调制工艺,使糊料充分膨化,染化料充分分散,并过滤色浆,避免色浆中有杂质。

(4)得色不匀:印花织物在纬向出现得色深浅不一的疵病,称得色不匀。

防治措施:安装刮刀应做到"四平",即装铗平、高低平、锉磨平、与花筒接触平;合理控制刮刀压力,保证压力均匀并避免压力过大压弯花筒;衬布应平整。

❋ 印染图案样稿制作流程

一、编制样稿设计说明书

首先阐明设计理念和产品的使用对象,然后详细写明材料的选用、印制工艺的要求、前后整理要求以及产品造型的要求。

二、制作适用于印染生产的样稿

在确定好设计的主题及风格之后,进行样稿的构思,选择材料要素以及确定表现手法、色彩和纹样;将已设计好的图案纹样进行接版,形成完整的花回,然后根据设计要求进行分色、制订印花工艺。

三、按生产要求对样稿进行修正

修改样稿通常是企业内确认阶段的工作内容,在印制出小样后,最后对设计生产的分色及制版以及上机打样作出审定,对其中某些环节,如制网精度、对花要求、半色调和肌理效果、上机的对色要求等作出评审,提出修改意见等。

思考题

1. 简述样稿制作的步骤,并举例说明。
2. 简述电脑分色的操作步骤。
3. 试阐述现代家纺设计理念的内涵。
4. 设计制作现代风格的印染图案样稿一幅。

要求:

(1)图案纹样简洁大方,符合现代风格视觉审美。
(2)尺寸:60cm×42cm,附模拟效果图。

5. 如何对样稿进行修正?

第四章 绣品设计制作

家纺设计师的绣品设计制作功能是在涵盖助理家纺设计师职业功能之上的提升,其重点是对各种绣品设计要素的选择和整合能力,并在确定设计主题、风格的基础上制订产品设计方案。家纺设计师还应该对样品试制和样稿修正提出指导意见。

第一节 绣品设计素材选择

❋ 学习目标

通过对绣品设计风格、绣品生产工艺综合知识的学习,掌握绣品设计素材收集、整合方法,并能按设计要求选择生产工艺。

❋ 相关知识

一、绣品设计风格知识

家纺产品的设计风格可以由多种因素决定,在这些因素的影响下刺绣家纺产品设计可以呈现出多种面貌。

(一)绣品设计风格

刺绣风格包括:彩平绣风格,雕绣风格,补绣风格,还有近年最流行的拼布工艺风格,这些不同工艺分别赋予了家纺产品不同的艺术风格的视觉感受。

在设计刺绣家纺产品时,应注意以下原则。

(1)现代绣品设计的风格应与时代特色相一致。我们现在生活的时代,是信息高速运转的时代,是知识爆炸的时代,总之,大家所面临的是一个综合信息繁杂,人性化、个性化突出、自我表现的时代。因此,现代绣品设计也应充分考虑到这些因素的存在。在做好充分市场调研的基础上,认真研究分析调研所得信息,并进行分类,从中总结出需求产品的不同风格。

(2)从工艺的角度进行分析,从调研的信息中找出工艺创新的入手点,如运用现代设备进行综合工艺的开发,研究不同面料的质感特点以及功能特点,分析不同组合关系对产品的影响,选择适宜的材料进行研发。

(3)不同艺术风格的绣品设计将带给人们截然不同的视觉感受。因此,应运用不同的刺绣工种和方法,结合当代流行的艺术思潮,根据不同人群的需求,来确定绣品设计的风格。如结合其他工艺,或选用独特面料,或面料二次设计等配合刺绣工艺,都可以在创新家纺产品的道路上向前迈进。

(二) 绣品设计风格的演变

1. 古代刺绣

在我国悠久的历史记载中,各不同历史时期的刺绣作品有着截然不同的风格特点,但同时,各朝各代之间传统工艺又有着千丝万缕的联系,工艺方法一脉相承,并不断发展创新。

我国的刺绣工艺起源很早。麻、毛、丝织品出现之后,人们便开始在衣服上刺绣图腾等各式纹样。《尚书》记载早在四千多年前的章服制度就规定了"衣画而裳绣"。在先秦文献中也有"素衣朱绣"、"衮衣绣裳"、"黻衣绣裳"的记载。当时的工艺既有绣画并用,也有先纹绣后填彩的做法。

(1) 战国时期的刺绣:战国时期的刺绣非常精美,基本都是用辫子股针法(在我国不同地区又称辫绣或锁绣),其产品主要为生活实用品。湖北江陵马山硅厂一号战国楚墓有对凤、对龙纹、飞凤纹、龙凤虎纹的刺绣禅衣(图4-1)、绣品等出土,值得一提的是此时的刺绣工艺已经发展到成熟阶段,都是以不填彩的辫子股针法施绣而成的。这些绣品在图案的布局和结构上非常严谨,将大量图案化的游龙飞凤、猛虎瑞兽、花草纹饰等表现得生动流畅,活泼有力,并且将这些动植物形象采用几何的骨骼巧妙穿插、浪漫地结合在一起,表现形式夸张、抽象,极富装饰性,体现了春秋战国时期刺绣纹样的典型风格特征,充分显示出楚国刺绣艺术的巨大成就。

图4-1 战国楚墓出土的刺绣文物(选自《中国美术全集》)

(2) 汉代刺绣:1972年湖南长沙马王堆出土的大批种类繁多而又完整的绣品(彩图4-2),对了解我国汉代刺绣风格和工艺,是不可多得的宝贵文物。汉绣图案的主题,多为奔驰的神兽、翱翔的凤鸟、流动奔涌的波状云纹以及汉铜镜纹饰中常见的带状花纹、几何图案等。刺绣材料为当时流行的丝织品,及织有吉祥文字的锦绢丝绸。刺绣工艺仍以辫子股为主,也有铺绒绣针法,图案结构紧密、整齐,工艺纯熟,图案风格仍延续夸张、装饰的特点,与当时的漆器图案保持了一致的典型性,线条极为流畅、飘逸。

(3) 魏晋南北朝时期的刺绣:出土于甘肃、新疆等地的东晋到北朝时期的丝织品也极为丰富,典型的有敦煌刺绣佛像供养人等文物,此残片整幅用细密的锁绣满绣,成为迄今所见出土文物中最早的满地施绣的刺绣作品。

图4-2 汉代刺绣品(选自《中国美术全集》)

(4)唐代刺绣:唐代是我国历史上最繁盛的时期之一,也是我国刺绣艺术发展变化较大的时期,传世及出土的唐代刺绣品,与唐代宗教艺术有着密不可分的关系。此时的刺绣图案除虔诚的宗教信仰所致刺绣佛像外,与当时社会风尚相一致,与绘画的关系更加密切,花卉禽鸟、山水楼阁也成为刺绣图案(图4-3)。工艺除沿袭汉代锁绣针法外,由于题材的演变,也开始转变为运用平绣针法为主,并发展创造出更多不同针法,如套针、戗针、撇和针等,色彩也运用得更加丰富。刺绣材料随纺织业的发展也有所改变,不局限于传统的锦帛和平绢,棉、麻等织物也得到

图4-3 唐代的刺绣(选自《绣史·唐五代刺绣》)

大量应用,图案形式亦有变化,风格逐渐趋于写实,并向自然转变,构图活泼自由,设色明亮。以彩色丝线和均匀的平针法为主替代颜料描绘对象,形成了当时一门独特的刺绣艺术形式,这也是唐代刺绣独特的风格。

(5)宋代刺绣:宋代刺绣,在继承前代实用功能外,由于社会风尚的改变,尤其致力于绣画。自晋唐以后,文人士大夫嗜爱书法之风盛行,书画成为当时最高的艺术境界,并将书画带入刺绣之中,由实用功能又分支出艺术欣赏功能,形成独特的观赏性绣品。明代董其昌《筠清轩秘录》有这样的记载:"宋人之绣,针线细密,用绒止一二丝,用针如发细者,为之设色精妙光彩射目。山水分远近之趣,楼阁待深邃之体,人物具瞻眺生动之情,花鸟极绰约谗唼之态。佳者较画更胜,望之三趣悉备,十指春风,盖至此乎"。此描述基本概括了宋代刺绣的特色(图4-4)。

图4-4 宋代刺绣(选自《中国美术全集》)

(6)元代刺绣:元代传世绣品极少,仍有宋代遗风。但用绒稍粗,不如宋绣精细。元代统治者信奉喇嘛教,刺绣更多带有浓厚的宗教色彩,用于制作经卷、佛像、幡幢、僧帽等,以西藏布达拉宫保存的具有强烈装饰风格的《刺绣密集金刚像》为代表作。另外山东李裕庵墓出土的元代刺绣,还发现了贴绫的绣法,更丰富了刺绣工艺,使绣品具有立体感。元代刺绣作品如图4-5所示。

图 4-5　元代刺绣(选自《中国美术全集》)

(7)明代刺绣:明代刺绣是在宋代的优良基础上的进一步发展,定陵出土的明孝靖皇后洒线绣蹙金龙百子戏女夹衣是明代刺绣的精品和代表作之一(彩图 4-6)。

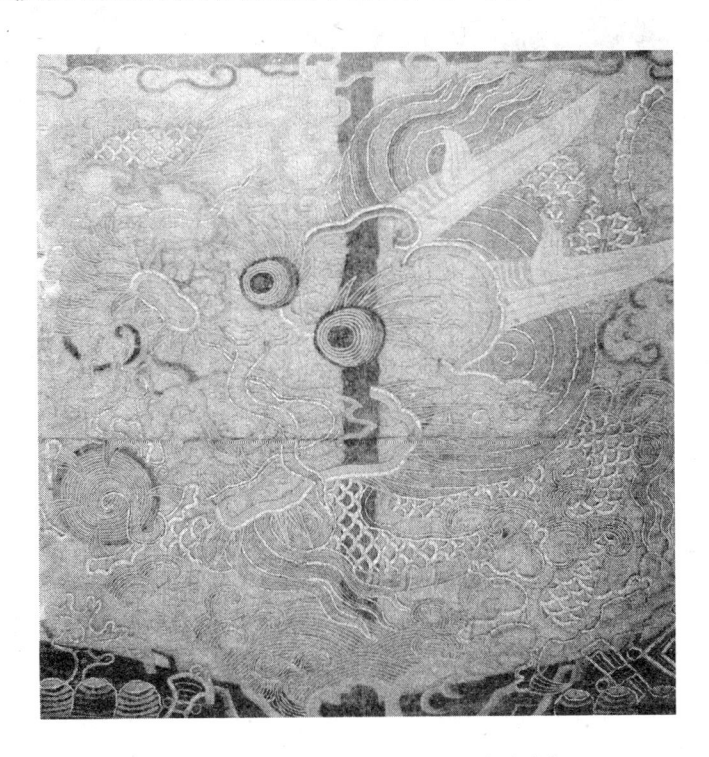

图 4-6　明代刺绣(选自《中国美术全集》)

洒线绣是纳线的前身,属北方绣种,是用双股捻线计数,按方孔纱的纱孔绣制,以几何纹为主,或配以铺绒主花。明代又是刺绣名媛辈出的时代。著名的上海露香园顾绣代表人物韩希孟,深谙画理,韩氏雇绣以摹古为其特长,形象写实,简练生动,配色清秀,绣技精巧,绣地常根据需要灵活运用借色与补色的方法,巧妙地加以点染彩绘,以使绣品更逼真地体现原作的精神风貌。

雇绣的针法,继承了宋代最完备的绣法,并加以灵活变化而运用,所用色线种类之多,则非宋绣所能比拟。用色方面善用中间色线,借色与补色,绘绣并用,力求逼真。并据所需,随意取材,不拘成法,真草、暹罗斗鸡尾毛、薄金、头发均可入绣而别创新意,尤其运用发绣完成绘画的创作,于世界染织史上从未有先例。雇绣细腻逼真的风格对后代江南地区画绣的发展产生了深远的影响(图4-7)。

图4-7 雇绣(选自《中国美术全集》)

(8)清代刺绣:清代刺绣(图4-8)多为宫廷御用的刺绣品,大部分由宫中造办处出样审核发送江南织造局管辖的织绣作坊绣制,绣品极工整精美。到19世纪中叶,除了御用的宫廷刺绣,不同产地的商品刺绣由于商品市场的不同需求,逐渐形成了不同的地方体系。在民间先后出现了许多各地区的特色产品,著名的有京绣、汴绣、苏绣、粤绣、蜀绣、湘绣、鲁绣等,其中销路最广的有苏州、广东、四川、湖南四地的刺绣产品,因此它们也被公认为中国的"四大名绣"。

2. 近代刺绣

中国的传统刺绣发展到近代,技艺已十分纯熟精练,绣工更为精细,针法有了更多变化,配色更具巧思。各地方绣种在商品经济的作用下得到发展,基本沿袭唐宋以来的两条主线:其一,实用类绣品；其二，欣赏类绣品，其中苏绣最负盛名。

除了观赏性刺绣在我国历史上确立有稳固地位，我国近代实用刺绣也基本上延续了历史的发展。我国近代战乱连年，实用刺绣工艺的发展延续也几经波折起伏。后来，中国的实用传统刺绣与外来的欧洲文化相遇了，欧式花边在这时进入了我国。

欧洲花边是与我国传统刺绣风格截然不同的装饰绣品。它是在欧洲民间刺绣的基础上发展起来的，我们把它叫做抽纱花边，在欧洲也叫做蕾丝花边，传入我国的主要是意大利威尼斯、比利时布鲁塞尔等地的抽纱花边（图4-9和图4-10），它被移植到我国并得到发展是在19世纪末20世纪初。

欧式花边传入我国的最初阶段是我国花边工业的欧式模仿阶段。花边工艺在我国扎根发展还是在新中国成立后。我国设计人员结合中国的传统风格，糅合外来技术和风格特点，不断开发和创新产品，逐渐形成了具有我国特色的、地方特色较强的产品。尤其是有些企业的技术人员积极进取，深入钻研进口设备的性能，结合手绣工艺创造了较优秀的机手结合的新产品。另外还有我国传统刺绣工艺品的生产也逐年稳步发展，如传统的顾绣、苏绣、粤绣、蜀绣、湘绣、京绣、汴绣、鲁绣等各地方绣种，仍然受到国际友人的赞赏和喜爱。

图4-8　清代刺绣（选自《中国美术全集》）

图4-9　18世纪布鲁塞尔花边（选自《LACE》） 　　　图4-10　17世纪威尼斯花边（选自《LACE》）

随着苏绣的发达与创新，刺绣艺人们不断钻研尝试，在刺绣表现技巧和方法上，也有一些革新和发展，如双面绣、双面异色绣、精微绣、彩锦绣等在技术上都有所提高和创新。

在西方工业革命以前,各国的刺绣作品全部是由手工加工制作的精细工艺品。西方工业革命以后,电气化机械介入纺织品的加工生产过程。缝纫机也开始模仿手工刺绣的效果,产生了最初的机器刺绣,简称机绣。

在今天,先进的机械化大生产普及了机织花边、机绣花边、电脑绣花等产品。

近现代由于机械化对刺绣行业的介入,数码科技的大量快速普及,现代刺绣已大量采用机器进行加工,电脑全自动化机绣已日益普及,并不断升级换代,设备更趋先进。

(三)著名的绣品介绍

1. 苏绣

苏绣即以苏州地区为中心的刺绣产品,也是我国历史最悠久的绣种之一。

苏绣的发源地在苏州的吴县一带。苏绣在我国历史上很早就有深厚的基础。发展到宋代时已具有了相当的规模,已开始显露出自己的独到之处,到清代,苏州的刺绣商品得到迅速发展,苏绣已形成了自己独特的风格体系,清末民初,苏绣名家沈寿用她的毕生精力总结了中国传统刺绣的各种针法,结合西洋画理,将中国的传统"画绣"向"仿真绣"推进了一大步,她的专著《雪宦绣谱》,对我国各地区刺绣艺术的发展起到了重要的促进作用。同时代的另一位苏绣名家杨守玉创立的"乱针绣"技法,则使传统苏绣在原有的平绣基础上,增添了质感的变化,赋予了苏绣更多的色彩层次和更丰富的表达语言。

在长期的历史发展进程中,苏绣在其艺术风格上形成了图案秀丽灵巧、色彩和谐雅致、线条明快流畅、形象逼真传神的特点,其工艺是将彩色丝线经批绒后,在丝绸等纺织面料上进行绣制。最细的能够将一根丝线掰成四十八股来进行绣制,可见其细微之极。

苏绣自宋代以后由单一的实用刺绣逐渐又分支出了欣赏性的画绣,其作品山水、楼阁、人物、花鸟无所不绣。其写真绣极力追求艺术的细腻、精到。在技艺上,苏绣针法十分丰富,以套针、抢针、齐针等为主要表现手段,灵活搭配其他针法,绣线衔接不露针迹,即使双面绣也同样如此。绣线常用三四种不同的同类色丝线或邻近色丝线相互配合,套绣出柔和雅致的晕染色彩。善在形象边缘留出"水路",使之层次分明。因此苏绣历来以八个字概括,即"平、齐、细、密、匀、顺、和、光"(图4-11)。

2. 粤绣

粤绣是我国广东地区的刺绣,也是中国"四大名绣"之一。粤绣又分为广绣和潮绣两大体系,广绣是指广州地区的刺绣,其特点是色彩富丽明快,对比强烈,图案花纹繁茂丰富,充满喜气欢愉的情趣;潮绣是指位于广东东部地区的潮州刺绣,潮绣的特点是图案严谨,丰实,富于装饰性,善于采用金线,用垫绣

图4-11 苏绣《小猫》(选自《中国工艺美术大师精品集》)

的手法垫凸之后再施以刺绣,使绣品呈立体感,具有金碧辉煌的浮雕效果(图4-12)。

粤绣在唐代已经十分发达。艺人们以孔雀羽毛扭为绒缕,绣制服饰,金翠夺目;用马尾缠绒,作为勒线,绣制轮廓,增强了表现力。粤绣构图饱满,繁而不乱,装饰性强,色彩浓郁鲜艳,绣制平整光滑,金银垫绣富于立体感,富丽堂皇。粤绣题材广泛,以百鸟朝阳、龙凤、博古类最为多见。

图4-12　潮绣《五龙图》(选自《中国现代美术全集》)

粤绣在用线选材方面极有个性。凡可替代丝绒而又美观耐用的各种线种无不采用,使其绣品更加富丽堂皇。粤绣发源很早,历史悠久。清末粤绣实用品和欣赏品大量行销内地,欣赏品常以民间喜闻乐见的寓意吉祥、长寿等含义为内容或以神话传说为题材,如"孔雀开屏"、"三阳开泰"等。

粤绣的主要针法有混插针(擞和针)、套针和施毛针等,所用绒线绒丝极细,绣面紧密,花纹表面留出水路,纹路分明。粤绣与京绣、苏绣相比针脚最为整齐。粤绣喜用织锦缎或钉金衬地的方法,给人一种富贵辉煌的感觉。广东属亚热带气候,植物常年生机盎然,所以粤绣配色喜用红绿相衬,鲜丽富贵,气氛热烈,形成其鲜明的地区特色。另外还将金线与贝珠结合起来绣制,使绣品更加华美。

3. 蜀绣

以四川省成都地区为中心的刺绣产品,过去散布在成都市六回镇、苏坡桥一带附近几个县的广大农村,又名"川绣"。

蜀绣有着悠久的历史,在晋代被称为蜀中之宝。蜀绣中的实用品就以坚实耐用而闻名。蜀绣的构图简练，虚实适宜，花纹较为集中，风格古朴自然，富于民间特色，绣品的底部留空白处较多，因此有花清地白之称。

蜀绣也分为两大类，即欣赏性绣品和实用性绣品。蜀绣的艺术欣赏品多为条屏和座屏等，其题材多为花草鱼鸟，极富诗情画意，又似工笔花鸟画，具有较强的装饰趣味（图4-13）。

图4-13　蜀绣《冠上加冠》（选自《中国工艺美术大师》）

蜀绣针法极其丰富，除参照苏绣章法以套针为主外，还有多种地方独特的绣法。绣品在用针特点上是短针细腻，针脚工整，粗细丝线兼用，线片齐平光亮，分色丝缕清楚，针迹紧密柔和，花纹边缘处针脚如同刀切一般整齐。蜀绣设色典雅鲜明，常用光影表现物象，形象生动鲜活，用线工整厚重，独具纯朴的民间特色。

4. 湘绣

湘绣始创于楚国，清代时成为湖南长沙及周边城乡的主要手工艺。湘绣是在湖南民间刺绣基础上，吸收苏绣、粤绣的长处而发展起来的传统工艺，常以中国画为蓝本，素有"羊毛细绣"之称。它以彩色散丝作绣线，除运用"齐针"、"接针"、"打粉针"等针法外，独创"掺针"法，掺针针脚参差自如，使不同色的线相互掺和，逐渐变化，色彩丰富饱满，色调和谐。湘绣借鉴了中国画的长处，题材多为山水风景、人物花鸟、翎毛走兽等，所绣形象生动逼真。湘绣长于绣狮、虎题材，其所绣之狮，狮毛坚硬而刚劲，力贯毫端，充分表现了狮的雄健和百兽之王的威武（图4-14）。

湘绣的艺术特点是富于写实,刻意追求形象的生动、逼真,极富生活气息。湘绣的装饰欣赏品以自然优雅、风格豪放著称,重视追求形象的内在神韵,善于汲取绘画艺术、摄影艺术等的表现手法,深入刻画形象生动逼真的形态,根据所描绘的不同物象,灵活采用各种不同的针法,表现丰富的质感效果;其工艺特点是平、齐、光、匀,层次丰富,画面丰满平实。湘绣历来重视画师的设计与绣工的制作工艺协调配合,这使湘绣的艺术性和技术性不断提高。

图4-14 湘绣《狮》

5. 京绣

京绣又称宫绣,是以北京为中心的刺绣产品的总称。明清时期开始大为兴盛,当时主要是为宫廷御用,现在京绣主要以生产日用品、服饰为主,尤其以戏服著称。

京绣的历史可追溯到唐代。明代以后,宫廷绣的针法技艺、用工用料、纹样图式等特点更加鲜明。清代宫廷绣更为兴旺,特别是光绪年间更是名扬海内外,被誉为京城"宫绣"。清末北京涌现了许多家绣坊,传承了宫廷绣的一些特点和针法,使得图案内容更加民俗化,与生活更加贴近,后人皆称为"京绣",并将其列为清代四小名绣之首(京绣、鲁绣、汴绣、瓯绣)。

京绣以材质华贵而著称,选料上乘,绣线除蚕丝绒线外,还以黄金、白银锤箔,捻成金、银线大量用于服饰中。这种用金银线绣出的龙、凤等图案又称"盘金",在中国绣品中独一无二,尽显皇族气派,充分体现了富贵精美的宫廷审美风范。严格遵循图必有意、纹必吉祥的宗旨,是京绣的一大特点,其沿承了历代的天子服饰十二章制度,直至清末。京绣在图案内容、色彩上也有严格的规范,针法运用有固定的程式和要求。"宫廷绣"图案的寓意同时也是使用者身份、社会地位的标志。

京绣在历史上曾由于其御用而辉煌。最大特点是用料考究,绣线配色鲜艳,其色彩与瓷器中的粉彩、珐琅色相近,色彩绚丽豪华,格调高雅(图4-15)。

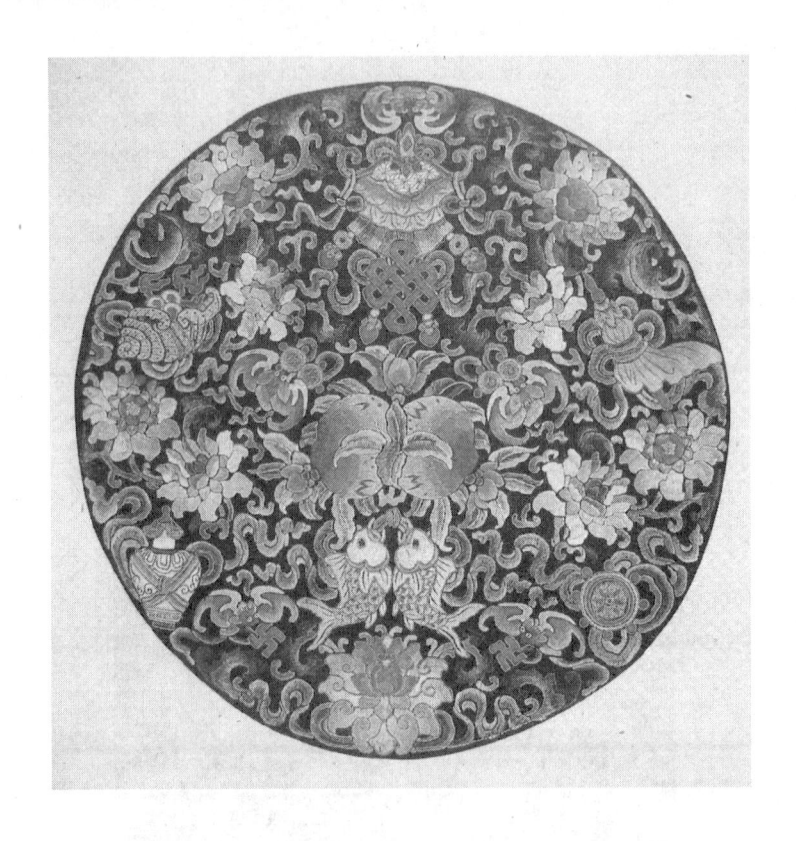

图4-15 京绣(清代民间刺绣《八吉祥团花》,清华大学美术学院藏)

6. 其他绣种

(1)汴绣:汴绣也是我国著名的地方绣种之一,产地河南开封。在我国的北宋时期,河南开封曾是著名的古都卞京城,作为手工艺中的一个地方绣种,因此被人们称为汴绣。当时的宫廷在都城设有"文绣院",拥有三百多名技艺娴熟的刺绣技工,专门制作御用服装和精美的刺绣装饰品,以供应皇室宫廷所需,因而也有"宫廷绣"的称谓,其风格特点充分显示出宫廷服饰的富贵与豪华。

传统的汴绣除宫廷实用绣品外还有手卷、屏风、条幅、中堂等品种。悠久的中原文化积累造就了汴绣特有的古朴风格,它以仿绣古代书画名作而见长,其特点是忠实原作,结构严谨,设色典雅,针工细腻,层次丰富,且针法变化多样(图4-16)。

(2)鲁绣:鲁绣是指山东地区的刺绣产品。山东省简称鲁,因此其刺绣产品被称为鲁绣。山东地区刺绣工艺有着很深厚的基础,早在汉代时,山东的丝织品在当时就已经制作得十分精

图4-16 汴绣《清明上河图》

美,刺绣作为纺织品装饰加工的一种手段,在这一地区也很普遍。鲁绣多采用双合股不加捻缝衣线作绣线,构成了其苍劲拙朴、质地丰厚的风格特点,因此也被称作"衣线绣",属于典型的北方民间绣风格。鲁绣的针法自成体系,既有平针、纳锦、盘金,又有缀、钉、编、补、结等多种针法,使鲁绣的欣赏品造型生动苍劲,色彩质朴感人;而实用类刺绣则更贴近生活,富有较强的民间特色(图4-17)。

(3)瓯绣:瓯绣产于浙江省温州地区。浙江是我国重要的丝绸产区和出口基地,历史上就有"丝绸之府"的盛誉。温州地处浙江境内瓯江之滨,在丝绸等纺织品的再加工方面有着得天独厚的优势条件,因此而得名。温州的绣品据传早在明清时就已经比较发达,有众多从事绣品生产的艺人,清末时已有大量绣品出口国外,成为浙江地区的著名特产之一。早期的瓯绣品种局限于礼仪、祭祀等用品,如龙袍、寿屏、宗教用品等,以后品种有所发展,增加了生活实用品。其色彩特点是鲜艳中透出调和,光亮中透出和顺的效果。工艺上针法多变,疏密有致,粗细兼顾,纹理分明,表现出特有的古朴风格(图4-18)。

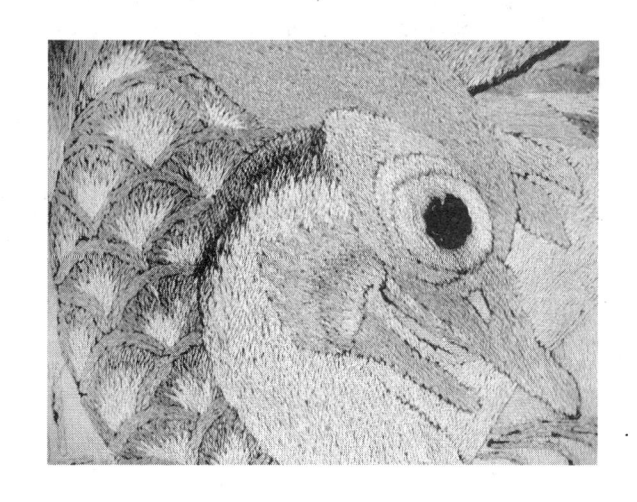

图4-17 明代鲁绣《荷花鸳鸯图轴》局部

图4-18 瓯绣《锦羽迎春》

二、素材信息的采集

当设计师开始设计工作之时,即开始了一个产品开发的过程。产品设计和开发工作的关键在于确定开发什么样的产品?为什么要开发?怎么样去开发?设计的依据是什么?对于设计师来说,确切掌握市场动向,了解消费者的需求,明确企业的发展方向以及对当代时尚、流行风潮、时代文化、民族传统习俗等的了解,都是极为重要的素材信息。因此对于相关信息的采集就成为新产品开发设计必须进行的首要工作。

对于素材信息的采集可以从以下几方面着手。

(一)市场调研信息采集与分析归纳

设计师应尽可能地贴近终端消费者。因为消费者的需求造就了消费市场,真正了解消费者的希望所求,也就容易找到满足消费者需求的方式和渠道,造就新的市场机遇,获取新的市场空间。因此,做好市场调研信息的采集,尽可能多的得到与消费者的产品需求相关的信息,特别是不同消费人群的定位要准确,相同消费人群也要尽可能的细分,以便于更有针对性的根据不同消费类型人群的不同需求创造出最佳的设计方案。在特定家纺产品的关键问题中,主题调研有助于确定并细化消费者人群及了解他们对产品的偏好和期望,有助于准确把握不同层面产品设计的方向。

要搞清楚问题的最好方法就是实际行动,设计师必须掌握第一手信息,亲自了解和发现事物之间的重要关联性。获取第一手研究资料,可以采取许多方法,如锁定目标人群,收集具有代表性的特征资料以及随机问卷、访谈、采样等。许多有价值的细节参考信息都是从这些第一手调研中获得的。

作为未来家纺产品的市场调研,不应仅限于纺织品的市场调研(更不能只局限于刺绣工艺),而应把眼界放得更宽更广,从当代人们生活环境、生活态度、生活理念和未来生活方式入手,包括当代国内外室内设计流行风格、室内装修材料的发展、家居流行饰品、造价标准以及消费者对未来居住环境的渴望等。现代家居室内设计的概念,已经随着人们生活水平的提高和住房条件的改善而发生了巨大的变化,人们更看中个人生活品位的提高、个人艺术修养的展现、健康生活的体现或财富地位的标榜等,因此,当代家纺产品应与现代室内家居装饰整体风格一致,更突出人性化设计,更体现个性化、多样性的特点,因此,家纺产品市场调研也应加入这部分内容。只有站在宏观的角度和立场上观察分析市场的动向,研究人们的深层需求和未来发展趋势,才能够保证家纺产品设计具有一定的前瞻性,而不是总跟随在别人之后的简单模仿。

信息资料的分析与归纳,有助于理清和分离出第一手调研资料中的有价值的信息,其中包括:经济收入与消费行为之间所存在的必然联系,消费人群的多元划分与确定,不同类型消费者的消费行为与影响其消费决策的因素,消费者对所需产品的个性偏好,消费者对时尚流行事物的态度和观点,从消费者对已有产品的满意度调查及对未来产品的期望值,分析消费者对不同风格家纺产品的兴趣和偏好以及价值观的取向等,并将其一一归纳分类,以便做进一步的分析比较,作为未来产品开发设计的重要依据。同时还要注意了解消费者对产品的实际使用情况及对产品的改进意见,这些信息可以帮助我们进一步改进或开发新的产品。

对终端消费者关于产品偏好的研究分析以及市场销售规律的了解,可以使设计师找到令人耳目一新的开发未来产品的方法,以便生成创意,进而将它们视觉化,并进一步付诸实践,形成新的产品推向市场。

(二)创作素材的采集与选择

设计师在掌握了充分的终端需求信息和产品分析等方面的信息之后,需要确定新的产品设计方向和具体内容,这时需要对创作素材进行搜集、梳理、分类、分析并做出选择。

1. 创作素材的搜集范围应尽可能宽泛

创作素材的搜集要摆脱家纺产品的局限性,不要只局限于家纺产品这个范围,可将其扩展到环境艺术设计的领域,如不同时期、不同地域、不同风格的室内环境设计素材;工业设计领域的家具设计,也是一个需要关注的领域,由于家纺产品未来是要与居住环境、家具及室内陈设共同组成一个整体,因此,家纺设计师的眼界一定要很开放,能够通盘考虑问题,包括服装服饰的时尚设计领域,不同民族、不同艺术风格的设计素材等,均应列入素材搜集的范围。

2. 内容要尽可能全面

有关现代家纺产品设计的概念,已经进入到讲究生活方式的阶段,人们居住条件的改善,整体家居意识的增强,可持续发展的理念,使得现代家居环境与家居装饰的配套设计呈多元化的格局,因此,家纺设计创作的素材采集要尽可能全面,如当代艺术流派、流行音乐、流行动漫、新媒体、居室装饰、家居各类纺织实用品、布艺儿童玩具等。

色彩因素对家纺产品的设计也是至关重要的,色彩要素的采集也要重视,可从多种环节获得,如自然色彩:从大自然的环境中获取色彩的灵感,如昆虫色彩、动物色彩、花卉植物色彩、风景环境色彩等；装饰色彩：如古代建筑色彩、民族服饰色彩、现代色彩构成等。

3. 题材要尽可能丰富

作为家纺设计的灵感来源，题材的选择范围也是极为丰富的。从人们回归自然的角度看，大自然的题材是首选的题材，也是恒久的题材，最持久永恒的要数花卉植物，另外还有风景、山水、动物、人物等。从地域文化的角度，民族风情的题材也是很好的切入点，不同民族的文化特色也是一个永恒的主题，异域风情的魅力永远都是激动人心的，会带给人们新鲜的视觉感受。从怀旧的角度观察问题，你会发现一些人们是那样的留恋过去的时光，对于古典的、传统的风格极为偏爱，那些或高贵精致、或经典神秘、或朴素简洁的各类风格也是设计师必须关注的类型。青年是未来和希望，各种时尚的风格几乎是青年人的专利，因此各种时尚的元素及其混搭组合的形式都是素材收集的目标。童真和稚趣是儿童的象征，这也是非常重要的一个部分，动漫、卡通元素是少年儿童最喜爱的视觉形象，因此，这类素材的采集应注重形象与色彩喜好的年龄特点。总之，题材和图形的采集不容忽视。它们是设计师进行家纺产品设计的必不可少的灵感来源，是头脑创意风暴的导火索。

4. 表现手段要尽可能多样

家纺刺绣产品的设计，在素材采集的过程中，还需注意设计表现手段的多样性，现代设计借助先进的数码技术，在表现技法方面可以多样化，如写实的表现手法：速写、写生、水彩、水粉等技法；写意的表现手法：水墨的大写意、小写意、夸张和概括的表现手法；图案化装饰性的表现方法：夸张变形的装饰表现效果、几何构成的手法以及各类不同视觉形象的表现素材。由各种不同表现方法所获得的效果各异的视觉形象，包括不同质感的表现效果。

5. 采集素材的方法

采集素材的方法上，手段也是多样的，如网络搜索、图书资料、图片搜集、摄影、绘画、写生、整合再造等。设计师可以利用拍摄或速写的手段对生活中各种有用的信息进行记录，以加深对事物的理解，且不遗漏任何珍贵的信息细节，把搜集到的图片或实物等有价值的参考资料进行分类并放在一起，制作成一本灵感资料册，以便从中获取设计的灵感和思考。

（三）原材料信息的采集与选择分析

可用于家纺绣品设计的材料种类比较多样，可从具体用途的不同进行分类选择，如用于床品的材料，用于沙发的装饰布材料，用于窗帘的材料，用于窗帘的纺织品材料，用于厨卫的纺织品材料，家纺产品设计所必需的装饰辅料等。应用于不同场合的纺织品材料是有区别的，在选择合适的原材料时，需要充分考虑其实用的意义和适宜性。

1. 用于床品的纺织品材料

应用于床品的纺织品材料，由于需要与人的肌肤密切接触，宜采用比较柔软、具有良好透气性、吸湿性好的纯棉材料或柔软细腻的丝绸面料。近年新研制的功能性原材料，如竹纤维材料、牛奶丝材料以及其他一些适合以上功能的原材料都是比较好的选择。

2. 用于沙发等家具上的装饰布材料

适用于沙发等家具上的装饰布材料，则需选用比较厚实耐磨的纺织品材料，如各种大提花织物，或具有良好肌理感的装饰织物，如麻类织物等。由于不直接接触人的肌肤，这类纺织品的材质也可以是含有化纤成分的材料。

3. 用于窗帘的纺织品材料

作为窗帘的材料可分为两种,其一是纱帘类材料,细腻而透光性好,用于窗帘的材料比较多的采用化纤面料,花样丰富且造价低,适宜进行二次再加工,如刺绣、激光雕刻等。另一类是幕帘,材料选择应为较厚实的面料,其遮蔽性能好,具有保温隔热的特性,在装饰手法上往往采用多种装饰手段,使幕帘呈现出各种美观的效果。作为绣品材料的选择,其种类是比较丰富的。

4. 用于厨卫的纺织品材料

用于厨卫的纺织品材料,主要是用于餐桌布、餐巾、各种杯垫、盘垫、隔热手套、浴帘、浴巾、浴袍、拖鞋、地垫等产品,这些产品的材质一般常选用棉织物和防水的材料,如浴帘、地垫,需要防水的功能,而浴巾、浴袍要与身体直接接触,需选用柔软、吸水的纯棉毛巾织物。过去在毛巾织物上做刺绣是难于想象的事,但由于现代化设备的进步,在毛巾织物上做刺绣已经很普遍,可直接通过刺绣打版,设计好程序,再由具有毛巾绣功能的刺绣机即可很容易地完成制作工作,得到毛圈织物的效果。

三、绣品生产工艺综合知识

(一)刺绣工艺的材料与工具

采用刺绣工艺进行装饰加工的传统材料,一般认为最好的是上乘的真丝面料。但作为家纺产品,面料的选择范围是比较宽泛的,可以根据不同产品的特点和对面料要求的不同进行选择,也可根据不同档次产品的定位来进行选择。棉、麻、丝、毛、化纤等材质的各种纺织面料都是可选择的对象。绣花线采用真丝线、棉线、粘胶线、夜光线、人造毛线、金线、银线、扁金线、水溶线;其他辅料:丝带、各种装饰绳、珠片、绒类、纱网(纱布)、纸衬、水溶衬、胶纸朴、烫朴、热溶胶、喷胶、双面胶、TF机油等。

1. 传统的手工刺绣常用工具

(1)绷框:分为手绷、卷绷两种。

(2)绷架,三脚凳一副。

(3)坐凳。

(4)剪刀。

(5)手针:羊毛针(最细),苏针(针体匀圆,针尖锐而针鼻钝)。

2. 现代刺绣工艺设备

(1)仍在沿用的有绣花板的工业用平缝机、针刺打孔机、熨烫设备、打包机等。

(2)数码打版系统、优盘、现代多头数码全自动刺绣机、数码全自动特种刺绣机、机针(风琴针、格罗茨针、毛巾绣专用针)、数码全自动绗缝机、倒线器、电动熨烫设备、打包机等。

3. 刺绣工艺的程序

(1)传统手工刺绣工艺流程:

制订产品设计方案→图案绘制→制作针刺版→油墨印刷→手工刺绣→产品缝合成型→质检(如有问题进行返工修补)→熨烫→包装→销售流通渠道

(2) 机绣生产工艺流程：

①传统机绣工艺生产流程(有绣花板的工业用平缝机刺绣加工工艺)：

制订产品设计方案→图案绘制→制作针刺版→油墨印刷→上机刺绣加工→产品缝合成型→质检(如有问题进行返工修补)→熨烫→包装→销售流通渠道

②现代数码全自动绣花机工艺生产流程：

制订产品设计方案的→运用电脑进行图案绘制→运用打版软件对图案进行排线打版→上机进行刺绣加工→产品缝合成型→质检(如有问题进行返工修补)→熨烫→包装→销售流通渠道

(二)刺绣工艺的表达语言：绣法与针法及其应用

刺绣工艺的语言表达，是根据产品的具体内容需要而定。刺绣工艺的表达语言是以工艺特色展示的，如彩平绣工艺、锁绣工艺(辫绣)、十字绣工艺、雕绣工艺、补绣工艺、绳带绣工艺、珠片绣工艺等。不同的刺绣工艺种类，会展示给人们完全不同的视觉感受。

1. 不同绣法

(1) 彩平绣：是采用我国传统的刺绣针法，表现效果以绣面平齐、细密、匀称、和顺为特点，继承了苏绣的传统绣法，绣工细致，图案配色调和鲜明，变化丰富。

(2) 锁绣：继承了我国最古老的刺绣针法——辫子股针法，表现效果粗犷、朴实、大方，针迹具有肌理感，图案极具装饰性。

(3) 十字绣：也叫十字挑花，是源自我国民间的一种绣花方法，具有悠久的历史，在我国各地民间百姓中间十分普及，其特点是在棉麻等平纹布料上，根据经纬纱组织，以细密的十字针法，绣成各种图案，构图规则、大方，配色强烈厚重，富有装饰性。

(4) 雕绣：是与我国传统平绣效果完全不同的一种刺绣方法，它以在布料上镂空图案透出花纹为其特色，使人感受到玲珑剔透的美感。

(5) 补绣：也叫补花、贴补绣，预先用各种布料剪成设计好的图案花型，用各种针法贴绣在底布上，其特点是能够较好的利用面料的大面积色彩变化，效果独特。

(6) 绳带绣：是在传统刺绣盘金钉线方法的基础上的延展绣法，其特点是用各种绳、带在面料上按照设计的图案盘绕固定，绣出花纹。其效果流畅自如，变化多端，富有立体感和较好的装饰性。

(7) 珠片绣：用各色珠片按照预先的设计，在面料上钉绣出图案，构成不同色彩变化的闪亮图案效果，华丽而时尚，一般多用于服装、服饰用品、鞋、帽、包、腰带等饰物上。

其他还有许多不同种类的刺绣、抽纱产品，也各有其独特的表达语言，同样能够使人感受到不同的艺术效果，此处就不一一赘述。

2. 绣法应用

在刺绣产品的设计中，也可将不同的绣法工艺相互混搭，如平绣工艺与绳带绣工艺相结合；平绣工艺与锁绣工艺进行混搭；平绣工艺与珠片绣工艺相混合；雕绣工艺与补绣工艺结合；雕绣工艺与珠片绣工艺结合；雕绣工艺与平绣工艺结合等。对于混合工种的刺绣设计，需要考虑工艺方法，并要有所侧重，一般的处理原则是：以其中的一种工艺为主，另一种工艺方法为辅。在图案形象的表现方面也要体现这个原则,如主花型用主要的工艺方法来表现,次花型用辅助的工艺方法来处理。主要的工艺方法还需在产品中反复使用,以使其在产品中形成呼应的关系,以此来获得谐调的工艺效果。

上述原则也适用于综合工艺的刺绣产品,但仍要以一种工艺作为主,其他表现方法可作为次要的或辅助的方法加以点缀性装饰。综合工艺的方法在应用实践中,如果掌控不好主次,容易使产品出现混乱的现象,因此,在设计实践中要掌握好主次关系的分寸。

作为系列产品的设计,除了要把握好单件产品自身的主次关系,还要掌握好整套产品中,每一件产品之间的相互关系。一个系列的刺绣产品中,并不是每一件产品都需要进行刺绣工艺的加工,在其中可能有一些只是作为整体色彩的陪衬,因此,刺绣工艺具体应用在哪些部分,需要根据具体的产品而定。

3. 针法应用

(1)平绣针法:齐针、抢针、套针、擞和针、施针、打籽针(具体针法图例参见《助理家纺设计师》第四章内容)。

刺绣产品图案的色彩变化效果,可根据具体不同情况选择不同针法配合使用。如小面积形体的平铺色彩可选用齐针针法表现;稍大面积形体或有色彩渐变的图形可选用戗针、套针或擞和针、施针针法;而打籽针法是表现点形象的针法,因此可作为配合针法使用。

(2)条纹绣针法:辫子股、切针、滚针、包梗绣,盘金、平金、锁金(具体针法图例参见《助理家纺设计师》第四章内容)。

这一组针法是用于线条描写的针法,一般应用于图案形象的边缘轮廓,或强调图形的线形表现时采用。如花卉图案的勾边处理,叶子形象的叶筋描绘,植物图案的枝干形象表现,以及补绣图案的边缘缝合处理等,均可根据具体图案需要,在这一组针法中对应选择。

(3)乱针绣针法:涡旋针、乱针(具体针法图例参见《助理家纺设计师》第四章内容)。

此种针法一般多用于画绣。如绘画、摄影等写实形象的丰富色彩变化、肌理质感的描写,色光混合效果的描写等。应用于装饰性图案时,也可作为图形层次或底纹效果来处理。

(4)彩锦绣针法:纳锦、点彩、戳纱、格锦(图4-19)、纳纱(图4-20)。

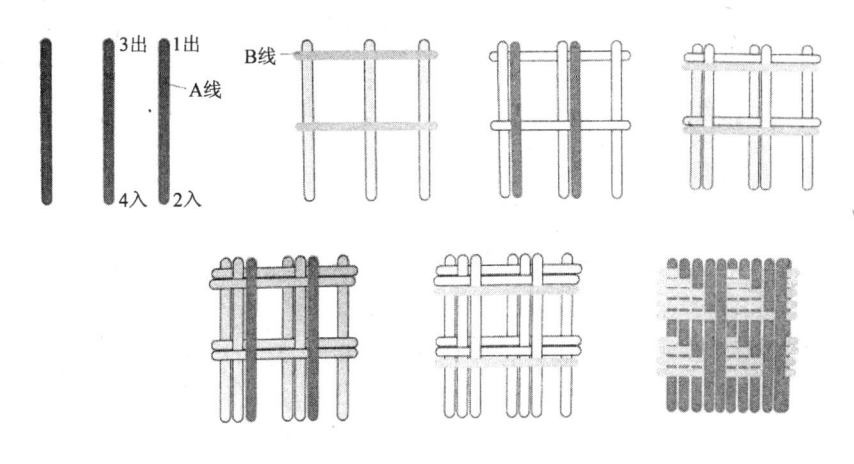

图4-19 格锦

图4-20 纳纱

彩锦绣是在戳纱绣基础上发展的绣法,由点彩与纳锦两种绣法组成。此为苏绣针法,是纱绣的一种,以素纱为底,绣时须按格或数纱眼绣制。绣法垂直进行,以大套小的几何图案,绣满全幅,用色一般以每一几何形为单位。戳纱绣在北方也被称为纳绣。留地不满绣为戳纱,满绣不留地为纳锦。

格锦也称夹锦或迭格针,绣前先打好格子,方格或菱形格,顺着格子边缘一纵一横,顺着对角线方向绣,铺满格子为止。最后固定好虚抛的线。

(5)网绣:龟背纹、万字纹、雪花纹、毯纹等,如图4-21~图4-26所示。

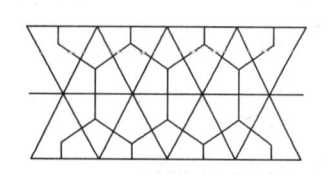

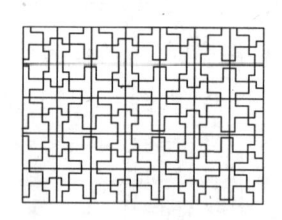

图4-21 龟背纹骨骼　　图4-22 四方格万字纹骨骼　　图4-23 万字锦骨骼

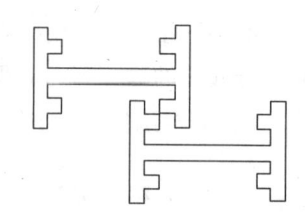

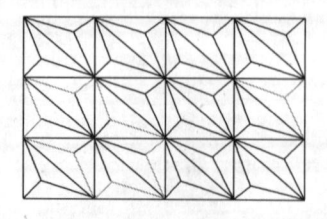

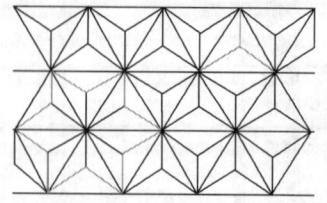

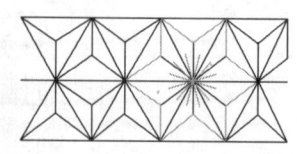

图4-24 雪花纹骨骼

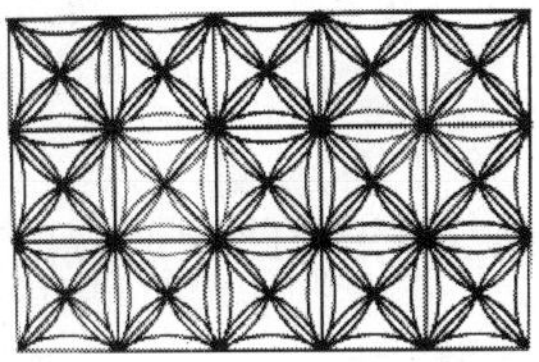

图4－25　毯纹骨骼(一)

图4－26　毯纹骨骼(二)

网绣是运用网状组织方法进行绣制,其变化灵活,图案清晰秀丽,具有浓郁的装饰效果。在唐、宋时期的人物衣纹中就有此种绣法,在江南农村的日用刺绣品上面,也常见有网绣的应用。网绣的针法变化多端,不胜枚举。其针法的基本组织:以横、直、斜三种不同方向的线条搭成三角形、菱形、六角形等连续几何形骨骼,然后用相扣的方法,在几何骨骼中组成各种花纹,如雪花纹、龟背纹、毯纹、万字纹等。

(三)绣品坯布染色、整理工艺知识

染整知识请参照印染工艺。

✲ 绣品设计素材选择流程

一、确定绣品设计主题风格

确定绣品设计主题风格,就是确定特定绣品设计的主题思想和艺术风格。绣品设计主题风格的确定,应结合企业产品特色。如产品类别、功能、企业品牌色彩特征面料特色、工艺特点等,更重要的是需充分考虑终端消费者的偏好与需求,结合国际化大环境下的环保理念,可持续发展理念,确定有意义的产品主题;还要结合当代审美和时尚的要素,突出本企业产品的特色,确定产品的艺术风格,由此延展,仔细思考与其他同类产品差异化设计的切入点,最终找到适合本企业的发展思路。

二、根据绣品的设计风格选择各种素材

与家纺绣品设计相关的素材种类很多,如何确定所需要的素材呢?我们可以从以下几个方面来考虑,搜集与绣品设计风格相关的具有启示意义的素材。

(1)形象类素材(如花卉、植物、风景等各种与设计相关的形象素材)。

(2)色彩类素材(各种有参考价值的色彩资料素材)。

(3)各种表现技法类素材(各种对设计有启发的物质、肌理、技法等素材)。

(4)同类产品较好的案例素材。

(5)当代家居环境设计类的素材。

(6)材料、辅料类素材。

(7)刺绣工艺相关素材。

在获取以上各种素材的基础上,加以分析筛选,在产品造型结构、工艺特色、产品的功能用

途、产品的审美要素(造型、装饰、色彩)、材料选择等方面进行综合创意设计。

三、按设计要求选定相应的刺绣工艺

根据设计的风格特点和要求,选择和确定相应的刺绣工艺,与此相适应的刺绣工艺应能充分表达此产品设计要表现的艺术效果和使用功能。

(1)在床品类设计中,比较适合选择的工艺,如平绣、辫绣、十字绣、补绣、绗绣及拼布工艺等。

(2)在台布类产品设计中,比较适合选择的工艺,如平绣、十字绣、雕绣、补绣、网绣、绗绣及拼布工艺、抽纱类工艺等。

(3)在窗帘类产品设计中,比较适合选择的工艺,如平绣、十字绣、雕绣、网绣、绳带绣、珠片绣、抽纱类工艺等。

(4)壁挂、室内陈设类产品设计,比较适合选择的工艺,如彩锦绣、彩平绣、十字绣、网绣、抽纱类工艺等。

其他类产品设计在选择工艺时,也应当既注重审美需求,又充分考虑产品的实用功能和使用时的方便与适用。尤其需要注意的是多从终端消费群体的立场、角度考虑产品的功能与实用,多从可持续发展的眼光看问题,合理应用工艺与材料,物尽其用,造福人类。

四、其他工艺的选择确定

由于人们个性化需求呈多样化的趋势,当代家纺产品的设计往往因此在实际设计生产中也会随需求的改变而灵活变化。往往在工艺的选择上有多种可能性,如在大的工艺门类之下,再选择能与之匹配的其他工种,及可与其相适应的辅助工艺。大的工艺门类指印、染、织、绣等不同的工艺类别。现代设计是比较灵活自如的,可在不同的工艺之间选择平衡状态,调整它们之间的关系,谐调产品设计的视觉感受,以求达到最终的良好效果。

例如,选择印花工艺与刺绣工艺相结合,可先在面料上进行印花工艺制作,然后再在其上进行刺绣图案加工,使印花图案与刺绣图案有机结合为一体,既增加了产品的层次感,同时又增加了产品的肌理与立体感;既显示印花工艺色彩变化丰富的效果,又有刺绣工艺精致细腻和材料的光泽感,使产品更丰富耐看。

在生产实践中,企业的成本也是要充分考虑的。因此设计师在设计产品时,需要全面的考虑问题,找出解决问题的最佳办法。

第二节　绣品设计方案

❋ 学习目标

通过对绣品设计综合知识的学习,能够确定绣品设计风格和创意主题以及整合各种设计要素,并制作绣品设计方案。

❋ 相关知识

一、文案的综合分析

刺绣家纺产品设计也和其他家纺产品一样，需要经过"接受任务→确定产品设计的目标→充分准确的市场调研→制订设计方案→设计的综合评价→刺绣工艺的制作→实物样品的效果分析"等一系列严格的程序过程。一些新的产品经过前面的程序，还要进行进一步修改和完善，才能确定新产品的生产。

作为一个产品文案的综合分析，在考虑产品设计的程序化过程的同时，更重要的是产品的功能效用、目标消费群的需求、艺术审美风格的多元化、加工工艺及制作产品的原材料、时代特征等因素的综合分析。

（一）目标消费群

分析产品设计的对象，确定目标消费者或消费群，并对消费者和消费群进行深入的研究分析。即通过调研的方法，具体清楚地了解消费者及其行为特点，深入分析具有重要价值的信息，通过了解消费者行为习惯，消费习惯与偏好，以及消费价值观，审美趋向等一系列围绕终端消费者的问题，以及企业的经营利益等问题，进行研究分析，最终得出产品设计定位的方向性结论。

（二）产品定位及类型

市场调研与分析研究确定了终端的消费群定位，根据这一群体的消费需求，基本就可以确定产品的定位及类型。如家纺系列产品的档次、件套数、材料、工种、具体工艺方法等。

（三）设计风格

刺绣家纺产品的设计风格的确定，取决于具体的消费对象，需要根据终端客户的实际情况、文化背景、当下流行风潮、企业品牌形象等综合因素而定。也有设计师本人对事物的看法与观点的释放，在以上综合因素的基础之上加入个性的表现或独特的观点，往往能使产品获得别具一格的效果。

（四）设计创意主题

绣品设计的创意主题，应围绕着刺绣家纺产品这个中心来展开。

艺术设计是建立在相应的国力和经济基础之上，有什么样的经济基础就会拥有什么样的艺术设计，实践证明产品的艺术设计必须与实用紧密结合并具备深厚的文化背景作为支撑，才会具有较丰富的文化内涵和具有独特的艺术魅力，才能深受广大消费者的喜爱。

中国当代刺绣家纺设计的创意主题，应该围绕中国传统文化绣出中国特色，中国有五千年以上的历史，民族文化的积淀十分丰厚，无论纺织文化、服饰文化，还是刺绣艺术，中国都是世界上最早的发源国之一，中国历史文化的连绵不断是世界各地许多国家羡慕不已的事实。因此，许多西方的设计师不约而同地在他们的设计中频繁采用中国的元素，在西方的T台上演绎中国的异域风情，绣出东方的文化轨迹。当代在西方有一句流行名言，在设计中"没有中国元素，就没有贵气"。因此，作为中国的家纺设计师，应该在自己的设计中体现这样一点：即以本土文化为根基，吸纳和融入当代国际流行时尚的要素，设计具有浓厚当代气息，符合现代社会流行时尚，又具有本土特色的中国刺绣家纺产品。

(五)产品预期要达到的效果

对所设计的系列产品希望达到的预期效果,要进行简要的概述,并附带多款本系列产品不同配套组合的方案(即不同混搭的效果),作为系列产品开发一款多用功能的展示,也是给终端客户的进一步产品介绍。

二、绣品设计综合知识

(一)绣品设计的创意构思

刺绣艺术设计的精华体现在创意构思中,设计师以高度概括、清新明快、精练准确的组合,造就了艺术设计的语言,将代表事物本质特征的文字、思想和图像理念通过一种视觉性、互动性、现实性和美感性的交流方式融汇在一起,充分理解特定消费群的需求愿望,将内聚性的抽象进行概括性的设计,以独特性的创意表现,恰当地反映出社会群体的物质需求、情感需求和精神需要,传递出视觉艺术的本质感悟,最终以设计师的敏感与智慧解决诸如意态、方式、品位、创造等方面的诸多问题,关注绣品设计,引领家纺产品设计的审美走向,提高我国家纺产品设计的水平,一直是我国设计师需要努力探索的问题。

1. 创意的思想内涵

创意作为一种源于生活高于生活的文化方式,它高度概括和综合了物质与精神两个完全不同的层面。创意的思想内涵是设计具有强烈感染力和真实说服力的关键因素。新颖的创意与丰富的思想内涵为刺绣产品设计增添了"魅力"的效应,作为思想内涵它是提升竞争优势的主要动力。它以传承、延展、敏锐、时尚、整体的系列化构思,引领着大众生活步伐的前进,导向着人们全新生活方式的改变,引领人们从单调到丰富、从同一到多元、从理性到感性、从单独到整合、从低俗到高雅,使整个设计形成了有机的系统转化过程。

刺绣产品设计中也蕴涵着丰富的创意思想,创意与设计是互相关联的、相互影响、相互渗透的,形成一个有机的整体。刺绣家纺产品作为实用品,一方面适应着大众的需求,满足着大众的情趣;另一方面作为家纺企业研发的新产品,它又引领着时代的风尚,超越着地域的局限。因此刺绣产品创意形象的塑造,应起到充实设计,推动设计,完善设计的作用,进而牵引、升华未来设计。

作为产业的创造活动,思想内涵的赋予使产品无一例外地通过创意的注入方式传达出时代的信息与时尚的脉动,思想内涵的彰显,品牌魅力的构建,在崇尚艺术品位的时代文化背景下,刺绣产品无疑是展示典范性视觉语言的极好载体,它可承载民族传统的文化信息、企业文化的情感概念、时代风尚的潮流动向等。

2. 创意的主题构思

产品的主题构思是要把客观世界的意象有效的刻印到世人的心灵之中,使产品设计在人们心目中占有一席之地,成为引导消费的指路牌。人们都有一颗爱美之心,我们的刺绣产品设计就是创造美好的事物,满足人们美化家居生活环境需求的有意义的工作,如何能够抓住和吸引人们的视线,并快速、准确地抓住问题的要害?就是锁定目标,针对特定消费群,找到他们的所需和所好,进行开发与创新,提升我们产品的关注度和吸引力,最终完成设计与创意的有机结合。

主题构思是建立在大量调研工作基础之上有的放矢的创造活动,设计师通过主题构思的提出,辐射出产品涵盖的内在追求:品位、时尚、典雅、唯美、经典、个性、前卫、自然、质朴、轻松、梦幻、憧憬、童真、趣味、活泼等。刺绣产品设计通过主题透射出产品的性格与魅力,产品的主题构思既要能够引领潮流,改变大众传统观念,引导消费;又要有部分迎合消费品位,满足大众生活需求的产品不断推出,形成多种层次并行的策略。引领潮流,提升产品设计水准和品位,提升全民素质,树立国家形象,使我国家纺事业蒸蒸日上。与国际贸易拼实力是设计师的社会责任;满足大众消费需求,维护企业利益,也是设计师的职责;家纺设计师担负着企业与终端客户之间的桥梁作用,企业通过设计师之手,把终端客户的需求转化成商品,设计师通过产品设计的主题构思体现终端客户的需求,从而完美的成为企业与客户之间的桥梁连接。

(二)绣品的整体配套与整体风格

随着家纺业不断发展,现在的设计理念已经与过去不同,过去的家纺设计只考虑一个产品平面设计的单一效果,如花型、色彩的搭配;随后提出了软装饰文化,包括窗帘、床品、台布等,这是一个纺织产品集合的概念;现在的大家居提法,是一个整体空间的概念,涵盖了布艺、家饰等之间的搭配组合,以及室内空间整体环境的布置。因此有了卧室文化、客厅文化、餐厅文化、书房文化、卫生间文化等。这些不同的空间组合是复杂的集合体,既有环境艺术的概念,又有家具、陈设饰品,同时还有各种类型的室内纺织品的概念。它们在色彩、花型、材料、造型、质感、风格等许多方面都有着完全不一样的要求,家纺设计师应该共同研究中国的家纺设计如何适应国际大气候,提高中国家纺产品的个性化、差异化和整合能力,不断地使我们的设计满足不同消费群体日益增长的需求。

绣品设计同样要适合整体配套的概念,首先是配套产品的系列化设计,然后是与室内不同环境的整合与搭配,但在设计思路上要从根本上树立整体意识,即与室内环境、家具、饰品等的综合整体设计意识,家纺设计师也要有从大的整体观念着眼进行整体设计的眼界。

而这样一个整体的配套系列设计,是要服从于整体设计风格的。家纺绣品的系列设计也要从全局出发,整体考虑产品的规划,如卧室的绣品系列设计就应该包括所有与卧室相关的绣品设计,包括风格一致的配套床品(床罩、床垫、被罩、床单、床旗、枕袋、抱枕等)及卧室的其他相关产品,如窗帘、床前脚垫或地毯、睡衣、拖鞋、沙发巾等。一个完整的系列产品设计风格应该一致,无论色彩、图案、表现形式、表现手法、艺术风格都应与被设计的空间环境保持一种谐调的关系,相互关联、相互融合、相互呼应、互为补充;作为绣品的室内纺织品更要注重与室内的其他设施在风格上的相互谐调。例如,与室内环境风格、与家具风格的谐调。系列绣品自身相互关系的谐调与多用性混搭的谐调等。

(三)绣品设计的形式法则

绣品设计是对人们生活中需求的部分纺织品进行的工艺装饰设计,家纺设计师关注的是美化人们的生活及生活环境,它要体现的是让人们在居住的环境中获得美感的享受。在艺术设计领域中,美的形式法则无处不在,在当代它已成为现代设计的基础理论知识而贯穿于艺术设计的方方面面。在家纺产品设计中,从不同类型产品的实用功能出发并遵循美的形式法则,充分考虑和理解终端消费群的多重需求和体验感受,是家纺产品设计的基础。

而形式美首先存在于大自然中,自然界中的花卉、植物、动物、天体等均具有诸如秩序、比例、尺度、对称、均衡、节奏、韵律、连续、间隔、重复、渐变、疏密、虚实、独立、适合、一致、变化、和谐、对比、显现、隐喻、生机、发展等形式特征,由此种种形式特征构成的美感,被康德称为"不以对象的概念为前提"。为自身而存在的自由美,被认为是一种最自由、最纯粹的美,而形式美的规律与法则就包含在这种种形式的特征之中,这也就是对艺术设计具有直接指导意义的美的形式法则。我们仔细分析会发现这些形式美的规律与法则基本上是互为制约又相互依存的关系,将其归纳如下。

1. 比例与尺度

比例是设计元素及元素与整体之间的数量关系。恰当的比例有一种协调的美感,是美的形式法则的重要内容,具有美学的价值。在刺绣产品的设计中广泛运用到数学比例的关系,在产品的造型与布局中实行区域的分割,严格按照数学比例和产品造型结构进行块面分割或形状分割,形成多种形式的装饰区域。另外,在室内纺织品陈设布置的配搭中,也会应用到这种数学的比例关系,利用尺度的互比性进行空间分配,形成室内错落有致的环境氛围,种种分割造型元素都隐藏着深刻的数学比例关系。大至床品、帘幔,小至抱枕、盘垫,同样进行比例的控制,使整个设计外观达到美的尺度。

2. 对称与均衡

对称的布局严谨、规整,在视觉上有自然、安定、协调、均匀、典雅、端庄、整齐、完美的美感,符合人们的视觉习惯。从心理学的角度解释,对称可以使人产生一种极为轻松的心理反应,将对称的特征赋予一个产品的设计,更容易让使用者的神经处于平衡的状态,从而满足人的视觉和意识对平衡的需求。但事物都是有正反两个方面的,过度的对称也会走向反面。因此,在绣品设计中运用对称法则也要注意避免由于过分的绝对对称而产生的单调、呆板的感觉,有时在整体对称的格局中加入一些不对称的因素反而能增加设计的生动感和美感。

随着时代发展,严格的对称形式(亦称轴对称或镜面对称)在纺织品设计中的使用越来越少,而均衡的形式则较多的被采用。动态是均衡的特征,其形式构成具有等量、不等形的动态变化美。其设计要素的形状、大小、重心、色彩、明暗等的分布关系不尽相同,可充分利用设计对象的客观条件,保持设计的等量不等形关系,来达到视觉的均衡美感。

3. 重复与渐变

重复,是以相同的形象、颜色、位置距离做反复并置排列。以一个形象向左右或上下沿直线方向无限反复排列,称为二方连续;同时向上下左右四个方向重复排列,称为四方连续。重复并置的特点具有单纯、清晰、平和、统一、连续、无限之感。但有时也会因为过分的统一,而产生枯燥乏味的感觉。

渐变,含有渐层变化的特点,或渐次递增,或逐次递减。渐变的形式在绣品设计中应用较广,常利用渐变的色彩及造型来丰富刺绣图案的层次效果,谐调装饰图案形形色色之间的关系。

重复与渐变的形式在绣品设计中,既起到了统一全局的作用,又显示出由弱到强或由强变弱的动感效果。

4. 调和与对比

调和,是指两种以上设计元素的相互关系给人们的感受是一种整体协调的关系。在调和中,各元素之间也可以保持差异性,但当差异性表现得强烈和显著时,调和的格局就会被改变,进而转向对比的格局。当强调共性,使设计形成一个构成基调时,其视觉效果将产生完整统一的感觉。

对比,是把反差很大的两个或以上构成要素有机配置在一起,使人产生鲜明强烈的感触,它强调各设计元素之间的差异,能使主题鲜明,视觉效果生动活泼。家纺产品的绣品设计经常采用这种方法:通过各设计元素之间(色调、色彩、色相、形状、方向、数量、排列、位置、形态等)的近似与对立来达到鲜明的视觉审美效果。另外通过对不同种类植物色彩明暗关系的调整、拉开色相的区别、动植物形态造型的处理等也可形成鲜明的对比。调和与对比手法的交叉运用,可以取得多样统一的设计结果。以植物图案为例,色彩的配置充分考虑不同植物图案的色彩因素,以绿色而言,就有绿色的深浅变化,冷暖变化,灰度的变化等,运用调和原则,就会得到色彩宁静、安详的效果;运用对比的原则,则色彩会表现出鲜明、强烈的效果。

5. 节奏与韵律

节奏是个音乐用语,指音乐中的节拍轻重缓急所产生的变化和重复。在设计中同一元素连续重复时会产生运动感,这种造型艺术中的运动感与视觉顺序有关。它会使我们感受到近似音乐流动的美感,在设计中采用渐变跳动的、反复循环的、规律连续的配置关系就可创造节奏美感。在这种节奏形成的过程中,速度的变化对其效果有着决定性影响,速度的变化,有快有慢,既有连续的,也有间隔的。这就形成了音乐的韵律感。正是有了这种音乐的节奏韵律的变化,形成的设计才更具有跌宕起伏的艺术效果。

6. 统一与变化

这是一切艺术设计都应遵循的美的形式法则,统一,就是一致性、类同感,在设计中运用统一的原则,就要强调同一性,使设计强调整体感;但是,过度的统一也会走向事物的反面,形成平淡无奇,缺少变化的结果,因此,需要在设计中适当运用一些变化的元素,来补充过于平淡的画面。在绣品设计中,变化元素的应用要恰到好处,过多采用,往往容易造成混乱的局面。例如,绣品加工工艺的选择不可过多,在一件产品中应以一两种工艺为主,其他工艺只是作为辅助工艺进行少量点缀。这样才能增强产品的整体感,形成良好的视觉效果。

作为家纺产品中的一个工艺品种,绣品设计应灵活地结合美学元素,运用美的形式法则,将新的艺术设计理念运用到产品研发中去。这些抽象的形式美法则如果使用得当,就能创造出令人赏心悦目的优美绣品。

(四)画稿设计对绣品工艺的适应性

画稿设计对绣品工艺的适应性问题,既简单又复杂。在中国的传统刺绣中,刺绣历来是根据画稿来制作的,并且在画绣中,基本上是手工刺绣模仿名人字画,所绣内容包罗万象,无所不绣,无所不能,往往能够把摹绣对象模仿得惟妙惟肖,逼真传神,如苏绣的猫、湘绣的虎、蜀绣的鲤鱼、粤绣的鹦鹉荔枝等。因为绣画本身是属于欣赏性的刺绣,一般是按照艺术品的要求去追求完美的结果,往往是单件进行绣制,或可用不计成本来形容。但是,在家纺产品设计中,产品本身属于商品,又是实用品,是需要批量生产的,它与欣赏品的不同是显而易见的。虽然在工艺方法上有相同之处(如部分针法相同),但在技术要求、风格内容、工艺流程和具体的操作上还是有太多的不同。

欣赏品刺绣的画稿与画家绘画无不同之处,刺绣工艺师会按照画师绘画的画稿精心挑选色丝线,然后进行刺绣。刺绣工艺根据画稿的具体内容选择适合的工艺方法,用手工刺绣的各种针法去表现画稿中相应的形象。如表现花卉时,常用到属于平绣的一些针法:齐平针、套针、撒和针、戗针、掺针等;表现鱼、鸟、小动物等形象时,常用到铺针、札针、叠鳞针、施针、扁毛针、虚实针、散整针、游针等;其他还有许多辅助针法,在进行画绣的过程中根据需要配合应用,以最大限度的追求画稿原作的艺术效果。

家纺产品属于实用品,早期的传统刺绣方法是采用手工生产的方式,后来发展了小机绣(缝纫机刺绣),现在的刺绣家纺产品仍然有部分沿用小机绣生产,还有一部分采用了先进的数码机绣。刺绣画稿主要是用来装饰美化家用纺织品的图案设计稿,内容主要为装饰图案,题材多是装饰花卉、装饰植物、装饰风景、几何图案等。加工生产采用工业化大机器批量生产是现代机绣的一大特点,这一切决定了家纺产品的设计画稿一定要适应大机器化生产的刺绣工艺的要求,也就是要适应刺绣机械的加工限制。

数码刺绣机有一定的尺度限制,如机头间距限制,刺绣面积的限制等。

数码刺绣机对绣线的限制,一般平绣机用120旦的粘胶丝线做普通平绣,其他可根据要求更换线号和针号,如70旦丝线做特细绣,300旦人造毛线做毛巾绣等。

数码刺绣机对颜色数的限制,不同规格的刺绣机对线色数有限制,如6色、9色、12色等颜色数量的限制。

数码刺绣机的工作原理就像平时用的家用缝纫机,它是应用刺绣机的面线与底线的共同作用,来完成在面料上的绣花过程的。这与连笔画的原理很类似,数码刺绣机在面料上刺绣就像在面料上绘制连笔画,中间不停顿。如果图案分布比较分散,从一部分刺绣图形到另一部分之间就会产生无用的连线,称其为废线,其间就要频繁的用到剪线功能,为了避免过多出现废线,在打版时可以尽量按照距离较近的图形的顺序依次打版。有些多色的图案,为了避免频繁换色线,可以在打版时事先设定一次把一种颜色的图形绣完再换色。作为床品的刺绣,特别是直接接触皮肤的产品,要充分考虑到保持面料柔软特性的重要性,应尽量避免大面积平绣造成的手感发硬的结果,可以采用其他的方法,如补绣或程序编制等方法,或使针密度降低等方法。

刺绣家纺产品的设计画稿需要充分考虑数码刺绣机的工艺限制。充分利用数码刺绣机的功能特性,充分发挥机器刺绣快速、整齐、标准化、可重复大批量生产的特点,使设计画稿适应数码刺绣机的功能要求与限制,顺利完成这个机绣的过程。

(五)设计理念与审美取向

设计理念即在设计中贯穿一种思想,使设计变得更有意义,这是设计的一种升华,也是现代设计特别推崇和强化的重点。设计理念是一个比较宽范和抽象的概念,它可以随内容的不同而包含许多不同的含义。如建筑设计理念、平面设计理念、家具设计理念、工业产品设计理念、纺织产品设计理念、家装设计理念等。

人类为创造文明、创造物质财富和精神财富进行了众多的造物活动,设计便是造物活动的预先计划,它是把计划、规划、设想通过视觉的形式传达出来的活动过程。现代设计主要指专业人员有目标有计划的进行的艺术性创作活动。而在当代大部分的设计带有商业性,少部分为艺术性的设计。现代设计不仅仅通过视觉的形式对大众进行传达沟通,还会通过听觉、嗅觉、触觉等不同感官信息传达和营造一定的感官感受。如水床的设计、香味书签的设计、触摸调光台灯的设计、触感儿童玩具的设计等。其中都包含了许多的设计理念。

现代的家纺设计理念首先要看目标消费群的需求(根据企业各自特点定位会有所不同)和当下的流行时尚,但更要看当代人们的居住条件和生活环境。现在家庭装修设计的潮流是轻装修、重装饰。在家装设计师的案头,简约风格、经典风格、欧式风格、中式风格、前卫风格、回归田园的风格等不同设计风格并存,在许多情况下,完全是根据消费者的个性需求和兴趣、喜爱、习惯等诸多因素而确定装修风格,而家纺产品的未来就是要与这样一些不同风格的室内环境融为一体,共同形成各种不同内涵的生活空间,满足各种不同阶层消费人群的生活需求。因此家纺设计师的设计理念也应是与时俱进的,与时代的思潮同步的,也是应与人们的情趣相一致的,在充分调研的基础上进行设计。

家纺设计师在开发一款新的产品时,常常需要站在客户的角度和亲临使用环境,设身处地的来理解他们所遇到的问题,如针对居住环境、家具、个性需求、个人品位等不同情况,家纺设计师要面对的客户群是多元化的,因此,设计产品时也要有针对性。

而现代的中国是个开放的社会,也是个与国际接轨的社会,时代的更替变化,使人们的观念也发生了很大的转变。审美观受价值观的影响也呈现出多元化的倾向,受其影响现代人们的审美取向也是呈多元化的。

艺术设计审美是一种积极主动的价值取向活动或者说是一种价值实现活动,它是对美的事物和美的现象的观察、感知、联想、理解和判断等一系列的思维活动,其内涵是领会事物或艺术的美。艺术审美需要具备一定的审美能力,在艺术的创作和欣赏过程中,需要一座"桥梁",使创作与欣赏之间相互贯通,相互转化。使人的视觉、听觉、嗅觉、触觉等多种感觉相互沟通,也使艺术之间相互影响、交流、启示。设计师就应该起到这个桥梁的作用,对各种艺术的触类旁通,甚至融会贯通,把美的、时尚的乃至个性的多种元素有计划的整合或统一规划起来,通过不同的设计手段,达到协调的完美,从而设计出能够适合不同消费群需求的不同产品,以满足他们不同的审美取向。

❋ 绣品设计方案制作流程

一、确定绣品设计风格和创意主题

根据前期的市场调研,终端客户的需求情况,分析潜在的家纺市场,并根据分析结果确定家纺绣品的设计风格。当代家纺产品的设计风格呈多元化:人性化、个性化、健康化、可持续化;产品设计应该围绕当代人们最需要、最喜爱、最关心的事物进行主题分析,同时还要结合时代特色,进而确立创意主题。

二、按照绣品设计风格整合各种设计要素

刺绣产品设计涵盖了许多方面,主要为图案、色彩、工艺、原材料、终端反馈等。

1. 图案

刺绣家纺产品的特点就是刺绣图案，因此图案造型、风格以及在产品上的分布对产品的美感十分重要。在系列的家纺产品设计中，由于是多件产品的组合配套，因此还需要从大局着眼整合每一件产品之间的关系。

2. 色彩

依照色彩学原理，根据产品设计风格的色彩效果进行调整统和。一般可从色彩的同类色、邻近色、补色等关系进行统合考虑，使系列刺绣产品既统一又有变化。

3. 工艺

以设计风格为依据，针对产品的艺术效果进行工艺的选择。

4. 原材料

根据产品设计要求，对材料、辅料进行比较选择，以保证其产品实物样板能够达到设计风格的要求。

5. 终端反馈

新产品推出后，需要持续调研终端客户对产品的反馈信息，有助于改进产品和推出新产品。

三、对绣品设计方案作出整体的分析

从绣品设计的定位，对应终端客户的定位，对设计方案中产品的设计风格、特色、时代性，图案的艺术性：分布、位置、所占面积空间、色彩的流行性、谐调性，系列产品之间色彩关系的调和性等，进行全面评估、分析。比较权衡工艺的选择是否恰当，比对权衡材料的选择。

四、编写产品设计文案

作为一个完整组合系列的家纺产品设计，相当于导演要规划的一出戏。它所涵盖的内容比较丰富，在编制产品设计文案时，可从以下几个方面切入。

(1) 产品设计理念，结合企业品牌及当代流行思潮、文化、设计师的思考。

(2) 产品设计依据，企业品牌形象特点、市场、消费人群调研数据及分析结论等。

(3) 产品设计创意及效果，产品具体设计方案及系列配套的关系。

(4) 产品工艺设计与制作要求，工艺品种类型、工艺细节要求、材料、制作步骤等。

(5) 产品造价与评价，成本核算、预期评估等。

可结合本企业的实际情况，增减文案的具体内容，更准确地把握市场动向和消费人群，从消费者的角度更人性化的设计产品，尤其是配套组合产品的灵活性把握，更要贴近消费者的需求。

第三节 绣品设计样品制作

✱ 学习目标

通过对编制样稿设计说明书知识以及绣花打版、配线、上机试制的学习，掌握绣花样稿制作

流程,并能对样稿生产进行指导。

❋ 相关知识

一、编制设计说明书的方法

(一)产品设计创意说明

在市场调研的基础上,明确产品设计的目标,针对家纺绣品的特点,围绕产品的中心主题展开设计创意,并用文案的形式写出书面报告。

1. 产品设计理念

在家纺行业中,各企业都有自己产品的侧重点,经营理念也各不相同,但作为家纺产品服务于民的原则是共通的,只是针对的消费群各有不同,因此,在设计理念上是有一定差异的。如中低档产品、中高档产品、高端产品及特供产品之间,在消费层上有特定的差异,消费理念肯定是不同的。其次在产品推出的角度方面也有不同,设计理念肯定也有差异,如健康的理念、环保的理念、针对青年消费群的时尚理念、针对中劳年消费群的关爱理念等,还有其他诸如吉祥寓意、地域情怀、浪漫休闲生活理念等。

综上所述,设计理念是企业产品设计的灵魂,产品设计应紧紧围绕设计理念展开,无论是健康、环保还是生活现实中的休闲、浪漫以及精致、简约等的设计理念都可成为企业产品设计的亮点,关键要看设计师如何把握。

作为家纺刺绣产品设计,应在产品定位的设计理念主导下,重点考虑产品自身的功能性、美化装饰效果、本产品创意创新的亮点等方面,以刺绣工艺的特点对家纺产品进行美化和装饰,以达到消费者满意的产品的要求。

作为家纺刺绣产品的配套系列设计,应在产品定位的设计理念主导下,主要从配套和系列的角度考虑刺绣家纺的设计特点,除考虑产品自身的功能性、美化装饰效果、本产品创意创新的亮点等方面外,还应更加强调产品的配套系列效果,以及可由消费者自主参与的灵活的拆拼、混搭等可行性效果的设计。这也是新近兴起的一种思潮,消费者参与个性化设计的动向。

2. 产品设计的主题

产品设计的主题,应与设计理念相一致,但内容是很丰富多样的。作为家纺产品设计,应更多地突出"居住"和"家"的概念,而家是由各种不同的人组成(包括单身),因此就有了千变万化的不同,通过分门别类,可以大致区分出一些类型,如温馨型、活泼型、文雅型、高贵型、朴素型、帅酷型等,另外还有男生、女生的区分,根据不同类型的消费群,就比较容易找出相适宜的设计主题。

3. 产品的文化内涵

产品的文化内涵应保持与其相对应的消费群的一致性,例如针对女性消费群的家纺设计,从图案、色彩等方面都可以更趋向柔性的处理,也可更突出花卉的主题,因为在中国的传统文化中,花的文化内涵很丰富,既有优雅、灵动的韵味又有柔美、含蓄的象征,寓意生命如花朵般美丽,生活如鲜花般色彩斑斓。

家纺产品的文化内涵是可以与各种事物、思想相联系的,重要的是要紧扣设计理念和设计主题,选择引人入胜的内容加以扩展与联想。

4. 产品的类别

家纺产品的类别区分可以从两方面来分析。

(1) 从用途分类有：

①窗帘类：客厅窗帘、起居室窗帘、卧室窗帘、儿童房窗帘、书房窗帘、厨房和餐厅窗帘、门帘、浴室的浴帘等。

②桌布类：书桌台布、餐桌台布、茶几布、桌旗、杯盘垫等。

③盖布类：床头柜盖布、洗衣机盖布、钢琴布、沙发巾等。

(2) 可以从居室的分类来区分，如客厅、书房、起居室、儿童房、卧室、厨房、浴室等的整体系列配套纺织品设计，这是时代发展的必然趋势。

①卧室的系列配套家纺产品，主要由床品、窗帘、睡衣等综合产品组成。

②书房纺织品由窗帘、书桌布(也有不采用的)、座椅垫等组成配套。

③厨房与餐厅用纺织品主要有：餐桌台布、杯盘垫、座椅垫、厨用手套、围裙、厨用垫布、水壶套等各种厨房用纺织品。

5. 产品销售地区定位

主要由企业产品特点和企业选择的客户而定。

6. 产品销售人群定位

根据市场调研和企业经营策略、未来企业发展方向以及企业产品特点而定。

7. 产品的设计风格定位

依据企业未来发展定位，及通过调研分析确定的终端消费群及需求，制订产品的设计风格定位。

8. 产品成本核算

由企业财会及相关人员进行产品成本核算。

9. 产品上市时间表

由企业领导者、设计总监等相关人员共同制订。

(二) 工艺设计要求

1. 工艺方法的选择确定

刺绣家纺产品的工艺方法，应按照产品设计的要求进行选择和确定。

2. 辅助方法的配合

在产品设计的主要工艺方法不足以表现设计要求的效果时(在制作小样时如发现不足可增加辅助方法)，可以配合选择一些辅助的方法。如一些辅助针法的配合选用；贴补绣不同材质的材料以增加艺术效果；加绣或采用添加少量饰边以改变设计装饰效果不足的情况等。

3. 成型特点要求

作为完整的家纺产品设计本身就涵盖了产品的装饰与造型，如果说前面所提到的关于图案的组织结构、图案的布局、图案的位置、图案色彩的设计为产品的装饰设计，那么，产品的造型设计就应该与产品的成型特点相关。产品的成型特点所指，既产品的成品形状的特点。构思巧妙的产品造型能够激发人们购买的欲望，因此设计师在设计产品时，产品造型的设计也是不可小视的一个方面。

4. 产品材料选择

现代的家纺产品在制作的原材料的选择方面十分广泛，天然材料、合成材料等多种多样。可根据企业定位的终端消费群需求、设计师设计的产品特点、刺绣工艺的要求、产品成本核算等多种因素而确定。

5. 产品辅料选择

可以根据产品设计生产需要来确定选择。

6. 产品整合

系列配套组合的家纺产品设计，需要设计师在设计过程中充分考虑到整体与局部的关系，即系列配套组合时的整体效果和配套产品拆开重组的多种灵活搭配的效果，同时还可与其他相关产品进行混搭，这种产品的整合需要找出产品之间的相互关联性和不同，并谐调它们之间的关系。

二、绣花软件打版和上机试织知识

现代刺绣家纺产品设计的最终实现要应用全自动电脑绣花机来完成。作为设计师，有必要了解一些关于刺绣制版和上机方面的知识。

（一）绣花机的基础知识

绣花机的工作主要由电脑绣花机、辅助绣花装置、电脑打版系统三部分组成。

电脑绣花机又分为标准机（平绣机）、特种机（以平绣机为基础的盘带机、毛巾机，图4-27）。

图4-27 田岛特种刺绣机

刺绣机的机型有很多种，有高速型平绣机、实用型平绣机、也有高速成衣型平绣机等，最高转速随机型不同有所区别，在850~1200r/min之间。机头数，有单头机、多头机（8头、20头、32头不等）之分，最多针头数18针，也有9/12/15针头的。针数存储也随机型不同有所差异，一些机型可存储100万针的花样，也有机型可存200万针的花样。

（二）数码刺绣的种类

1. 平绣

平绣是机绣工艺中应用最为广泛的刺绣工种之一，只要可以用来绣花的材料，都可以用来做平绣（图4-28）。

2. 贴补绣

贴补绣是利用贴补代替针迹，从而节省绣花线，并可令装饰图案更加生动，如图4-29所示。

图4-28 平绣（田岛刺绣）　　图4-29 贴补绣（田岛刺绣）

3. 十字绣

十字绣是与传统手工十字绣效果近似的一种机绣。

4. 粗线绣

粗线绣是使用较粗的（如603）缝纫线作为绣线，配合大孔针或大号针，粗线旋梭以及3mm针板来完成刺绣的，普通的平绣机便可以制作，如图4-30所示。

5. 雕孔绣

雕孔绣可于普通的平绣机上制作，但需要安装雕孔绣装置（目前只能安装于第1针杆），利用雕孔刀把布料雕穿，然后用绣花线包边使中间形成孔状，如图4-31所示。

图4-30 粗线绣（田岛刺绣）　　图4-31 雕孔绣（田岛刺绣）

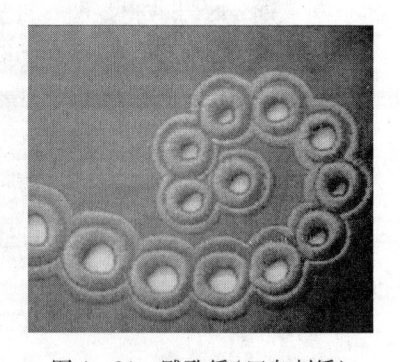

6. 绳绣

在普通平绣机上面安装一个 KB-2M 装置,就可做绳绣,绳绣效果如图 4-32 所示。

7. 珠片绣

平绣机加装珠片绣装置,可以绣制规格 3~9mm 珠片,效果如图 4-33 所示。

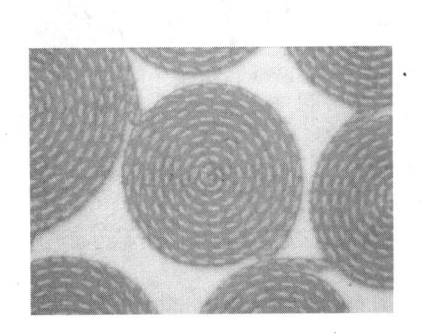

图 4-32　绳绣(田岛刺绣)

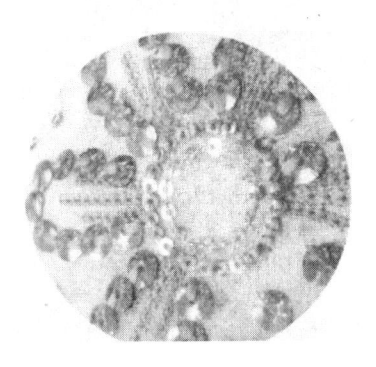

图 4-33　珠片绣(田岛刺绣)

8. 锁链绣

锁链绣是 TMCE 机的两种绣法中的一种,其针迹与手工刺绣的辫子股比较相似,效果如图 4-34 所示。

9. 毛巾绣

毛巾绣是 TMCE 机的两种绣法中的一种,毛巾绣类似毛圈织物的形态,效果如图 4-35 所示。

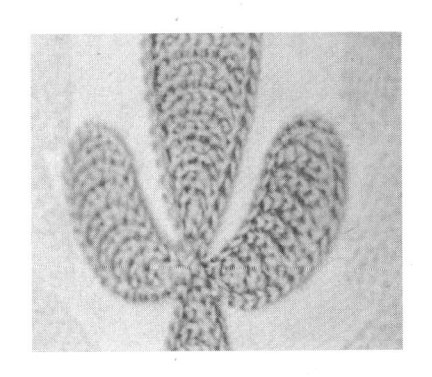

图 4-34　锁链绣(田岛刺绣)

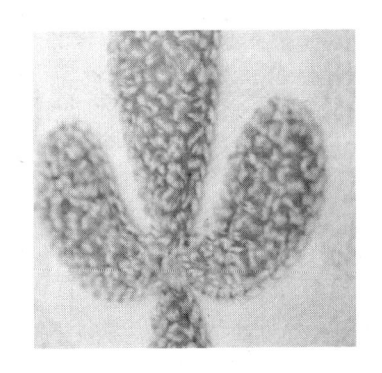

图 4-35　毛巾绣(田岛刺绣)

10. 花带绣

花带绣是 TMLH 机应用最为广泛的一种绣法,使用不同的导嘴可以绣出不同形状及大小的绳带,效果如图 4-36 所示。

11. 褶边绣

应用 TMLH 机可制作褶边绣,刺绣时针杆设定为锯齿绣的第 5 种,褶边绣如图 4-37 所示。

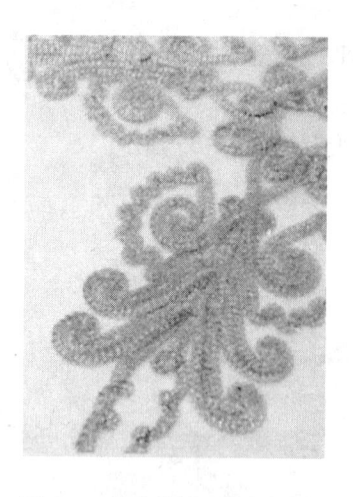

图4-36 花带绣(田岛刺绣)　　　　　　图4-37 褶边绣(田岛刺绣)

12. 锯齿绣

锯齿绣是TMLH机较常用的一种绣法,可以在机器上直接设定6种不同的绣法。

13. 卷绣

卷绣是TMLH机一种比较重要的绣法,是利用绣花线把细绳卷包在里面的一种绣法,如图4-38、图4-39所示。

图4-38 卷绣一(田岛刺绣)　　　　　　图4-39 卷绣二(田岛刺绣)

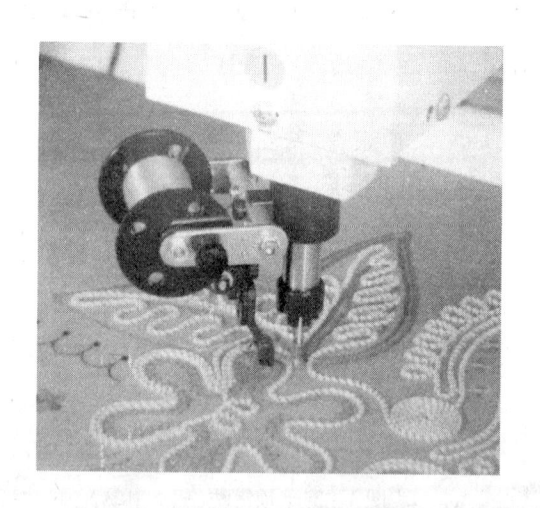

(三)打版系统操作知识

(1)启动pulse打版软件。用鼠标双击windows桌面上的DG/ML by pulse软件快捷图标。屏幕上会显示pulse花样设计窗口,并自动产生一个空的花样设计文件。

(2)创建新的花样设计。从档案菜单中选择"新命令",按"确定",或用鼠标单击通用工具栏的"新建图标"。

（3）花样的打开、保存、关闭。

①打开一个已有的文件。

a. 从档案菜单选取"打开命令"或鼠标单击通用工具栏的"打开"图标。

b. 如所需打开的花样设计不在当前清单中，换成另一个文件夹。

c. 如所要花样设计不是 PXF 各式的花样设计，从档案类型下拉清单中选择相对应的格式。

d. 从花样清单中选择需打开的花样名。

e. 用鼠标单击"开启"或双击清单中的名字。

②保存花样设计：在打版过程中最好随时保存花样，在结束退出软件时，系统会自动提示保存花样。

a. 从档案菜单选择"存储命令"或鼠标单击通用工具栏的"储存"图标。

b. 当第一次保存一个新文件时同，软件会显示一个"另存"对话框。

c. 为花样设计输入新的名称后，用鼠标单击"保存"按钮。

③更改花样的名称、位置和格式：当保存花样时可以改变它的名称、位置和格式，这相当于创建一个原花样的复制品。

a. 从档案菜单中选择"另存为"。

b. 在另存为对话框中选择新的文件夹后输入新的文件名。

c. 从另存为存档类型下拉菜单中选择适当的文件格式。

d. 用鼠标单击"储存"按钮。

④关闭当前花样：从档案菜单选择"关闭"或按视窗右上角的关闭按钮，此时系统会提示保存花样。

（4）花样资料打印：花样作业图是包含重要的花样设计信息的文档。它对于绣花操作人员正确刺绣花样十分重要。可以在执行软件时打印，并与绣花文件一起交给绣花操作员。

a. 从档案菜单选择打印预览。

b. 从设置按钮选择需要打印的花样资料。

c. 按"打印"按钮开始打印。

（5）花样的输入与输出：当花样设计完成后，必须将花样输出到软磁盘，看绣花机刺绣出来的刺绣效果。对新的磁盘首先必须格式化后再进行花样的输出。

①花样的输出：

a. 打开需要输出的花样设计。

b. 将正确格式化好的磁盘插入软驱。

c. 从档案菜单选择输出命令，此时会自动弹出一个框选择窗口，按下一步。

d. 选择正确的磁盘格式，按完成。

e. 输入花样设计的名称，按确定。

f. 当出现成功写录档案的对话框，按确定完成。

②花样的输入：
a. 将已录有花样的磁盘插入软驱。
b. 从档案菜单选择输入。
c. 选择刺绣磁盘并从磁盘类型处选择正确的磁盘类型，按下一步。

三、样稿修改知识

刺绣家纺产品在绣制出小样后，应仔细比对设计图稿，检查绣制效果。有些产品经过试制，发现一些不够理想的地方，需要在原设计的基础上进一步修改或调整。这些不足的地方也可能只是单方面的，也可能在调整的过程中需要相互调整，这些都要视具体情况而定。

（一）布局的把握与调整（加法、减法与位移）

有些刺绣产品在绣制完小样后发现，在整体布局上还可做一些调整，特别是一些细节的调整，这样可以使产品的最终效果更好，这时就需要运用装饰手法的加法，或者减法、或者移位法，对产品原设计方案进行部分修改和调整，以使设计方案更趋于完善与合理。

（二）图案造型的修改

也可能有一些刺绣产品在设计时考虑不够周全，图案造型不够完美，或图案造型在细节上还存在某些欠缺，经过试制刺绣小样，这些问题被显现出来，这时就需要对原设计方案中的图案进行修改，完善图案的缺憾之处，使其修正不足，将原设计图案在整体产品的基础上进行充实、完善，使其成为较完美的设计，以利于下一步顺利投入生产。

（三）色彩的修改与调整

色彩的问题也是同样的道理，如果在试制样品的过程中，发现色彩问题有处理不妥或考虑不到位的地方，就需要及时改正、谐调，还是需要从产品的整体效果出发，考虑色彩的调整和改进，并谐调产品之间的每一个部分，使整体产品通过色彩调整真正达到统一调和，同时也要有适当的变化因素，不至于由于过于统一谐调而变得呆板。色彩的修改与调整需要恰到好处。

（四）产品造型的修改

产品造型是产品的一个载体，造型的设计对家纺产品本身十分重要，一件让人喜爱的产品，首先它要有让人喜爱的理由，如一件可爱的产品，一定具有可爱的色彩，或具有可爱的图案，或具有可爱的造型，或者它可能具有其他特别的设计构思，如有香味、叫醒功能、音乐设定等，但给终端消费群最直观的感受还是产品的造型。因此，如果通过小样试制，发现造型有缺憾或不够理想，就一定要进行修改，以使其达到最终的理想状态。

（五）系列件数的整体调整

在产品设计不断完善的过程中，通过反复研究、分析、比较，对于系列配套的刺绣家纺产品最终的系列件数也可能会做出件数的调整，以使其配套更趋于合理，系列产品的拆拼重组更灵活，更方便于终端消费者。

（六）材料的调整

有些刺绣家纺新产品在设计阶段，由于初次接触该材料，还不十分清楚该材料的性能，通过制作小样，发现该材料用于该产品不十分适合，需要通过改变面料来作调整。调整材料可多做几种不同材料的小样实验，以求达到一个最佳方案。

四、配线知识、坯布知识

坯布知识请参照织、印染工艺部分，此处不做重复论述。

要进行刺绣工艺之前，需要做一些准备工作，配线就是绣前的重要准备工作之一。刺绣就像在布料上用针线绘画，色线就像颜料，刺绣前要按照画稿要求的色彩把所需要的色线挑选出来备用，就像绘画前要备好颜料一样。

配线随刺绣的工艺不同而有所区别。刺绣分为手工刺绣、机器刺绣；从用途区分，又可分为欣赏品刺绣和实用品刺绣两大类。

欣赏品刺绣追求绘画的真实感，艺术性较强，配线的要求也比较高，一般需要由经验比较丰富，并且懂得色彩规律，有一定绘画色彩艺术修养的工艺师来进行配线。依据刺绣画稿上所有的色彩对应选取色线，也就是画稿上有一种色就选一种色线，为了达到绣稿要求的色彩效果，做到镶色和顺，往往一种色彩要选择多种色阶的丝线，才能绣出和顺的晕色效果。如果采用中国传统刺绣的平绣法绣制一朵深红色的牡丹花，虽是同一深红色相绣线，但却要配上从深到浅十多级色阶的绣花丝线，才能得到与原画稿极其近似的明暗转折和分瓣等的效果。如果用乱针绣制作绣品，其画稿一般选用摄影或油画的表现形式，所以在选择配线时，除画面物体的固有色绣线外，还要配出环境色、反射光色等的色线，因此，色线更为丰富。我国欣赏性刺绣的代表绣种之一——苏绣的绣线颜色之多，五彩缤纷，能够刺绣各种对象，色线种类从不同色相到不同灰度的深浅变化约有一千多种，其中每一种色线从深到浅一般都有三十多个色阶，变化之丰富，可想而知。

实用品的刺绣，分为手工绣和机绣。画稿为各种实用图案。图案的色彩变化按照装饰色彩的处理手法，不是依照自然的色彩规律，而是采用夸张、提炼、归纳、简约的手法，对自然色彩进行归纳和简化，一幅刺绣实用品的图案色彩从几色到十几色是比较常见的情况。传统的手工刺绣实用品，在配线时由刺绣艺人凭借经验进行配色。在挑选色线时，色彩的处理不完全按照客观规律，而是只要分清层次，对比恰当，色彩谐调就可以。刺绣实用品的色彩最能反映地方风格的特色和刺绣艺人的性格特点色彩偏好，如苏绣实用品在色彩上已经形成了一些固有的配色规律，"显五色"、"文五彩"、"素三彩"等，而按照这些规律配色线绣出的绣品艳而不火，文而不黯。北方的民间刺绣实用品也有特别突出的色彩效果，如山西、陕西等地的民间刺绣极其偏爱大红等艳丽的色彩，表现出强烈喜庆的气氛。京绣实用品的色彩，沿袭皇家的气派，与宫廷瓷器的粉彩、珐琅彩极为相似，尽显宫廷华丽富贵的色彩特点。有底色的日用绣品，配色线时需注意底料颜色的选择，需排除底料色彩对画面刺绣图案色彩的影响。

现代机绣的配色与手工刺绣不同，由于机器一般都有色彩数量的限制，所以一般用于刺绣机加工的机绣产品设计，都不会设计许多色彩，以利于刺绣机方便加工。由于现代刺绣机对色线的数量有限制，因此，在设计图案画稿时，一般设计的色彩都要小于等于机器的限制数。这样可以在机器许可的范围内绣出最多的色彩。

❖ 绣品设计样稿制作流程

一、制作绣品样稿

（1）绣品样稿的制作，首先需要进行产品的图纸绘制。现在企业通行的方法主要有人工绘制(传统手绘)、电脑辅助设计绘图等方法。

(2)当绣品设计完成之后,设计样稿将进入下一工艺流程:根据设计样稿进行样品试制。

①传统的加工方法是:第一步,先要把设计样稿制成能够印刷的针孔版;第二步,印刷花样,用制好的针孔版在面料上用配制的专门颜料印上图案花样;第三步,上机绣制,或手工绣制。

②现代制作方法是:设计好的产品先进行电脑打版,将打好的版输入数码刺绣机,进行试样加工。

二、编制指导试样的设计说明书

编制试样说明书,就是把设计试样的过程要求用文字的形式表达出来,以利于下一级员工能够顺利展开试制工作。准确按照设计要求把设计师的设计思路用实际的工艺实现出来,把设计图纸经过工艺制作变为实物。

设计说明书一般随附在设计图纸(产品设计画稿)上,需将产品名称、产品类别、加工工种、工艺步骤、产品数量、用料颜色、材质特点等工艺流程方面的问题用简洁明确的文字表述清楚,对于产品装饰部分的说明可直接标注在图纸上图案的具体部位,需要时也可在图纸上再添加进一步的说明,以利于员工正确打样。

三、结合生产实际对样稿进行修正

新产品在设计制样之后,对照原设计预期比对和分析,经过一定范围的意见征集与论证,会发现某些产品还存在一些瑕疵或需改良的地方,这时就需要对产品进行进一步的深入探讨,分析产生差距的原因与改进的方案。

(1)绣品结构方面的问题:需要进一步研究产品结构,从实用、美观的角度审视,并提出更合理的解决方法。

(2)绣品审美方面的问题:根据实际情况,调整和改进设计方案,使其更美观,考虑更成熟。

(3)绣品工艺与材料方面的问题:需要调整工艺和材料,进行再次试样,比较和分析,以便得出更完美的创新产品。

四、根据设计要求进行制作

根据设计要求进行制作,就是按照设计方案所规定的内容,具体针对产品所需要的加工技术(不同工艺有不同的工艺方法和工艺流程),进行制作。

(1)刺绣打版,要按照设计图纸要求,针对不同图案的具体细节进行不同的填针选择和灵活的衔接处理,如复合填针的各种针迹选择、程序编制针法的组织编排、包针、平针等的灵活运用和辅助配合等。

(2)指导上机操作:将打好版的花样输入刺绣机进行上机绣制、绣制好的绣片缝合成型、完成产品设计试制过程,并根据设计构想对比实物产品的艺术效果,并进行实用功能验证。

思考题

1. 请举例说明,我国历史上的著名刺绣有哪些?它们的产地在哪里?
2. 如何传承我国传统工艺技法的特点,为现代时尚设计所用?
3. 如何选择产品设计的素材?
4. 在绣品设计风格中哪些元素是需要重点考虑的因素?
5. 在产品设计风格中如何体现企业品牌的特色?
6. 如何编制设计说明书?
7. 样稿修正需要注意哪些环节?
8. 如何进行产品风格定位?
9. 如何根据设计要求制订生产工艺?
10. 如何配合设计选择刺绣材料和辅料?
11. 以实际案例说明如何进行文案的综合分析?
12. 以一个实际案例说明绣品设计的形式法则。
13. 如何进行绣品设计的创意构思?
14. 举例说明设计画稿与绣品工艺的适应关系。
15. 用一个实际案例说明如何进行刺绣家纺产品的整体配套设计?

第五章　纺织品空间装饰设计

家纺设计师的纺织品空间装饰设计制作功能是在涵盖助理家纺设计师职业功能之上的提升,重点是掌握对各种纺织品空间装饰设计要素的选择和整合能力,并在确定设计主题、风格的基础上制订产品展示设计方案。家纺设计师还应该具备施工图绘制能力和对设计方案实施提出指导意见。

第一节　空间展示设计方案

✼ 学习目标

通过对家纺产品空间装示风格和产品组合展示设计知识的学习,掌握制订家纺产品空间展示设计方案的要领。

✼ 相关知识

一、空间装饰风格知识

空间装饰风格是一种艺术表达形式,是不同时代、不同民族家居文化的产物。风格的形成受到地域、民族、生活习俗等因素的制约,也会受到政治、经济、文化、艺术、科技进步等因素的影响。中级家纺设计师在展示设计活动中通过对家纺产品空间装饰风格知识的学习能够提升设计的艺术品位,使家纺产品更好地展现其风格特征。对风格形成、发展以及演变的理论问题在《高级家纺设计师》中会作进一步的探讨。中级家纺设计师把握空间装饰风格的要点是产品风格与空间装饰风格的协调和统一,产品组合设计所表达的空间装饰风格。

要把握好一种空间装饰风格,必须对这种风格组成的各种要素以及其整体的设计理念、表现形式进行分析、研究,领会风格的精髓,才能在设计中灵活运用,做到游刃有余。

设计风格涉及十分广泛的领域,下面以家纺展示设计中几大类常见风格为例予以简单说明。

(一)古典风格

古典风格是一种立足于传统并结合现代生活方式演变而来的风格,带有强烈的古典怀旧情结,是对传统生活的延续。一般表现在室内豪华的陈设,家具、墙角线多带传统纹样的雕刻、造型古典、色彩华贵、质感工艺考究。在纺织用品中多采用丝绒材质的面料、古典造型的床幔和帘头、装饰性的流苏、复杂的绣花、精细的蕾丝工艺等(图5-1)。

（二）现代风格

现代风格是一种追求强烈、明快、简洁的风格形式。体现都市生活的快节奏、重功能、反对多余装饰，崇尚合理的构成工艺，尊重材料的性能，讲究材料自身的质地和色彩的配置效果，发展了非传统的以功能布局为依据的不对称的构图手法。室内装饰造型整体概括，而纺织品则讲究色块的协调统一，尤其在图案中多采用流畅的线条或抽象概括的剪影图案，室内基调整体大气、现代时尚（图5-2）。

图5-1　古典风格 　　　　　　　　　图5-2　现代风格

（三）后现代风格

后现代风格是一种强调建筑及室内装潢应具有历史的延续性，但又不拘泥于传统的逻辑思维方式，探索创新造型手法，讲究人情味，常在室内设置夸张、变形的柱式和断裂的拱形，或把古典构件的抽象形式以新的手法组合在一起，即采用非传统的混合、叠加、错位、裂变等手法及象征、隐喻等手段，以期创造一种融感性与理性、集传统与现代、糅大众与行家于一体的即"亦此亦彼"的建筑形象与室内环境（图5-3）。对后现代风格不能仅仅以所看到的视觉形象来评价，需要我们透过形象从设计思想来分析。

（四）地域风格

地域风格是一种体现某一地区民族传统风情的风格形式，带有浓郁的地方特色。每一个民族在其不同的文化背景、生活习惯的影响下会形成各自的特色。比如，东南亚风格、日式风格等，它们无一例外都有着各自的文化特色象征符号和标志性色彩，而这些民族特定的象征符号和标志性色彩与现代室内空间融合起来就形成了浓郁的异域风格。

图5-3 后现代风格

二、室内软装饰设计的风格

(一)家纺产品的风格属性

一般家纺产品在研发和设计时都要对各类产品进行风格定位,如果把家纺产品看作是室内软装饰材料,那么在选用和配搭家纺产品时都要注重其产品风格与个性特征,如卧室里床品属于床的覆盖品和装饰物,对整个空间的色彩和风格起着决定性作用。床品的选择要与卧室里的家具相配套,如果空间以欧式古典风格为主,就可以搭配丝绒材质的床盖,再搭配带有精致的流苏和绣花工艺的靠枕,把奢华高贵发挥到极致。同时在展示设计中要根据不同风格产品的属性来考虑空间环境的相互协调关系。可以概括为:按产品风格选择展示空间或按空间装饰风格来选择产品。

(二)按产品的风格来设计展示空间

家纺产品空间展示设计的根本目的是要展示产品,要向受众(消费者)传达准确的产品信息,因此展示的空间设计要围绕产品的属性来设计。包括硬装饰材料的选用和道具的运用都要突出家纺产品本身的风格特点,不能为展示而展示,本末倒置。例如,田园风格的产品在展示空间中可以选择原木仿旧家具,搭配铁艺或竹编材质的家具,如此可更好地展示产品的风格属性。

三、家纺产品配套设计知识

(一)家纺配套设计的内容

家纺配套设计是指多个纺织品在同一个室内空间里通过多种艺术形式使其在视觉上达到整体协调和呼应。其中分为两部分内容:纺织品与整体环境的配套性和统一性,不同纺织品之间内在的联系性和呼应性。

(二)家纺配套设计的意义

配套系列设计的产品在当今对于消费者来说是现代生活中不可缺少的一个部分,也是提高生活质量的必需品。一方面可以避免客户东拼西凑购买配饰浪费大量的时间、精力和财力;另一方面配套设计所体现出来的主题完整性也可以更好地满足人们视觉审美的需求,最终使居住环境得到更好的改善。

同时对于现代企业来说,配套系列产品(图5-4)的设计对于企业品牌的树立、提升自身竞争力有着更为重要的意义。首先,单一产品的影响力总是有限,配套系列产品比单品更能激发消费者的购买欲望,容易使消费者产生系列购买行为,从而减少企业花大量的人力、物力去逐个推销自己的单品的时间和成本。其次,配套产品的配套率对企业产品线的整合和

图5-4 配套系列家纺产品

研发能力有比较高的要求,它需要多个产品线和产品设计师的密切配合,并不是所有的企业都可以很轻松地实现配套产品生产,因此配套系列产品可以极大地提高企业自身的竞争力。

(三)家纺配套设计的表现方法

1. 色彩配套

色彩在整个环境因素中是最先被人感知的设计要素,色彩配套直接决定了整个设计的气质。色调是色彩的灵魂,它是协调室内环境因素的主要工具。色调的选择主要是根据房间的功能和客户的需求而定。例如,餐厅一般会选择鲜艳明亮的色调,鲜艳的暖色调在视觉上可以有效地增加人的食欲,传达一种快乐兴奋的情绪;而书房在色调的选择上则更加偏向于中性淡雅的色调,因为书房营造的氛围必须使人可以集中精力学习和思考。

色彩配套有两种表现形式,分主导配套和对比配套。

第一,主导配套是指同色系和同类色搭配,色彩的色相变化不会太大,只在色彩的明度、纯度上做调整,整体统一大气。主导配套在确定了色彩基调后,一般都有一个色彩主导产品,通过主导产品为媒介,统一整个格调。例如,卧室内占据主要空间位置的产品是床罩,那么窗帘、地毯的色彩就以床品为中心展开设计(彩图5-5)。

第二,统一的色调不可避免地会感觉单调和不完善,对比配套色可以弥补这一缺憾,对比配套色要控制好主色和配色面积上的对比以及配色在不同小件产品上的呼应。例如,一个以黄色为主基调的客厅,黄色的光源、黄色的沙发、浅咖色的地毯,如果局部的靠垫和花饰运用蓝色做点缀,立刻起到丰富主导色、活跃整个空间的作用。

无论是选择哪种色彩配套方法最重要的是室内产品色彩你中有我,我中有你的呼应,任何一个色彩都不要孤立存在(彩图5-6)。

图 5-5　色彩配套（一）　　　　　　　　　图 5-6　色彩配套（二）

2. 纹样设计配套

不同的设计风格要有特定的图案来表现，纹样是体现风格最直接的语言，纹样的存在使设计风格更加立体和丰富。纹样配套设计首先要确定与整体风格相搭配的纹样母体（即图案基本形），在此基础上做简或繁的图案群化处理，使之丰富、变化而统一。纹样母体的重复可以通过不同的工艺在不同的产品来体现，采用印、织、绣等不同的加工方法和处理手段把相同的纹样通过不同的排列和组合方式，运用在床品、窗帘、靠包、地毯、壁纸等上，由于材料有不同的厚度和肌理等差别，色彩也会随之产生变化，形成一定的对比情趣（图 5-7）。同时不同的功能空间在选择纹样时也会略有不同，如室内空间较小，那么纹样的循环不适合太大，小循环的纹样或单色暗纹面料可以在视觉上起到拉升空间的作用，室内空间大。

3. 纹样风格配套

如果只是一个纹样不断地重复在窗帘、靠包、床品上，无疑会显得单调。一般在家纺产品纹样设计中，更多的是运用纹样风格配套，即确定了整体设计风格后，选用与此风格相吻合的多个装饰纹样交错重复搭配，这些纹样的表现形式从工艺到材质都要围绕着整体设计风格和特定的艺术氛围展开。例如，一个粉色调的法式田园乡村风格的空间，可以选择棉/麻印花图案的沙发，同色调的条纹窗帘，同时沙发靠垫可选用与窗帘面料一致的条纹靠垫做呼应，地毯和茶几上的台布可选用方格图案（图 5-8）。

纹样配套是比较难把握的一种搭配形式，把握不好很容易杂乱，多个纹样的搭配色相变化不要太大，最好统一在一个色调里，只做纯度和明度的调整。

图 5-7　纹样设计配套　　　　　　　图 5-8　纹样风格配套

4. 款式配套

家用纺织品的款式是指各纺织品最终产品的线条和造型。一块布料要通过一定的剪裁、缝合并配之以适当的辅料才能成为一件美观实用的窗帘或床罩,因而就涉及款式的问题。款式的配套美观,可以强化整体设计的完整性,并起到画龙点睛的作用。一些装饰织物是附着在家具上的,它们需要成为家具款式的一部分,如沙发罩和沙发整合的结合,床罩与床本身的结合等(图 5-9)。

纺织品款式的结构由织物的使用功能所决定,款式上的配套协调,主要体现在样式,拼接的方法,边缘的处理,辅件、下摆的处理及缝合工艺等方面。像窗帘、沙发套、台布、床罩这类面积较大的纺织品,下摆是重要的装饰部位,它的褶皱方式、边缘处理方法都可将各种装饰织物统一协调起来。

5. 居室环境配套

所谓家居环境就是装饰要与家具款式、后期配饰、整体的环境风格相一致,即地面、墙面、家具、窗帘、床饰、帷布、壁饰挂件等在家居环境中的实际效果相协调(图 5-10)。

而纺织品的选择与布置是一种更深层次的装修,值得我们为此多花些心思,多动些脑筋,例如一个沙发靠枕,购买时就要考虑到摆到沙发上出现的效果。明式太师椅虽属众多消费者的心头所好,但如果家里没有相应的铺垫,买回来后也是一种浪费。所以挑选纺织品软装饰应注意风格搭配一致。

图5-9　款式配套

图5-10　居室环境配套

四、家纺产品空间展示设计要求

室内软环境的营造,是室内空间、家具摆设和室内纺织品综合配套设计的结果。它们的形态和功能虽然各具特点,但都共处一个室内空间,统一在整体的共性要求之中,在造型、色调、布局等方面彼此协调、互为衬托。在室内环境设计中,任何一个因素发生偏差,都有可能影响室内设计的整体效果。因此,在室内软环境设计中,要把各类纺织品组合为形、色、质、光高度统一的整体。在这统一的整体中,每个独立的部件都应在整体效果的需求下充分发挥各自的优势。

（一）功能分析

人是室内环境的主导因素。由于年龄、性别、职业、文化素质、风俗习惯、宗教信仰等诸多方面各有不同,因此审美情趣也千差万别。那么,在进行室内纺织品的配套设计时,必须抓住各因素之间的内在联系,并用一定的艺术手法加以分析,从中提炼出具有有机联系的设计整体,这是把握整体设计的关键。

室内纺织品配套设计是一项比较复杂的系统设计工程,每个配套部件都具有独自的功能特点。但我们可以从它们的用途、特性和功能等方面找到共同的因素。如沙发是用来坐的、床是用来睡的,它们的形态、色泽、质地虽然各有不同,但都具有共同的功能特征,就是供人休息的物品。室内家具尽管各式各样,但如果使用同样或相似的材料或花色的纺织品,就可以通过软质肌理在视觉和触觉上给人以亲近感,增强室内的安逸气氛;餐厅的纺织品配套设计,则应选用能提高食欲,利于饮食的花色,使餐厅环境显得素静、整洁,使人精神愉快、赏心悦目;娱乐场所的纺织品配套,应以具有生动活泼的气氛,利于娱乐活动,增进身心健康的内在联系为主线进行设计;而卧室的纺织品配套设计,则应以素雅的花色为主,选用较为柔软的面料,与卧房需要温馨、舒适和私密的空间环境功能要求取得统一。

（二）主题构想

室内纺织品配套设计与室内环境的有机组合,是在各种不同空间形态的特定条件下进行的。因此,室内纺织品应根据特定的室内环境来进行有目的的配套设计。而注重艺术性和主题性构想,是室内纺织品配套设计成功的前提。这种注重主题构想的室内纺织品配套设计,可以使人透过室内环境,感受到一种充满文化艺术内涵与乐观的人生探索精神。不仅给人带来形式审美上的愉悦,更多的是心灵上的撞击与文化上的思考,是对艺术化理想生活追求的外化,是人与自己心灵对话的阐释,这对室内环境设计是极其有益的。

室内环境设计的主题是最富时代精神,以政治、经济、文化、科技为背景的,具有时代特征的社会心理反映。它随时代潮流和社会环境的变化而变化,与之相应的室内纺织品配套设计也是如此。诸如"异国情调"、"仿古怀旧"、"返璞归真"、"回归自然"等设计主题,在近几年的环境设计中广受欢迎,这是人们环境意识觉醒的结果。

在确定主题思想之后,室内纺织品配套设计的造型、纹样、色彩及表现手法都应围绕主题展开。如现代人追求自然清新的田园风情,从乡间野趣中寻求环境艺术设计的主题,将室内环境设计成乡村农舍或小木屋的形式。在这种氛围中,室内纺织品的装饰功能恰如其分地展示出这个主题思想的精髓。在室内环境中使用象征自然景物的窗帘、屏蔽,用印有小花小草的纺织品衬托木结构的餐桌、餐椅和墙面,也可以用纯棉布的装饰面料制作一些精致的带有花边的床围、桌围等物,再在窗台上放置一篮应时的野花……这组简朴清新的布置,足以表现出"田园风情"的主题意境(图5-11)。

图5-11 "田园风情"的主题意境

(三)主旋律

所谓"主旋律",是指室内整体设计中艺术形式、艺术风格、艺术效果的主要倾向,它是形成完整的艺术形象的基本条件,能够使人们感受到形式美主体方面所表现的主要情调。在室内纺织品配套设计中,在造型方面应该有能统帅全局的主要形式、主干结构、主体图案和多种技法的协调运用,这样才能增强室内的整体艺术效果;在图案构成方面,有条不紊的布局形式,能表现出室内全局一贯的气势;在色彩方面,要形成某种色调的主要倾向。

1. 按照产品风格要求进行展示设计

风格是指创意、表现手段、技术、材料等的统一及体现出来的共性。在此这种共性是由室内装饰风格的主题决定的。

前面已经谈到家用纺织品在构成室内环境、气氛、主题中的重要性。但在选择和使用纺织品时,应注意其风格和表现手法,尽量适应室内环境风格的主旋律,融入其室内风格的大框架中。如维多利亚古典风格家纺品则选择豪华的花卉古典图案、著名的波斯纹样、多重皱的罗马窗帘,华丽、高雅,给人一种金碧辉煌的感受。如古典中式风格大小庭院、明式家具、文房四宝构成的中国传统情调的书斋、客厅、卧房中,在纺织品的选择上,原则上是配以传统丝绸织物、蓝印花布、蜡染和扎染、手工编织等具有民族文化风格的纺织品,或是以符合典型中国文化的图形、色彩组成的系列产品。现代简约风格纺织品的纹样多以抽象的点、线、面为主。床罩、地毯、沙发布的纹样都应与此一致,其他装饰物(如瓷器、陶器或其他小装饰品)的造型也应简洁抽象。以求得更多共性,突显现代简洁主题。当然在当今社会中,随着全球文化的融合、经济的发展,在搭配中,东西文化、元素的结合也被人所接受(图5-12)。

图5-12 按照产品风格要求进行展示设计

2. 按整体配套的要求进行展示设计

室内纺织品配套设计是通过基因配套、色彩调和配套、主导产品的均衡配套、风格情调配套,使同一花型、同一色彩或同一艺术设计语言在室内各种织物的图案或款式中或多或少地反复出现,在视觉上产生连贯性,这种连贯性使人的视觉中产生美的韵味以及和谐的美感(图5-13)。这种强烈的艺术感染力所营造的室内环境的意境和气氛,在人的心灵上产生刺激性的美感及舒适宜人的视觉感、触觉感,这是单个的纺织品和其他硬质材质无法达到的装饰效果。由此可见,室内纺织品配套设计不仅已上升到了室内整体设计的高度,而且在配套的含义上更具备一定的深度和广度。

3. 按照具体空间的要求进行展示设计

当今人们的环境意识和审美意识相互结合,上升到对人文因素的关注,成为现代设计艺术思想和设计理念中不可缺少的组成部分。越来越多的人逐渐认同室内纺织品设计在室内环境设计中不可替代的地位,它的发展对每个人身心需求所起的作用是巨大的,更加注重在21世纪用新的艺术语言来表达自己的思想和情感。由不同功能的需求产生了不同的空间环境,对不同

图 5-13　按整体配套进行展示设计

空间环境功能的把握和了解,是进行室内纺织品装饰的前提。例如,商业空间、办公空间、家庭空间对纺织品的需求都是不同的。

商业空间包括酒店、大型购物广场、博物馆、医院等一些公共开放的环境,纺织品的设计要符合此空间的功能背景要求,色彩和纹样的选择要考虑目标客户群的审美需求并在此基础上突出独有的特色,使整个商业空间给人留下深刻的印象,这也是一种隐性的推广手段。例如,大型酒店接待大厅等较大尺度空间,装饰时可选择大花型面料,配合适当的室内绿植,使整体空间显得饱满、富有情趣。也可通过纺织品的悬吊、垂挂形成在大环境中相对对立的小空间,地面上可以通过地毯来作区域分隔。博物馆等一些高大、庄严有纪念意义的空间,纺织品的设计也应适当的趋向于稳重、深沉。

办公室、会议室等公共性办公空间,室内纺织品的设计应统一、大气,色彩以稳重的中性色为主,可以适当有些变化,但不宜变化太多;而家庭空间室内纺织品的设计,相对视觉变化更加丰富,依据个人的审美观和喜好不同,客厅、卧室、书房等不同空间所表现出来的情趣和个性会更加浓厚。

特别要注意的是,室内纺织品的设计要符合人对健康心态的追求,从较深层次去主导人们正常的审美心理和接受心理的活动,并将其有机地融合在一起。还要充分利用纺织品的特性,集传统艺术和时代精神为一体,充分展示设计语言中的象征意义、表现形式和精神内涵,进一步贴近时代、贴近生活、贴近人心,以人为本,创造真正舒适宜人的室内生活环境。

❄ 空间展示方案制作流程

一、确定装饰空间的主体风格

装饰空间的整体风格是展示空间设计的核心,要形成一种独特的风格,必须挖掘企业的文化背景以及文化特征,无论是对空间上的处理还是灯光、色彩、材料、新技术的使用等,都要与企业的文化和产品的卖点特征产生联系,在这些相互联系中自然形成装饰空间的风格。明确装饰空间的主体风格可以从以下三个方面着手。

(一)突出行业特色

任何一个行业都有其特质的因素,并决定受众对整个行业的判断。这些因素正是设计师做空间展示设计时必须把握的,即所谓行业特色。我们经常看到一些企业为了和同领域的竞争对手区别开来,在展示效果上过于标新立异,而脱离了本行业的特色,表面上看起来异常热闹,实际上却直接影响到客户对其专业性的判断。

(二)强化产品卖点

展示的目的是创造效益,最大限度地强化产品的卖点,最终赢得客户的认可。产品卖点往往是通过产品的材质、色彩、图案、功能等特征来体现,然后将其提炼为主题风格。

(三)体现品牌理念

对于相对成熟的企业来说,品牌理念是一个企业的灵魂。在品牌理念成型或基本成型的前提下,空间展示设计要以企业的品牌理念为前提,通过不同的表现手法应用在产品展示中。

二、根据空间装饰风格的要求进行产品组合设计

(一)产品组合的基本结构

1. "一"水平结构

水平结构是一种将展品呈一字形水平排列的陈列组合形式,它具有安适、平静的视觉感受。

2. "丨"垂直结构

垂直结构是一种将展品呈"丨"字形垂直排列的陈列结构形式,它具有挺拔、向上和有力的视觉效果以及男性联想。

3. "+"字结构

这是一种将展品交叉排列的陈列结构形式,它是上述两种结构的混合形式,具有安全的视觉感受。

4. "※"放射结构

放射结构是一种将展品呈向内或向外发射状排列的陈列结构形式,这一结构包含了中心和放射两个基本元素。它具有阳刚、开放、扩张、欢快的感受,若放射性有足够的长度,且各线段的长度相等,则会给人以安全感。反之,放射线短而参差,则给人以动感和轻快感。

5. "/"倾斜结构

倾斜结构是水平结构或垂直结构的变形体,它具有较强的动感和较强的吸引力。

6. "〜"弯曲结构

弯曲结构也是水平结构或垂直结构的变体形式,它具有轻柔、流畅的动感和女性化的柔美感。

7. "○"圆形结构

圆形结构是一种将展品呈环状排列的陈列结构形式,它给人以丰满感和整体性的图案美。大多局限在单一、小型的商品。而作为这一结构的变体形式——半圆形结构,则呈现扇面状,有舒展、开放之感,多将单一的产品或把同一大类具有不同质地、不同花色的产品作此种组合,显示出展品间大同小异之处,以便区分和对比。

8. "△"三角结构

三角结构组合有多种变化形式,相应地也有多种不同的视觉心理感受。如正三角构成和等腰三角构成,给人以安定感、稳定感;直角三角形构成,给人安定中的不定动势;倒三角形构成,给人以安定的、紧张的动感。

9. 阶梯结构

阶梯结构是一种将展品作高低、前后依次排列的陈列结构形式,这也是水平结构或垂直结构的变体形式。这种陈列结构扩大了展示空间,可容纳更多的展品,有利于展示系列化展品和配套展品。

(二)产品组合的基本方式

1. 吊挂陈列

将展品悬空吊挂的陈列方式,具有活动、轻快的视觉感受。

2. 置放陈列

将展品摆放于平面,如柜台、展台上的陈列方式,可以充分展示物品的立体结构与造型,具有强烈的体积感。

3. 张贴陈列

将展品平展或折叠后平贴于壁面、杜面的张贴陈列方式。可以充分展示物品的结构、质地、花纹,便于观众触摸和欣赏。

三、按照产品整体风格配套的要求制订展示设计方案

在产品整体风格确定的前提下,通过摆放相互有共同之处的商品,不至于让顾客眼花缭乱,还可能让顾客选中本来想要买的商品,巧妙地运用商品的关联会强化销售区域的形象,使其更加具有说服力。常用的展示手段和方法如下所述。

(一)中心强调法

这里的"中心"指的是展示的视觉中心,即采用一切手段、方法使展示的商品成为视觉中心。通常构成视觉中心的方法有色彩面积对比,如冷暖对比(大面积暖色调中的小面积冷色或大面积冷色调中的小面积暖色);明暗对比(常用大面积深色作背景的小面积亮色突出,这种明暗对比除了拉大色彩明度差之外,还常运用点射强光方式获得);彩度对比(大面积灰色中的小面积鲜艳色)。其类型的作品如图5-14所示。

第五章 纺织品空间装饰设计

(二)场景法

结合商品使用功能、方法、空间、时间的特征、特点,运用一些相关道具,营造商品的使用气氛,以强调和突出商品的印象(图5-15)。

图5-14 中心强调法

图5-15 场景法

(三)秩序法

将产品通过色彩的有序排列形成某种律动的韵律感,例如,从深色到浅色、从浅色到深色,从灰色到鲜艳,从鲜艳到灰色等渐变关系的排列使得整个展示更具有节奏感(图5-16)。

图5-16 秩序法

167

第二节　纺织品空间展示方案分析

❋ 学习目标

通过对空间展示文案写作和分析方法的学习,能对空间展示设计方案做出全面分析并能对设计创意做出表达。

❋ 相关知识

一、空间展示文案写作方法

根据展示活动的目的和要求、展示内容与专业的需求,由文字编辑人员撰写展示文案,然后由总体美术设计师做总体美术设计,并组织多种专业的设计师做各单项的美术设计。好的展示文案是总体美术设计的前提条件,是美术设计的启示录和催化剂。这些通过文字叙述和表达的场景与形态构思,会激发总体美术设计师创造出较为理想、可视的艺术形象,例如,有情调的空间形态、有个性的摊位形象、新颖美观的单个单项设计(展览标志、展示道具、照明方式、陈列形态、色彩组合等)。

(一)展示总体文案

展示总体文案编写内容主要包括展示设计的目的和要求。

1. **指导思想与原则**

所有的展示都是为了满足提升企业本身及其产品的竞争力而做的对外宣传,纺织品空间展示在道具、场景、展示形式的设计上,一定不能脱离企业的品牌形象,要把艺术融入商业运作中,通过各种艺术手段使产品卖点和企业的品牌得到更加完美的提升。

2. **展出规模与面积**

在展示方案中确定整体资金预算、展示面积、展品数量、展示形式。在此基础之上才能因地制宜、量体裁衣的制作展示方案,使方案的可实施性更大。

3. **展示的主题与内容**

把展出产品的主题风格、工艺材质、价位档次以及每个风格主题要展示的产品数量、在产品在实际销售过程中划分的主销款、畅销款、促销款等,以文字的形式表现出来,可以使展示设计师在展厅功能分区、产品展示形式和场景道具的运用中更加有针对性。

4. **展品资料的征集与范围**

根据展示的主题风格,确定每个主题具体要展示的展品数量、规格、色彩及包装、宣传图册资料等。

5. **艺术与技术设计**

目前的空间展示越来越多元化,除了不同的艺术空间造型和道具设计,更多地运用了场景展示、动态展示、体验展示等,与多媒体相结合使得展示效果越来越立体。例如,床品的展示与服装走秀展示相结合,把主推的床品面料做成形式各异的服装,穿在真人模特身上,通过华丽的舞台、闪烁的灯光和模特精彩的表演把主推床品的卖点更加动态的展示出来。

6. 施工图纸的编排

为了使施工图规格基本统一,图面清晰简明,保证图纸质量符合设计、施工、存档的要求,以适应国家工程建设的需要,由建设部会同有关部门批准并颁布了一系列制图国家标准。该标准要求所有工程技术人员在设计、施工、管理中必须严格执行。

(二)阅读房屋建筑工程图

1. 阅读房屋建筑工程图应注意的问题

(1)施工图是根据正投影原理绘制的,用图样表明房屋建筑的设计及构造方法。所以要看懂施工图,应掌握正投影原理和熟悉房屋建筑的基本构造。

(2)施工图采用了一些图例符号以及必要的文字说明,共同把设计内容表现在图样上。因此要看懂施工图,还必须记住常用的图例符号。

(3)看图时要注意从粗到细,从大到小。先粗看一遍,了解工程的概貌,然后再仔细看。细看时应先看总说明和基本图样,然后再深入看构件图和详图。

(4)一套施工图是由各工种的许多张图样组成,各图样之间是互相配合、紧密联系的。图样的绘制大体是按照施工过程中不同的工种、工序分成一定的层次和部位进行的,因此要有联系地、综合地看图。

(5)结合实际看图。根据"实践、认识、再实践、再认识"的规律,看图时联系生产实践,就能比较快地掌握图样的内容。

2. 标准图的阅读

在施工中有些构配件和构造作法,经常直接采用标准图集,因此阅读施工图前要查阅本工程所采用的标准图集。

(1)标准图集的分类。我国编制的标准图集,按其编制的单位和适用范围的情况大体可分为三类:

①经国家批准的标准图集,供全国范围内使用。全国通用的标准图集,通常采用"J×××"或"建×××"代号表示建筑标准配件类的图集,用"G×××"或"结×××"代号表示结构标准构件类的图集,如 G101、J930 等。

②经各省、市、自治区等地方批准的通用标准图集,供本地区使用,如辽 G107、DG811 等。

③各设计单位编制的标准图集,供本单位设计的工程使用。

(2)标准图的查阅方法:

①根据施工图中注明的标准图集名称和编号及编制单位,查找相应的图集。

②阅读标准图集时,应先阅读总说明,了解编制该标准图集的设计依据和使用范围、施工要求及注意事项等。

③根据施工图中的详图索引编号查阅详图,核对有关尺寸及套用部位等要求,以防差错。

3. 阅读房屋建筑工程图的顺序

(1) 读首页图。包括图纸目录、设计总说明、门窗表以及经济技术指标等。

(2) 读总平面图。包括地形地势特点、周围环境、坐标、道路等情况。

(3) 读建筑施工图。从标题栏开始，依次读平面形状及尺寸和内部组成、建筑物的内部构造形式、分层情况及各部位连接情况等，了解立体造型、装修、标高等，了解细部构造、大小、材料、尺寸等。

(4) 读结构施工图。从结构设计说明开始，包括结构设计的依据、材料标号及要求、施工要求、标准图选用等。

(5) 读基础平面图，包括基础的平面布置及基础与墙、柱轴线的相对位置关系，以及基础的断面形状、大小、基底标高、基础材料及其他构造做法，还要读懂梁、板等的布置、构造配筋、屋面结构布置等以及梁、板、柱、基础、楼梯的构造做法。

(6) 读设备施工图。包括管道平面布置图、管道系统图、设备安装图、工艺图等。读图时注意工种之间的联系，前后照应。

(三) 展示细目文案的编写

展示细目文案编写内容主要包括章节的主副标题与内容、实物图片的数量和清单、图表的统计数据、道具与陈列形式、照明与装饰方法、材料与工艺的施工要求、对表现媒体及表现形式的建议等。

1. 征集展示资料

以文字脚本的内容要求为依据，由专门分管事务公关的人员负责对展品资料的征集与选择，并进行登记和注册。注册的主要内容有编号、选送单位、品名、数量、道具、细节特征等。注册的目的是为编写"细目设计意向脚本"和展示设计具体化的进行作准备，同时也为结束展览后的清理退还工作奠定基础。

2. 编辑各个细目设计意向文案

细目设计意向文案又称"资料编辑"或称"展示项目设计书"，是具体细致的展示文字编辑工作。根据总体文案的内容要求以及征集到的实物、图片、文字资料、模型等情况，由文字编辑人员详细编写出每一单元展区的主副标题、文字说明、展品图片的种类与数量等。然后征求展示设计师的意见，共同研讨与编写出展示细目设计意向文案，如艺术的表现形式和媒体的选择，对必备的道具与陈列、照明环境与色彩的特殊要求，确定展示时间和顺序等，以便于展示设计者各单项的展示设计。

3. 审批与执行

最后便是对文案进行审批和执行。

二、空间展示创意设计分析方法

(一) 主题创意的分析

展示设计与布置首先要考虑展示主题的信息表达，寻求新颖有趣的方式来准确地、创造性地展现主题。选择展示表现方式之前首先必须了解所展示的商品的使用性质、产品质量、经营的价值理念及商业价格等特点,设计时必须根据其特点确定与之相适应的表现方式;其次要了解所展示的商品面对的受众人群,依据具体情况选择表现方式;再次是了解展示设计的主题内容和当地环境、人文风俗等,选择受众易于接受的表现方式,创造具有吸引力的展示艺术设计作品,以便提升商品的价值定位,满足大众的消费品位。

(二)展示方法和技巧的分析

展示设计除了要传递信息外,还需要让人体会到一种文化与品位。达到这一目的关键在于展示意境的创造,因此纺织品空间展示并不是产品信息的直白式表露,而是通过夸张、幽默、寓意、诙谐等手法,利用从日常生活中提炼出来的情感符号,对各种造型手段进行加工整合,间接地向人们传递生活理念、商品特色与时尚信息。但设计中这样的符号并非不加分析就可盲目选择使用,它必须与商品信息有着必然的内在联系,具有一定的认知度、普遍性、使观赏者较易联想、识别并迅速接受。

(三)装饰材料运用与道具整合的合理性分析

在展示空间里人是知觉空间的承载体,一切设计展示都是对人对物的一种互动关系。要想达到这一目的,设计者需在设计时从各种形态和形式中去寻找表达语言,用艺术处理的手法来满足人们精神与物质的双重需求。例如,婚庆系列专区的展示,结合新人喜结连理的情境,在陈列中可以运用烛台、玫瑰花等充分彰显喜庆浪漫的元素。

(四)整体空间与产品展示在风格特征上的分析

整体空间是产品展示的基础,整体空间的装饰风格、色彩要充分考虑到对展示产品的包容性和衬托以及对于不同产品功能分区的独特性的展现,使得整个空间既统一又富于变化。

❈ 纺织品空间展示方案分析流程

一、品牌和产品分析

对纺织品空间展示设计方案的分析首先要考察该方案能否凸显出公司或产品的个性特征,能否把所要表现的作品很好地烘托出来,是否充分利用有限的空间把展示的商业产品表达到极限。只有了解了品牌,了解了品牌的历史定位,才能做出符合商品特性的空间设计。

二、主题创意分析

主题创意分析主要是对展示设计的主题创意做出分析,首先要看创意的主题是否明确体现了产品设计的理念;接下来分析展示设计是否紧紧围绕主题的理念展开;另外还要考虑各个具体展示空间的展示形式是否与总体的主题风格相互呼应。主题分析要突出其创意性,从主题确定到主题展开都要给人耳目一新的感受。

三、风格定位分析

风格具有艺术、文化、社会发展等深刻的内涵,从这一深层含义来说,风格并不停留或等同于形式。一种风格或流派一旦形成,它又能积极或消极地影响文化、艺术以及诸多的社会因素。因此,风格定位并不仅仅局限于作为一种形式表现和视觉上的感受,而是要将所有相关信息归纳成一定的概念,细化为风格元素。风格定位分析就是分析运用什么元素能够表达某种风格的内涵。

四、设计方案合理性分析

设计方案合理性分析也就是对结构、材质、色彩搭配等的运用,做多角度的思考,考虑全面的合理性。设计方案形成后,要分析每个展示功能空间能否紧密连接,如窗帘专卖店在展示中要考虑客厅、餐厅、卧室每一个系列空间产品在帘头、帘身、配件配搭上合理性和功能性,通过整个店面去感受每款窗帘的效果。每个区间的灯光(黄光、白光、外光、侧光、背光等)布置与样窗造型能否很好的对应。为了表现店面文化独具一格,材质元素运用方面,与产品风格、店面氛围要达成"关联性"。

五、后期配饰运用分析

每个展示空间搭配不同功能的材质工艺品,点缀要恰当,经典而不繁琐,这包括地毯、植物搭配的效果等。后期配饰运用分析所要研讨的问题是所展示的一切是否将家用纺织品的价值提升,要明确最终目的——所卖的是家用纺织品。很多设计者往往会犯一个毛病,摆件控制不到位,过于琐碎,比如穿西装要配领带,再配金表,如果又配金戒指、金链等无休止的关联搭配,便脱离了主题。

六、对总体展示效果分析

对总体展示效果分析的要求是对展示设计方案做出最终的总体评价,看其是否体现了设计的总目标,是否达到了预期的效果以及改进的意见。

第三节 纺织品空间展示方案实施

❈ 学习目标

通过对设计施工图制作和编制设计说明书等相关知识的学习,能够对产品空间展示方案的实施过程进行指导。

❈ 相关知识

一、设计施工图制作知识

施工图是工程制作过程中指导工人在后期施工的凭据,也是竣工验收的凭据。

当平面图规划做完后,接下来就是施工图的制作和绘图的过程,在基本的造型、结构、色彩、材质等都有了大概的定性后,需要细致、精致地完成每个细节的设计。对于相关尺寸及绘制的每一条线都要认真地思考是否合理,是否有更好的处理方法。

设计师在设计中常需绘制手绘草图,绘制这种图有几种好处:一是很直观;二是能直观地看出这个造型是否合理,工艺是否能做出来。设计师绘制出这样的草图之后再交由绘图员去绘制,草图上常常是没有具体尺寸的。

施工图现在多用 Auto CAD 软件绘制。对于制图的标准,每个公司、企业都有自己的一套完整的规定。一般规定包括所有的线型、粗细、着色、模块、比例、字体、标注、图框等内容,下面是某公司制图规范的例子。

(一)总则

为了使图纸达到基本统一,图面简洁清晰,符合施工要求,有利于提高设计效率,保证设计质量,制订统一的制图规范。图幅以标准3号图幅为基准。

(二)文字

1. 字体

(1)汉字统一采用 Auto CAD"YJXY"字体。

(2)数字及字母统一采用 Auto CAD"complex"字体。

(3)字体大小以1∶30图纸为例:文字说明高度为80～100mm,图名高度为150～200mm。

2. 文字说明

(1)平面图:应标明房间名称、地面标高、空调柜机位置、电器位置、方向符号、图名。

(2)顶面图:应标明标高、吊顶造型尺寸及做法文字说明(造型吊顶需画剖面符号)、灯的位置、顶角线做法、窗帘盒做法、空调挂机位置、图名、灯具图例(不同颜色、材料需填充)。

(3)水电示意图:应标明开关和插座的位置、龙头位置、地漏下水位置、主水管位置、空调插座位置、图例、煤气表位置、管道位置。

(4)总文字说明(采取表格制):应标明各房间墙漆品牌、颜色、编号;饰面板型号、做法;各房间地面、墙面材料;热水器类型;吊顶材料、颜色;油漆颜色、编号、做法。

(5)图框:应标明工程名称、委托方、设计师、制图员、比例尺、日期、图号、图名。

(6)原始结构图(附原建筑图):应标明梁的位置、烟道位置、配电箱位置、主下水管位置、下水位置、煤气表位置、煤气管位置、水表位置、对讲机位置、墙厚、空调位置、暖气片位置。

3. 线型

(1)粗实线:红色1号线,线宽0.4mm,表示建筑主墙线。

(2)次中实线:浅蓝色4号线,线宽0.15mm,表示家具外轮廓线等。

(3)细实线:一般为白色7号线,线宽0.1mm,表示图形线等。

(4)极细实线:8号线,线宽0.1mm,表示隐藏线、灯带、梁结构。

4. 尺寸标注

(1)设计图上标注的尺寸,除标准高以米(m)为单位外,其余以毫米(mm)为单位(保留小数点三位数)。

(2)尺寸起止点为圆点,其大小同样板文件。

(3)尺寸基本标注为两道尺寸线,详细标注相应增加。

5. 剖面图、立面图、详图

(1)剖面图:

①剖面符号详见样板文件。

②顶剖面表示一律采取数字,如1-1顶剖面。

③立面剖面表示一律采用英文小写字母,如 a 大样。
④顶面图吊平顶必须有标高,造型顶必须有剖面图或文字说明。
(2)立面图:
①立面图必须有顶剖线。
②体立面图必须标明厚度及柜门镶嵌方式。
③有门柜体要画结构图或剖面图,家具必须有三视图。
④立面图应标明空调位置,空调管的走向,踢脚线,包管道,门锁、拉手位置,推拉门方向,环绕音箱线位置,音响系统位置。
⑤立面中材料填充的划分:整套图纸填充要统一,同一立面的不同材料需区分。

目前常用的一种新型的色彩施工图更直观,更精致,在将来的市场上可能会成为新的施工图标准。

这种色彩施工图是在多年实践工作中体会摸索出来的一种表现方式。其好处在于在施工中能够使施工人员看到最终大概的效果图,明白设计师的设计意图,从而在安装及制作中不会出现用错材料或做错造型等问题。但也要注意一点,如果施工图做成这种样式,所用时间较多,设计费用、制作费用也会相应提高。

二、绘制节点大样图

零件或节点大样图是某些形状特殊、开孔或连接复杂的零件或节点在整体图中不便表达清楚时,可移出另画大样图,可使其表达更清楚,可放大比例,标注相应尺寸,以便于施工。在施工图中图标表示这个位置的做法比较复杂或是有特殊工艺要求,具体做法要按节点大样图的做法施工,如在图中表示大样图的图纸编号为 5D-1,施工人员在施工中就要去找出相应的大样图进行施工。

设计师在绘节点大样图时,通常采用的方法是剖面大样图,也就是对这个地方的结构进行"解剖分析"。按其所组成的部分、层次、材质,一点点展示出来并用文字说明其中的材质和施工工艺的做法。

施工图最重要的是要做到让别人一看就懂,因此在绘制施工图时一定要注意一些细节的处理,标注清楚,不论是材质、尺寸,还是工艺做法、工艺要求等,都要一目了然。

一套完整的施工图通常包括很多图纸,如房子的原始结构图、结构改造图、地面材质图、天花吊顶图、点位图、电控图、弱电图、清水改造图、污水改造图、平面索引图、立体施工图、节点大样图等。

三、按照空间展示主题的要求选择展示产品

室内软装饰产品的选择必须与空间整体风格相吻合。首先,设计师必须确保"自然—人—环境"三者之间的情感交流顺利进行。其次,应根据不同风格的室内环境及每个人的不同要求,合理的利用纺织品的装饰效果。只有注重艺术性和主题性,才能创造出高品位、有人情味、艺术感强和有吸引力的优美环境。因此,室内纺织品设计要有一个与室内空间形态、物质形态

相关联、独具特色和立意新颖的主题。这一主题应该突出时代精神和一定的文化内涵并可以运用各种手段将之完整的表现出来。只有把"人"放在第一位,才能使设计人性化;只有对不同的人做深入的研究,才能创造出个性化的室内环境;也只有坚持"以人为本"的宗旨,才能营造出理想的现代室内软环境。以下选择不同类型主题的实例予以分别说明。

(一)东方神韵

现在中国传统文化的"魅力"不仅没有减弱,而且以更加强烈的力度冲击着世界。中式传统酒店为了突显中国古老文明的历史和东方文化精髓,内部空间装饰繁华、雕梁画柱、气派非凡,装饰用纺织品有豪华重叠的丝绸帷幔连帐,既起到空间隔断作用,又使空间显得神秘浪漫;一些仿古的家具配上用料高档、刺绣精致、柔软舒适的纺织品,更使整个空间充满中国情调。中式的纺织品一定要做足中国味,如果将刺绣、织锦、纳纱、挑花以及蓝印花布等具有中国特色的传统工艺与纺织品设计相结合,或者将老北京经典的历史故事、民俗典故、京剧等其他艺术与纺织品的设计融会贯通,将中国古代的吉祥纹样和文字、瓷器纹样、古代传统纹样与色彩运用在室内纺织品的设计中,同时一定要紧跟时尚,把中国的传统文化做成动态发展的时尚(图5-17)。

图5-17 东方神韵

(二)欧洲遗风

高贵的黑色、热烈的红色、性感的紫色、华丽的金色,19世纪欧洲王国的古典建筑与宫廷图案,色彩丰富和花型繁琐的纺织品,厚重的、立体的、多层次的、各种不同质感的名贵材料有机组合,营造出高贵、典雅、浪漫的文迪欧利亚气氛。在这里可以发挥激情的想象力:风度翩翩、高雅气质,是社会精英、成功人士所追求的豪华、典雅的生活方式。西式的软装饰源自欧洲原创,体现了欧洲皇室般的高贵生活,尽显皇家风范,更体现了时尚要素,适合各类情系西方文化的人群(图5-18)。南京的玄武饭店就是典型的西式酒店,室内纺织品抽象美、符号美、稚拙美与种种古典的意韵融汇一体,尽显欧洲风情。

图5-18 欧洲遗风

(三)简约一派

坐落在商业中心或繁华地段的商务区是商务人士下榻、洽谈业务、召开会议的首选场所。因此商务区在内部装潢上都采用了国际标准的现代化设施及用品。家用纺织品在平实的普通结构上注入高科技概念的家居布置发展趋势。现代化、充满活力、光线充足及采用中性色调是非常重要的元素,物料采用多样化的净色素材。光亮和磨砂表面的物料互相搭配,大量采用条形及几何图案满足商务人士要求简约但不失品位的高档、个性的配套设计产品(图5-19)。

(四)地域化的特色

酒店的主要功能是接待来自世界各地的朋友,人们每到一个国家或地区,在入住酒店时都希望能感受到不同的地域文化,酒店的整体室内环境设计不仅要让客人有一种宾至如归的温馨感,更应该让入住的客人体会到一种与众不同的酒店文化。如果说北京、上海、广州三地的酒店大同小异,便没有了各自的地域特色。因此,酒店的整体设计应该向"本土化"的方向发展,即将设计理念与当地特有的地域文化融为一体,形成浓郁而独到的地方特色(图5-20)。

图 5-19 简约一派

图 5-20 地域化的特色

四、不同风格产品展示的整体搭配

整体家居布艺已经成为现在的一大趋势,需要从整体到细节完整考虑,从壁纸与床品的搭配,到窗帘与靠垫的呼应,再到精心设计的床头摆设……房间里的每一样物品都是卧室换装不可或缺的法宝。用轻盈飘逸的垂坠窗帘、印花流苏装饰的靠垫装扮卧室,完美无瑕的风情卧榻。从沙发、桌布、床罩到窗帘都可以在一个地方配齐,更好地表现一种家居风格。以下用不同风格产品的整体搭配方式予以说明。

(一)华丽风格情调

华丽风格的床品多采用象征身份与地位的金黄色、紫色为主色调,搭配上玉粉色的靠垫,就能很自然地流露出贵族名门的豪气。璀璨的色泽,华贵的质感,不露痕迹地将主人高雅的品位、优雅的气质表现出来,将奢华与高贵演绎到极致,是注重生活质量、有浓厚文化底蕴的成功人士的首选(彩图5-21)。

图5-21 华丽风格情调

(二)简单奢华的都市情调

提到奢华,可能大家首先想到的是层层的褶皱、重重的帷幔,或者是繁复的装饰。不过本季顺应都市生活方式由外在向内涵的转变,简约主义的盛行,追求更闲适生活的态度,却出现了一种简约的奢华风格。同样是高档的材质、精细的做工,在装饰上却没有那种厚重、压抑的感觉,而是给人轻盈、淡定、收放自如的感觉。

比如多层布艺装饰会通过材质的对比,找到一种平衡,窗帘摒弃了过于复杂的层层装饰,通过简单造型和线条表现地更为流畅和大气。甚至纯色的沙发布上用几朵简单花朵的靠垫装饰就可以了,但是花朵选用特别的材质和色彩,立体感很强,依然能透出那种华丽的感觉(图5－22)。

图 5－22　简单奢华的都市情调

(三)温馨舒适的田园风格

近年来,在家居软装饰上,特别是家居布艺的风格上,田园风格特别流行。在沙发、桌面、靠垫的搭配布艺中,一般田园风格色彩亮丽清新,给人耳目一新的感觉。花色上以自然花卉图案为主,色彩包括红、黄、绿、紫等,同时还有多种小碎花点缀。在花色和款式上力求表现悠闲、舒畅、自然的田园生活情趣。这些田园风格的床品以提花为主,颜色鲜艳(图5－23)。伴着春天的脚步,这类风格很适合这个朝气蓬勃的季节,显得居室时尚、温馨、舒适。

(四)现代简约的素雅风格

有些纺织品以女性为主,自然而然的纺织品无论从颜色、款式、装饰上,都表现出女性的风姿绰约和柔情似水。但随着欧洲简约思潮的影响,如今在纺织品中也逐渐兴起一股以中性为主的素雅潮流。

所谓素雅风格,是指家纺产品颜色比较素雅,没有中式的大红大紫,没有传统的艳丽多姿,也没有欧式的富丽堂皇。素雅风格多采用浅蓝、白、灰等素雅色调,纺织品在花色造型上,也没有传统的花卉图案,取而代之的是线条简单、经典的条纹、格子的造型,给人一种时尚、简洁、独特的情调,勾勒出简约时尚富有现代生活气息的画卷。

同种色彩搭配协调,但容易单调,应用时需注意节奏的掌握。为了避免单调的效果,可以小

图 5-23　田园风格

面积使用对比色和中性色,以得到生动的效果。蓝色的纺织品一下使整个房间的调子安静了下来,静谧的氛围使人内心安宁。利用色彩的明度和靠垫的少量白色搭配不仅可以享受甜美的睡眠,还很适合在床上思考和阅读。清爽、安静的海洋近似色,与色环内相邻 50 度的任意颜色的搭配,这种近似色搭配整体协调给人以大气的感觉是最常用的搭配形式。注意白色的应用,白色能给人舒畅的呼吸感,柔和的近似色会带来沉闷的感觉。

互补色是色环任意 180 度相对应的颜色。降低纯度加入互补色或黑白色用无色系和黑白金银色来调节,如运用经典的黑色和白色演绎摩登情怀,由于加入了几何的图案使气氛没有那么严肃,刚刚好适合卧室。主人独立又独特的个性似乎已经通过卧室中的各个小细节传达给了我们(彩图 5-24)。

五、选择各种道具

确定了主题和方案,选定商品之后,在考虑橱窗本身的布局之前,应该考虑的就是道具了。道具,是促进商品销售的一种手段。橱窗陈列中可以包括一件道具或者一堆道具。道具要能够反映商品的特征,或者干脆与其毫不相干。

道具的运用既不能太抢眼又要能衬托商品,一条基本准则是:三分之二的道具和三分之一的商品搭配通常最优。这个比例似乎有点失衡,但是道具要能衬托商品、创造气氛,必须有足够的分量才能给人留下印象。商品过多会影响艺术性的组合,除非有意为之,比如清仓甩卖期间,就是为了让人注意到减价的消息。能力较强的视觉陈列师有信心在情况容许时无视常规做法。

图 5-24　现代简约的素雅风格

道具和产品之间一定要形成良性互动,而模特衣架脚边的花盆只会不适当地吸引注意力,毫无疑问它放的不是地方,与它要衬托的商品毫无关联。如果道具无益于橱窗主题的构建,则最好避免因个人喜好而牵强附会。

视觉营销领域的很多新人在道具的造价方面考虑得很多。的确,一件完美的道具能够让零售店和百货店站在同一高度。但是,一些最精彩的橱窗靠的并非是大笔的资金,而是活跃的想象力。

在橱窗中大规模地使用道具是一个很吸引人的办法。收集一些既便宜又容易找到的空易拉罐之类的东西。如果只是一见到几个单独放在橱窗地面上靠近某家具的位置,看起来好像是谁丢在那里的,和橱窗主题没什么明显的联系。但如果大规模的使用,用易拉罐覆盖整面墙或整个地面,那么易拉罐就变成了一种大胆的宣言,把审美的重点从商品转移到道具,同样也吸引了潜在的顾客。

(一)道具的定制

手工制作的道具可能成本较高,但一般都会物有所值。如果视觉陈列师为某个橱窗方案需要专门的道具,他要么寻求道具制作师帮忙,要么自己动手做。专业的道具制作师会削弱设计主旨,并进一步引申设计概念,因此在道具师完成最终样品之前最好查看样品,检查一下样品的尺寸、色彩、漆饰等。

(二)可回收的道具

足智多谋的视觉陈列师会把道具保管好,以后再用,也许还用在橱窗里,但是会重新刷漆,更多时候用在店内。应该尽量把道具用到极致,尤其是高成本道具。但是也别过度曝光道具,顾客总希望见到新东西。

花和植物在橱窗陈列中很有表现力,但是它们持续的时间都不长,太阳和橱窗照明的热量可以令新鲜的植物几小时就枯萎了。而如今假花越来越真,而且它们容易清洗、打包、存放,可以方便再拿出来使用。

(三)展示道具和材料设计的选用

1. 道具设计的现状

展示道具在现代展示空间中扮演着重要的角色,是现代材料、工艺和技术的集中体现。科学地利用展示道具进行展位搭建可快速完成既定目标;反之,如设计师对道具没有直接的认识,可能会在实际施工中遇到不必要的麻烦。

道具设计要建立在对产品以其展示效果熟知的基础之上,比如床品货柜展示,要预计好大概产品展示的形式,展示完成后产品的高度、宽度、深度,在此基础上确定道具的尺寸。如果是欧式风格的产品,货柜的造型也可以选择与产品风格一致的设计(图5-25)。

图5-25 道具

道具设计需要根据展示的功能要求进行,比如在展览中分为标准和非标准展位,就这两种展位也有其差异性。标准的展位由于受到空间的影响,有其相配的展示道具。

2. 道具设计原则

安全;模块化;经济性:由于展览的短暂性、临时性,而道具的制作在经济上投入又比较可观,所以按照标准化、模块化、通用化、互换性,又可重复使用的原则进行道具的设计,是设计师努力的方向。这样不仅美观、耐用,而且易保存、易运输、携带方便高效。

✽ 纺织品空间展示方案实施流程

一、项目接洽

需要了解品牌现状及需求,双方沟通工作内容,明确服务流程,组建服务设计团队,并将为客户方的情况和需求填成表格转到市场部和策划设计部。

二、签约合作

双方协商服务项目、服务周期、项目费用及其他细节。双方签约,客户方支付合作总款项的50%作为项目预付款。客户方向我方提供效果图及产品的相关资料。

三、概念设计

我方根据甲方要求提出设计概念,客户方确认后我方开始做效果图或案件方案。

四、效果图(方案)修改、确认

我方按合约设计周期提供效果图。客户方如有修改意见,我方按要求修改至客户方签字确认。客户方支付我方合作款项的40%。

五、项目实施,合约完成

有了双方满意的设计方案,下一步就是进行项目方案的具体实施。实施完成双方验收,合格后客户方向我方结清尾款(10%)。合作完成。

六、合作胜利完成

在项目完成后,我方将提供现场拍摄的展示效果图,作为客户方的项目资料保存。具体实施流程可按以下步骤进行。

(一)制作空间展示设计施工图

1. 图纸的幅面和格式

图纸幅面是指图纸本身的大小规格。图框是图纸上所供绘图范围的边线。图纸的幅面和图框尺寸应符合表5-1的规定。

尺寸代号、图标及会签栏位置如图5-26所示。

表5-1 图纸幅面规格　　　　　　　　　　　　　　　　　　　　　单位:mm

基本幅面代号	A0	A1	A2	A3	A4
$b \times l$	841×1189	594×841	420×594	297×420	210×297
c	10			5	
a	25				

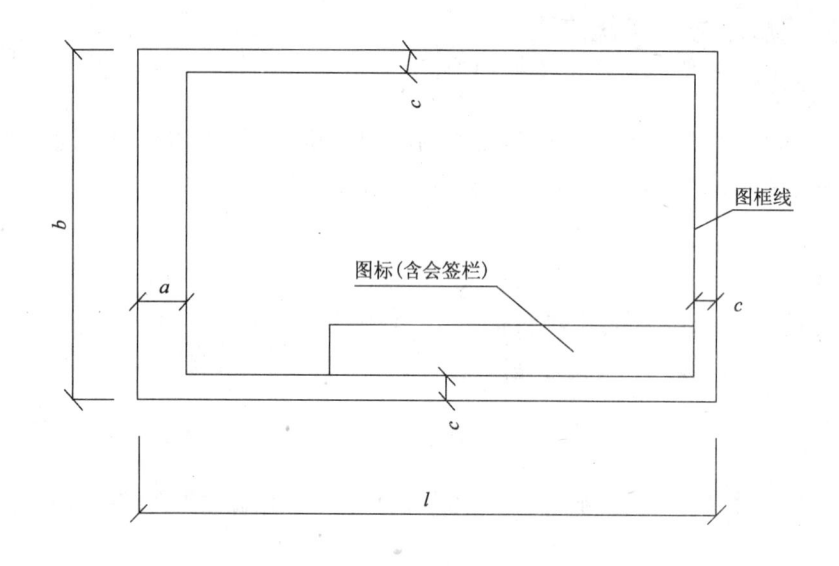

图 5-26　尺寸代号、图标及会签栏位置

图纸的图标及会签栏的内容见表 5-2。

表 5-2　图纸的图标及会签栏的内容

设计单位名称区	注册执业章区	图纸会签区	加盖设计出图专用章区	工程名称区	设计编号	图号
					设计阶段	日期
				项目名称区	签字区	
				图名区		

2. 比例

图样的比例应为图形与实物相对应的线型尺寸之比。比例的大小是指其比值的大小，如 1:50、1:100、1:200 等。比例宜注写在图名的右侧，并优先选用常用比例。一般情况下，一个图样应选用一种比例。

3. 尺寸及单位

施工图中均注有尺寸，作为施工制作的主要依据。尺寸由数字及单位组成。总图以米（m）为单位，其余均以毫米（mm）为单位。

4. 定位轴线

定位轴线是用来确定建筑物主要结构及构件位置的尺寸基准线。凡承重构件如墙、柱、梁、屋架等位置都要画上定位轴线并进行编号，施工时以此作为定位的基准。定位轴线用单点长画线表示，端部画细实线圆，直径 8~10mm。定位轴线圆的圆心应在定位轴线的延长线上或延长线的折线上。圆内注明编号。在建筑平面上定位轴线的编号，宜标注在图样的下方或左侧。横向编号应用阿拉伯数字，从左至右顺序编写；竖向编号应用大写拉丁字母，从下至上顺序编写。大写拉丁字母中 I、O、Z 三个字母不得用为轴线编号，以免与数字 1、0、2 混淆。

5. 多层构造引出线

多层构造引出线,应通过被引出的各层。文字说明注写在水平线的上方,或注写在水平线的端部,说明的顺序应由上至下,并应与被说明的层次相互一致;如层次为横向顺序,则由上至下的说明顺序应与由左至右的层次顺序相互一致。

6. 剖切符号

建(构)筑物剖面图的剖切符号宜注在±0.000标高的平面上。剖视剖切符号的编号宜采用阿拉伯数字,按顺序由左至右、由下至上连续编排,并应注写在剖视方向线的端部。断面剖切符号的编号宜采用阿拉伯数字,按顺序连续编排,并应注写在剖切位置线的一侧;编号所在的一侧应为该断面的剖视方向。

7. 指北针

指北针的直径为24mm,用细实线绘制;指针尾部的宽度宜为3mm,指针头部应注"北"或"N"字。

8. 其他符号

对称符号由对称线和两端的两对平行线组成,连接符号应以折断线表示需连接的部位。两部位相距过远时,折断线两端靠图样一侧应标注大写拉丁字母,表示连接编号。两个被连接的图样必须用相同的字母编号。

(二)编写用于指导展示设计的说明书

根据展示活动的目的和要求、展示的内容与专业需求编写展示设计说明书,说明书包含:展示总体文案,展示细目文案,征集展示资料,编辑细目设计意向文案。

(三)按照空间展示主题的要求选择展示产品

在展示空间设计中主题策划是设计中的灵魂,它需要对展示行业品牌和展示空间布局深入了解。运用空间设计的手段进行创新性的发挥,达到信息传播的最大化。

展示空间设计的主题是展示内容的高度浓缩与概括,通过主题能够体现展示的宗旨、理念和目标,营造吸引感染观众的情节意境。主题的创意策划是展示空间设计的核心,是设计师以展示活动的主题和风格为基础,经过构思及组织,运用恰当的表现形式,创造出具有独特构思、理念的展示空间。对展示主题的把握和策划来自于对展示空间的深入了解,对参展方文化背景、目的意图的深刻领会,对行业市场信息的反馈以及勇于创新的意识和能力。

主题是展示空间设计的基础,是展示最终效果的决定因素。对于空间的构思一定是基于主题展开的。在设计的初期阶段,必须把握组办单位和参展企业的意图、目标及要传达给参观者的信息,由此决定展示的主题。好的展示主题必须能直接表达展示内容,而且可以创造一种和谐的空间气氛。明确展示空间的设计主题可以从以下三点掌握。

1. 突出行业特色

任何一个行业都有其特质的因素决定了受众对整个行业的判断,而这些因素正是设计师为展示空间设计时必须把握的所谓行业特色。我们经常会看到一些企业为了和同领域的竞争对手区别开来,在展示效果上过于标新立异引人耳目,而离开本行业的特色,表面看起来非常热闹却直接影响到客户对其专业性的判断。

2. 强化产品卖点

有些客户是想通过参展来为新产品的上市聚焦人气。这就要求设计公司从新产品本身找准卖点，其卖点往往是产品的使用舒适、内在质量、材料先进、结构合理或外观新颖等特征，然后将其提炼为主题。设计公司就要有针对性地从展区的规划到空间的把握都围绕主题将产品的卖点加以强化。

3. 体现品牌理念

对于那些相对成熟的企业来说，在品牌理念成型或基本成型的前提下，展示空间仅仅是品牌形象一个相对固定时间和地点的延伸。因此，他们会把全年的参展计划都纳入企业整体传播规划内，通过和设计师的配合在风格的统一以及应变的备案等方面都能够有充分的准备。

风格是建筑在文化底蕴之上的，要形成一种独特的风格，必须挖掘参展企业的文化背景以及文化特征，无论是对与空间上的处理还是灯光、色彩、材料、新技术的使用等都与文化特征产生联系，在这些相互关系中展示空间的独特的风格便会油然而生。

商业展示对主题的挖掘和风格的提炼，是以商业目的为导向的相对被动性选择。展示设计师对设计元素的寻找，必须保持对市场的尊重心态，也就是尊重于客户、尊重于受众。对于大多数情况来说，满足企业的诉求就是满足了市场。当然，这个满足不是一味地迎合。对于展示这样一个实践性很强的领域来说，理论上的专业往往不同于实际上的适用。把握展示主题和风格能使设计者完整、准确地体现企业与商品的所有信息，有效调动一切展示艺术的手段，为参展企业抓住市场机遇、树立良好形象提供有力的支持和帮助。

（四）不同风格产品展示的整体搭配

展示设计在展品布局上要注意与整体陈列风格相吻合，形成一个整体，特别是不同产品展示不仅要考虑和整个展架的风格相协调，更要考虑和整个展厅的整体展示相协调。

在实际的应用中，往往会以整体展品陈列风格为主，个体展品的风格为辅。在展厅中，我们往往看到这样的景象：橱窗的设计非常简洁，而里面却非常繁复；或外面非常现代，里面却设计得很古典。

整合而统一，是展示设计的首要标准，即形态统一、色彩统一、工艺统一、格调统一。总之，好的设计在艺术形式的秩序方面，都是十分明确的。

（五）展示道具和材料设计

展示道具通常指展架、展板、展柜、展台等各种展示中陈列、支撑、分割装饰功能的用具。展具的品种很多，有标准展具和非标准制作的展具。标准展具可以反复使用，降低成本，而且拆装、运输方便。道具的分配和组合能起到画龙点睛的作用。家纺卖场中的道具，根据其在卖场担任销售角色的不同，基本上可以分为两种类：一类是以展示为目的的道具。主要是由床及其配套产品，如床头柜等，这类道具主要以场景式的模拟，来达到制造氛围，引起顾客购买欲望。第二类是以销售为直接目的货柜，通过货品的罗列摆放，可以放便顾客进行同一风格中多品种的比较和选择。

这两种陈列方式各有优缺点：床架陈列可以用直观的感觉来打动人，但占地面积比较大。货架陈列储物量大，但产品展示效果不如前者。

面对着寸金寸土的商场,可以在卖场通过两者陈列方式有机组合来完成。空间大的卖场可以通过"一拖一",即:一组场景陈列 + 一组货柜的展示方式来进行。空间小的卖场则可以通过"一拖二"或"一拖三",即:一组场景陈列 + 多组货柜的展示方式来组合进行。

思考题

1. 简述色彩配套有哪两种表现形式?
2. 在当今社会,家纺配套设计对消费者和企业有怎样的意义?
3. 简述展示总体文案编写的主要内容以及每一个部分的具体要求。
4. 分析空间展示方案应该从哪几方面着手?
5. 通过不同类型主题的实例说明如何按照空间展示主题的要求选择展示产品?

第六章 产品造型设计

家纺设计师的产品造型设计制作功能是在涵盖助理家纺设计师职业功能之上的提升,其重点是对各种产品造型设计要素的选择和整合能力,并在确定设计主题、风格的基础上制订产品造型设计方案。家纺设计师还应该对样品试制和制作过程提出指导意见和修正意见。

第一节 产品造型分析

❋ 学习目标

通过对产品造型设计要素的分析与整合等知识的学习,掌握家纺产品造型设计要素分析的方法和整合的方法。

❋ 相关知识

一、家纺产品造型设计的概念及基本要素

（一）家纺产品造型设计的概念

家纺产品设计涵盖了织物设计,图案设计以及产品造型设计三个层面。从家纺产品的生产角度来看,产品开发设计的流程先是设计织物,然后进行面料纹样设计,最后是将具有不同风格特征的面料运用到具体的产品中。织物设计是家纺产品设计的基础环节,决定了家纺产品所采用的织物;图案设计为中间环节,决定了家纺织物的纹样效果;产品造型设计为最终环节,决定了家纺印花织物最终做成的产品类型和效果。三个层面是相互关联而缺一不可的,并共同构成了家纺产品设计的概念。

织物设计、面料纹样设计的设计对象是面料,属于平面效果的设计。产品造型设计的设计对象是费者可以直接使用的具体产品。因此,我们将织物设计、面料纹样设计称为半成品设计,而将家纺产品造型设计称为成品设计,即终端产品设计。

从设计的目标来看,家纺产品造型设计是要满足消费者对终端产品的使用需求。消费者对于家纺产品的需求主要表现在三个层次:质量和功能需求、审美需求和生活方式表达需求。例如,床品的设计首先要达到消费者对御寒保温、柔软舒适、耐洗耐磨等质量和功能等使用需求;其次要满足使用者的审美需求,如儿童用的床上用品要色彩鲜艳,图案形象生动活泼,而中老年消费者使用的产品则要求色彩比较协调,纹样比较安稳,视觉舒适。另外,一些高端的消费者还需要借各类家居用品来表达自己的身份、修养和志趣和生活方式,针对这类消费者的需求,设

的产品要具有某种艺术语言和文化内涵。由此可见,家纺产品造型设计要同时兼顾家纺产品的实用功能和审美功能。

家纺产品造型设计主要是产品外观的造型设计,外观的造型设计既要体现产品的艺术性,又要符合产品内部的结构和功能要求。

例如,窗帘款式的设计包括造型设计、面料和配饰的选用和窗帘开合方式等方面的设计。消费者会注重窗帘的外观效果,考虑各层装饰面料的造型、色彩、纹样的搭配效果,而设计师同时还要考虑窗帘的内部结构的设计,如各种窗帘导轨的选择与使用、帘布的造型结构以及附件的配置,而这些内部结构的设计直接影响着窗帘的整体外观效果。

因此,家纺产品造型设计是产品外观与产品内部结构统一的设计。

随着消费者要求的日益提高,家纺产品要配合居室的设计来营造某种家具风格。从家纺产品造型设计的具体内容来看,设计包括了产品的造型与功能设计、内部结构设计、产品材质、色彩、纹样以及各种辅料的选用与搭配,还包括了产品的缝制工艺的设计,而这些因素都是风格特征风格的组成因素。所以说,家纺产品的风格特征是由家纺材料、家纺面料、各种辅料、缝制工艺以及造型款式等各方面元素组合而成的综合设计产物。

(二)家纺产品造型设计的要素

家纺产品造型设计的是对家纺产品款式、面料、辅料、缝制等多种要素的综合设计。

我们把在家纺产品造型设计时起主要作用的因素称为家纺产品造型设计要素,不同类型的家纺产品,对于各种要素有着不同的侧重。家纺产品造型设计要素主要有以下几个方面。

1. 款式要素

家纺产品类别包括床品、窗帘、布艺家具、餐厨用品、家居饰品等,各类家纺产品的款式设计具有不同的要求。

(1)床品的款式设计:床品款式设计体现在款式的外部造型和内部结构设计。设计时首先要符合床铺、被芯、垫褥等床品品类的基本尺寸要求,要方便拆洗、安装。床品款式变化主要体现在各种面料拼接缝合的装饰、面料及纹样装饰手法的变化。

(2)窗帘的款式设计:窗帘的款式设计受到窗户的整体造型、窗门的开合方式和居室装修风格的影响,同时要考虑窗户所在空间的使用功能要求。其款式变化主要体现在窗帘各层面料、辅料、帘轨的开合方式和装饰效果的选择,还有帘头的造型变化等。

(3)家具覆盖类产品的款式设计:家具覆盖类产品设计主要指布艺沙发、椅垫、交通工具座椅的设计等,其款式设计首先要满足使用者要求的舒适性,沙发各部位的尺寸应符合人体工学的要求。另外,要考虑产品耐脏耐磨的功能要求。其款式变化主要体现在家具外部的立体造型、家具表面覆盖的面料选用等。另外,在产品结构上应注意方便换洗,如沙发的座、背套宜为活套结构,高档布艺沙发一般有棉布内衬,其他易污部位应可以换洗。

(4)餐厨用品的款式设计:布艺餐厨用品既是实用的家居生活用品又是增添生活乐趣的装饰品,其系列产品包括桌布、餐巾、餐垫、围裙、隔热垫、隔热手套、擦手巾、纸巾盒等,其款式设计要符合各种产品的使用功能。布艺餐厨用品的款式变化主要体现在产品系列的色彩搭配、图案和面料的搭配以及装饰工艺细节的变化。

(5) 家居饰品的款式设计：布艺家居饰品主要的功能是装饰和点缀居室空间，其产品种类包括抱枕、靠垫、布艺相框、挂饰、壁挂、桌旗等。布艺家居饰品款式设计要符合居室空间的装饰风格，与主体风格协调一致。其系列款式设计主要体现在产品面料的色彩搭配、质感、图案和装饰工艺的搭配。

2. 面料要素

面料要素是指家纺产品造型设计时运用的各类布料。家纺面料根据材质分为棉、麻、丝、化纤和各种混纺材料等；根据面料的织造分为平纹、斜纹、色织、提花、针织等具有不同表面装饰效果面料；根据面料的印花工艺分为普通印花、烂花、植绒等；根据面料的后加工工艺分为绣花、轧褶、镂空、钉珠等。家纺面料是原材料、织造、印花、后加工工艺等多种特性组合的综合产品，品种繁多，外观效果千变万化，设计师要了解面料的各种特性，根据具体设计产品来选择不同的面料。

3. 辅料要素

辅料要素是指家纺产品造型设计和制作时，除面料以外，附加在产品内外的各种材料。辅料分为两类：一类是产品结构设计需要的部件，如隐形拉链、魔术贴、粘衬、填充料等；第二类材料是增添产品装饰效果需要的材料，如窗帘的帘头坠和流苏、布艺小家饰上的丝带、珠片、贝壳等装饰材料等。

4. 缝制工艺

缝制工艺是家纺产品造型设计必不可少的考虑因素。缝制工艺包括了裁剪结构和缝合效果。缝制工艺具有三种不同功能。第一是产品结构设计的需要，如车缝；第二是产品装饰效果的需要，轴边车缉的明线效果；第三是同时具有结构功能和装饰功能，如滚荷叶边。缝制工艺按具体产品设计有着不同的要求，如沙发套、床品的整体缝合一定要结实、牢固。装饰布艺饰品则要求做工精致、线迹平直工整。缝制也可以采用手工钉缝的方法，手工钉缝的技法种类繁多，多数运用在小饰品设计上凸显产品的装饰效果。

另外，缝制要素还包括裁剪工艺，对有花卉图案或方格图案的面料要注意设计花型的位置排布和条格的拼接和纹路走向。

(三) 家纺产品款式设计与面料、辅料、缝制工艺的关系

从家居整体设计角度来看，家纺产品款式设计要符合整体的风格特征。设计的风格特征体现在产品外观所表现的造型、色彩、纹样、材质和装饰细节等设计元素。

材料、面料、辅料等是外观设计元素的载体，也是家纺产品造型设计的物质基础。款式设计是家纺产品造型设计的决定因素，款式设计的需求决定材料、面料、辅料和缝制工艺的选择与相互间的搭配。所有构成终端产品的要素以款式设计的要求为出发点，表现出整体设计的风格与特征。

二、家纺产品造型设计要素分析

家纺产品造型设计中，各种材料的运用、面料的组合与工艺手法的搭配都是必不可少的内容。不同种类的家用纺织品的特点及要求不同，应按照产品的功能、特点及要求、所使用的场合

环境、规格及其他要求,进行组合与搭配。

(一)款式设计与纺织材料的运用分析

面料的特征按原料类别分为棉、毛、丝、麻、人造纤维、合成纤维及各种混纺等产品;按织物类别分,有着平纹、斜纹、色织提花等千变万化的织物品种;按照后加工不同又有着染色、印花、轧光、起绒、涂层等经过特殊整理的产品。设计师要根据产品的类型进行产品的面料选配。

首先来分析纺织材料与款式设计的关系。纺织原材料的属性是决定织物一系列性质的根本原因,了解面料的纤维材料和织造的方法,对产品款式的面料选用是十分必要的。每种纤维材料有其特定的物理化学功能,因此,纺织材料的运用对产品功能有很大影响。每种类型的产品都会有专业的面料供应商,一般都会把面料的原料种类、纤维混纺比例、纱线线密度、织物的组织、密度、克重等情况在产品说明中进行详细介绍。设计师要根据产品的实用功能来选择面料的原材料类型。下面我们对部分产品类型进行纺织材料的运用分析。

1. *床品设计对纺织材料的运用分析*

床上用品设计要求既要有助于提高人的睡眠质量,又要有协调和装饰室内环境的作用。

(1)被类:是指人们睡觉时用于覆盖身体的纺织品,如床单、被套等。这类产品直接接触人体皮肤,使用时间长,面料要求具有良好触感、吸湿透气,安全、舒适、无刺激,以天然纤维为主,通常采用纯棉,一些高端产品也会选用真丝材质。另外,由于这类产品需要经常清洁换洗,对面料有较高的内在质量要求,如撕裂强度、耐水洗、耐磨性、色牢度、缩水率等,织物的密度要求也比较高。

(2)装饰罩单类:包括被床罩、床围和糖果枕、装饰枕套等,相对于直接接触人体的床单、被套产品,由于这些款式比较讲求外观效果,换洗频率较低,在选材上可以侧重的面料的装饰功能,例如腈纶面料的耐磨性好,色泽鲜艳,适宜做绣花绗缝等后加工处理。

2. *家具类产品设计对纺织材料的运用分析*

家具类产品的包括布艺床靠、布艺沙发、凳椅等。表面覆盖的面料要求面料具有挺括,耐磨、抗皱、手感舒适、色牢度高、表面不易起球等特性,高端产品还要求具有防污、阻燃、抗静电等功能。这类产品主要采用棉、亚麻和锦纶、涤纶等化纤原材料。

3. *窗帘款式设计对纺织材料的运用分析*

窗帘面料的材质种类繁多,选择时首先要符合窗帘悬挂位置的实用功能要求,要具有缩水率低、色牢度强、耐热、耐晒、悬垂性好等基本性能。设计时要参照具体使用情况来选纺织材料。

例如,需要采光通风效果的房间,窗帘宜用轻柔的麻质薄纱、薄棉或丝质的面料,需要保温遮光的则要选用较为厚重的毛绒及各种混纺质地面料;浴室、厨房要经得起蒸汽和油脂的污染,选择化纤、塑胶、金属片等容易洗涤的材料。多数情况下,使用者在同一空间会有多种需求,设计师可以通过双层帘或三层帘的款式搭配来达到窗帘在不同季节和光线下的交替使用,如布帘后加上塑料涂层的遮光卷帘,薄厚任意选择,可随时取挂,非常方便实用。

4. *餐厨用品对纺织材料的运用分析*

餐用类产品,如桌布、台布、餐巾等要求抗菌、防污、防水、易洗快干、耐高温、色牢度好、水洗牢度好、去污性强。

厨用类要求面料有以下性能：防水、防污、防油烟、阻燃、抗菌、不沾油、易去污、不脱毛、易洗快干、不易发霉、不损伤被摩擦物件的表面光泽。

5. 卫浴纺织用品对纺织材料的运用分析

卫浴纺织用品包括面巾、方巾、浴巾、清洁巾、美容巾、干发巾、干发帽、浴衣、拖把等用品，产品设计要能满足洗浴、卫生清洁和保管使用要求，要易洗快干，不易产生霉变和被腐蚀。例如，浴帘、浴帽要求面料的遮蔽性好，防水，防污，织物细腻缜密，轻薄挺括，易洗快干；毛巾和浴袍等以纯棉材料为主，现在也有用吸水力超强的超细纤维材料的，面料要求丰满，有弹性，保暖柔软，手感舒适，吸水性好，易洗快干，不易褪色。

（二）款式设计与家纺面料的运用分析

前面所说的款式设计与纺织材料的运用主要侧重于面料的原材料及织造加工后的物理化学性能，款式设计与家纺面料的运用则侧重于分析面料风格与家纺产品设计的关系。

面料风格是指对面料给人的情绪、触觉等心理感受的综合评价。面料的不同种颜色、纹样、织物组织和后加工的装饰效果搭配在一起，构成了面料的不同风格。设计师要通过对面料手感和外观上的综合感觉达到对面料全方位的了解，并结合经验来评价织物的风格，从而选择理想的面料搭配来完成产品的款式设计。下面列举几种产品款式设计对家纺面料的运用分析。

1. 床品设计对家纺面料的运用分析

床上用品系列包括覆盖用的床单、被套类产品和具有一定装饰功能的床罩、床围类产品。床单、被套类产品要直接接触人体皮肤，面料宜采用柔软平滑的纯棉或真丝印花面料，表面不宜作绣花钉珠等装饰。这类床品可以根据产品价格档次来选择不同纱支的面料，例如，家庭用的床品常采用14.5tex（40支）的纯棉斜纹布料，中高档的床品采用9.7tex（60支）以上的斜纹面料。另外，在高档的床品中也常用密度更高更加厚实的条纹贡缎面料，其特点是质地松软、布面平滑，且富有光泽。高档床品中有时可以采用磨毛印花面料，这种面料增加了磨毛后处理工艺，表面呈现一定的绒感，具有蓬松、厚实、保暖性能好的特点。

床罩、床围等产品设计主要考虑系列的装饰功能，设计款式可以采用各种不同风格的装饰面料，如具有光泽的贡缎、泰丝、锦缎等面料，又可以采用各类提花织物，还可以选择绗缝、电脑绣花等具有丰富肌理的装饰工艺。在同一款式上，有时还要根据产品的局部结构来搭配不同面料。如欧式床罩的设计，床罩的主体有时根据需要加薄棉绗缝或者绣花，面料宜采用具有一定厚度的挺括面料，床围的面料可以选择比较质地较薄的棉面料配搭。

2. 窗帘款式设计对家纺面料的运用分析

窗帘款式要根据房间使用功能、窗户的造型、装修的风格等来量身订制，窗帘的面料选择要同时兼顾上述三点的要求，设计时往往受到多种因素的制约。

（1）要满足窗帘的结构层次和使用功能的要求。窗帘分为装饰帘头、内帘、外帘、遮光帘等，内帘起着保温、隔音、遮光、保护隐私作用，一般采用具有厚重感、温暖感的布料，如雪尼尔绒、丝绒和多层提花面料等；外帘用于调节光线、阻挡视线、防尘、装饰等作用，一般采用轻薄、透光的纱质面料，如柯根纱、蕾丝纱、巴里纱、烂花纱等；遮光帘可以采用加了遮光涂层的PVC或聚氨酯面料做成悬挂式，又可以采用经过特殊处理的粗纱织物设计成百叶帘形式；卫厨窗帘要选择表面光洁、易于清理的材料,如果采用百叶帘形式,则最好采用易洗快干,不易生锈的金属或塑胶材质。

(2) 要满足窗帘的造型要求。例如,灯笼式帘头需要选择比较挺扩的面料才能突出款式的立体感;垂挂式的窗帘和波浪帘头要求选用的面料有较好的悬垂感;罗马帘一般选用平整挺扩的面料。

(3) 窗帘的款式设计要符合周边环境的设计风格,而面料的外观效果很大程度上影响着窗帘款式的风格,质地不同的面料会使人产生不同的风格印象。木、竹等天然材质具有自然的亲和感,适用于清静文雅的自然风格和讲究天人合一的禅式风格家居;各种提花的丝绸、塔夫绸、雪尼尔绒、金貂绒、天鹅绒等厚重织物具有雍容华贵、富丽堂皇的质感,适合运用在欧式古典风格的款式设计;田园风格的窗帘一般采用大小花型的印花和条纹搭配,面料多为平纹棉/麻布、棉布、透纱蕾丝等,具有质朴、素雅的乡村印象,能营造一种休闲舒适的感觉。烂花透雕、植绒、皱褶或渐染等具有特殊肌理和视觉效果的面料,通常运用在现代风格的窗帘款式中。

3. 家具类产品设计对家纺面料的运用分析

家具类面料要求满足基本使用要求的基础上,根据产品风格的不同来选择面料。

中式风格、乡村风格和东南亚风格的家具常使用亚麻质、棉质的厚实的面料,搭配木质、藤质家具设计成各式软垫,面料表面最好有点粗犷的肌理感觉,如泰丝、灯芯绒等。

欧式家具追求豪华舒适,除了传统的真皮和防皮面料,常见各式大提花面料、具有凹凸花纹的割绒、毛圈面料,触感绵软厚实的雪尼尔面料。

现代风格的家具造型追求线条感,常用金属或塑料材质搭配各种肌理丰富的面料。手感柔滑舒适的仿麂皮绒是现代风格的家具常用的材料,而一些具有特殊肌理或视觉效果的面料则是前卫风格家具的首选。

(三) 款式设计与辅料、配件的运用分析

除产品主体的款式设计外,细节设计非常重要。这里重点说明辅料、配件运用对款式设计的影响。辅料配件在款式设计中具有结构功能和装饰功能,同样的款式,这些细节运用的好坏会使产品的效果大相径庭。

从产品结构功能的角度看,辅料配件起着非常关键的作用,如床上用品和各式布艺饰品的辅料,如拉链、魔术贴、橡皮筋等。窗帘的款式设计中,除了窗帘面料,其他的诸如轨道、帘钩、帘头带、连杆等都属于必不可少的辅料配件,这类材料的选用必须结实耐用,符合产品结构和工艺加工的要求。

从产品的装饰效果来看,适当的辅料、配件可以突出产品的个性特征,是款式设计的点睛之笔。运用辅料、配件做装饰的设计手法在不同种类家纺产品所占的比重不同,其中以窗帘款式设计和各种布艺装饰品设计运用最多。

窗帘款式包括窗帘主体、辅料、配件三大部分,前面已经介绍过包括帘头、内帘、纱帘等在内的窗帘主体款式设计的材料运用,窗帘的装饰类辅料有花边饰带、流苏垂缨等,装饰的配件有帘栓、帘钩、帘钩等。如何适当选配这些琳琅满目的装饰辅料,使窗帘主体所要体现的风格更加明显,整体设计更加完美,这就考验设计师的眼光和设计功力。

家居饰品常常需要通过各种辅料搭配来强调产品的风格特征。例如，烫钻是现代家居饰品中流行的装饰工艺，具体做法是将烫钻拼成特定的图案粘在背胶纸上，然后用烫机烫压在面料上。水晶烫钻是时尚的装饰手法，广泛地应用在时装上，现在家居装饰风格流行低调奢华的新古典主义风格，烫钻工艺常被用于各种新古典主义风格的装饰品。但是，由于烫钻黏附在面料表面，不适宜用在沙发、坐垫和床品等经常摩擦和水洗的产品上，一般可用于抱枕、香包、餐桌摆设等饰品。

有些材料同时具有结构功能和装饰功能，例如，抱枕采用类似服装前襟和纽扣的开合方式来放置枕芯，选配的纽扣既是一种装饰，又是产品结构设计的一部分。另外，需要补充一点，家具和床上用品等需要经常与人体产生摩擦或换洗，这些类别的产品应较少运用辅料、配件等外加材料作装饰。

（四）款式设计与制作工艺的运用分析

纺织产品制作工艺多种多样，如车缝、绗绣、褶皱、植绒等，其中车缝属于产品制作必不可少的工艺，用于缝合产品个部件的裁片。另外，有许多制作工艺属于产品面料表面附加的装饰工艺，如镂空、轧花、植绒等。设计师要了解各种工艺的装饰特色，灵活运用这些制作工艺，从而达到预期的装饰效果，完美体现产品的款式设计。下面是部分家纺产品常见工艺及其在款式设计中的运用介绍。

1. 缝纫

家纺产品制作的最基础工艺就是将各部件的裁片缝合缝纫工艺，机缝工艺、手缝工艺都属于基础缝纫工艺。机缝工艺是家纺产品生产过程中重要的组成部分，通过机缝工艺才能将平面的裁片缝合，使之具有立体造型。裁片缝合、车缝的线迹都有多种方法，如最常见的平缝、压线缝、锁边缝等，设计师可以利用缝制工艺的特点进行款式设计。

例如，家具、床品和窗帘等家纺产品的表面缝纫都是最基础的缝合工艺，一般采用电动高速平缝机，针脚要求均匀平整，每块面料均经过锁边处理；有些产品可以利用缝纫的线迹效果作装饰，如床罩下摆或枕头装饰采用滚边包缝工艺，波浪形的荷叶边具有浪漫自然的效果；如果边缘做几层的折叠，上面缉几道粗明线做装饰，产品则是线条明快简约的现代风格。

2. 绗缝

绗缝工艺原本用于被褥等产品，为了使棉絮厚薄均匀、外层纺织物与内芯之间贴紧固定，用长针将外层纺织物与内芯以并排直线或装饰图案式地缝合。绗缝工艺既有实用性又可增加美感。传统的绗缝工艺基本通过手工完成，多用于床罩、被子、坐垫抱枕和各种布艺饰品等，凸显产品装饰的手工价值。现代的绗缝工艺主要通过电脑绗缝机制作，可以完美实现各种复杂的设计图案，同时达到大批量生产的工业要求。现代的绗缝工艺主要用于床上用品制作，如床罩、被褥、抱枕等，也可以成批加工窗帘布料。

3. 绣花

绣花是运用针线和各种材料在面料上组织成各种图案，形成立体感和装饰性都很强的图案效果。常见的方法有线绣、珠片绣、十字绣、贴布绣、平绣、雕花秀等。传统的手工绣花手法有多种多样，但纯手工生产费工耗时，产量极低且价格昂贵。现代的电脑绣花工艺已经可以代替手工技术生产出批量化、物美价廉的绣花产品。各种的绣花技法有不同的装饰风格,家纺产品的款式设计如果需要采用绣花工艺,必须根据产品的具体要求来选配相应的技法。

(五)选择绣花工艺

1. 根据产品的使用功能选择绣花工艺

沙发、坐垫和床品等经常摩擦和水洗的产品要结实耐磨,适宜采用平绣、十字绣、贴布绣、线绣等技法。而珠片绣、雕花秀等工艺容易脱线、掉珠,适用于抱枕、香包、餐桌摆设等家居装饰品。

2. 根据产品的装饰风格来选择绣花工艺

十字绣、贴布绣、雕花秀等比较适宜用在欧式田园风格的产品,线绣、珠片绣则比较常用于中式及东南亚风格的产品。平绣针法表现力强,可以根据产品装饰的设计效果选择针法,如中式产品常用缎面绣和钉珠绣,东南亚风格产品常用锁绣、辫子绣、钉缀珠子、贝壳等,欧式田园风格常采用缎带绣、打籽绣、立体绣等。

三、产品造型要素整合设计分析

综合前面所提及的各种设计要素,我们可以了解到,家纺产品造型设计就是运用造型的手段将面料、辅料、色彩搭配、纹样配置、运用特定的制作工艺塑造产品的最终形象,既终端产品设计。因此,产品造型设计既要充分考虑产品的适用性,又要突出其造型的美感,体现产品的个性化与风格特征。

关于家纺产品个性化与风格的设计,我们必须了解现代家居装饰风格。家居装饰风格是由"硬装"和"软装"两部分组成,所谓"硬装"是指室内装修中的固定装饰,包括地板、墙体、天花板、水电煤气管道等;"软装"是指易更换、易变动位置的家具与各种饰物,包括窗帘、布艺家具、床上用品、灯饰、装饰品等,是体现家居装饰风格的最主要的设计元素。因此,家纺产品的设计要配合现代家居装饰风格进行"整体化设计"。家纺产品的整体化设计如果按空间分类,包括客厅系列、餐厅系列、卧室系列、卫浴系列等家居纺织品系列设计;如果按产品的类别分类,则包括床品、窗帘、布艺家具、餐厨用品、家居饰品系列产品等。家纺产品的款式设计要体现个性化与风格特征,设计师首先要对现代家居装饰风格的类型和装饰特点作详细分析,始终围绕着预定的主题风格进行产品系列款式的设计开发。以下列举几种常见的家居风格,并对其家纺产品系列的整合设计进行分析。

(一)欧式古典风格

欧式古典风格源于巴洛克艺术和洛可可艺术风格的装饰艺术,装饰特征是强调线形流动的变化,追求不平衡的跃动感,运用金色和银色以呈现居室的气派与复古韵味。将室内天花板的墙面采用大量雕刻工艺装饰,家具和陈设常见独特的兽爪腿和贝壳形家具样式,充满强烈的曲线动感效果,配以华丽的织物,构成室内华美厚重的气氛。为体现华丽的风格,家具、门、窗多漆成白色,家具、画框的线条部位饰以金线、金边。

如图6-1、图6-2所示的洛可可风格的家居,餐凳、床靠板和床前的靠椅共同特点是白色饰金木雕的贝壳形样式,中间嵌入布艺软包,其中凳椅靠背和扶手上的软包采用与家具一致的白底金色的洛可可时期莨苕叶纹样的大提花织物,而床靠板的软包则采用深红色丝绒面料配以

图6-1　洛可可风格家具

图6-2　洛可可风格床品

包扣纽钉装饰。

由于家具和地面都有大面积极有的复杂纹样,床品和窗帘都配合家居整体色调采用金色暗花或无花纹面料。床罩中间部分采用坑纹面料作菱形绗缝,塑造凹凸的肌理感,四周配以柔滑的真丝绸缎,并用较粗的夹边分隔两种不同的面料,强调面料的质感对比。窗帘的暗纹提花面料突出了水波帘头的立体效果,垂缨花边的装饰细节有强调半弧形造型和层次丰富的流动感。

(二) 欧式田园风格

田园风格是现代家居装饰的主流趋势之一,其主导的生活理念是舒适、休闲、浪漫、优雅。田园风格装饰特征是色彩明媚,花纹素雅,家具偏向于简化的古典欧式线条,多采用松木、枫木等原木或漆成白色、浅蓝绿、橡树色系,保持木材原始的纹理和质感,营造出一种古朴的质感。布艺是田园风格中非常重要的装饰元素,一般选用稍带粗糙肌理的天然棉麻材料和平整的细棉布,纹样多用条格、花卉水果为主题的小碎花布作装饰。藤篮、小碎花布、野花盆栽、野花野果、磁盘、铁艺制品等都是田园风格空间中的点缀,朴素自然,生活气息浓郁,充满乡村田野的温馨情调(图6-3)。

图6-3 欧式田园风格

(三) 欧式新古典风格

欧式新古典风格是现代设计对传统的欧式古典主义重新演绎,其主导的设计理念是将现代人对古典的浪漫优雅的怀旧与现代生活需求相结合,既体现古典主义的华丽精致又符合现代设计舒适简约的实用要求。低调的奢华是新古典主义的代名词,其特色是摒弃了过于复杂的肌理和装饰,追求一种从古典风格的装饰细节中抽取元素,简化线条,融合各种新工艺、新材料、新理念,追求神似、简洁、精雅,具有明显时代特征。

欧式新古典风格装饰的纹样常将巴洛克时期的古典纹样进行精心的再设计,通过简化、几何化、块面化,或者增加时尚元素使图案更具现代感;另外,欧式新古典风格的常常用色彩来体现低调的奢华,主要有金、银、黑、灰、白、低纯度色彩、暗红、灰紫等色彩;家具和饰品保留古典的造型,用现代的色彩搭配覆盖;简化铸铁灯具的造型,采用黑色或褐色等非传统水晶作为吊坠等(图6-4)。

图6-4 欧式新古典风格

(四)中式新古典风格

中式新古典风格是中国传统装饰风格在在当前时代背景下的演绎,它在设计上汲取了唐、明、清时期家居理念的精华,形态上强调对古典家居的简化和神似,而功能却是现代的。

从整体空间的色彩和家具造型、纺织品材质的选用上分析,中式新古典风格表现出三种不同的装饰流派:追求庄重华丽的华丽派、追求禅宗的意境和书卷气质的清雅派、艳丽多彩的混搭派。

华丽中式新古典风格的家具造型厚重,崇尚华丽气派、多用雕刻、镶嵌和描绘装饰。纺织品色彩浓烈饱满,有中国红、品黑、金黄、赭色,次之为紫色、孔雀蓝和宝石蓝,辅助采用金银等闪光材料,体现雍容华贵、繁花似锦的印象。面料材质常用缎、绸、织锦、裘皮等(图6-5)。

图6-5　华丽中式新古典风格

清雅中式新古典风格的家具造型较多借鉴的是明清时期的家具造型,简洁、明快、质朴,突出外部轮廓的线条变化,具有浓厚的书卷味。家具和装饰都简化了线条,向简约风格的靠拢,色彩搭配方式富有时代内涵,在常用的青灰、黑白和褐色的基础上加入了更多的自然色调如米色、灰绿、灰蓝、黑白、灰、暗橙色等,面料材质常用竹席、硬纱、厚实的棉/麻、轻薄的丝质等,运用质感上的反差做设计,勾勒出中国文化中儒家、道家、禅宗的意境(图6-6)。

混搭风格的中式新古典风格向西式新古典风格靠拢,色彩搭配更加灵活,一些艳丽的、或者欧派的色彩也加入到纺织品配套的辅助色彩中,如橙红、玫瑰红、桃红、粉红、米色、亮蓝、荷绿等,在工艺和材质等方面则保留着刺绣、丝质等特征,并且经常会强调此类特征。

从纺织品的装饰工艺和配套的辅料上分析,中式新古典风格还是保留着大量中式传统的装饰元素,如常用刺绣、亮片绣、绳绣、盘扣、刺绣镶边、织锦等装饰工艺以及常见的流苏边、中国结、玉坠饰、穗坠饰等辅料。

图6-6 清雅中式新古典风格

（五）自然休闲风格

自然休闲风格是现代家居装修的主流。崇尚自然和谐、朴素环保，主张摒弃繁复雕琢、追求生活本真与内涵。自然主义家居风格的表现形态缤纷多样，木头、藤条、砂土等天然材料，树木纹理、直观简练植物和动物的形象都是提炼自然主义风格的元素，装饰陈设中常见动物造型或者图案的器物相互搭配，如模仿动物造型的茶几、花瓣样式的躺椅以及原木边桌等。自然主义可以采取简单移植自然元素的手法，也流行借用CAD（电脑辅助设计）对花草的基础原型做再造设计，使图案形成超级自然主义风格，更符合现代人尤其年轻一代的审美（图6-7）。

（六）现代简约风格

现代简约风格源于一种称为"极简主义"的设计理念，源于20世纪五六十年代西方国家的一种艺术流派。极简主义主张去除一切装饰，在满足功能的基础上做到最大程度的简洁。到了20世纪八九十年代，极简主义设计思维逐渐演变了一种代表时尚生活方式的现代简约风格。

与简欧式风格相比，现代简约风格完全摒弃了古典欧式风格严谨、繁复，追求华丽高贵的装饰特点，反映现代人追求休适自由、崇尚和谐自然的生活理念。现代简约风格用最直白的装饰语言体现空间和家具营造的氛围，以简洁的造型、纯洁的质地、精细的工艺为其特征，家具和日用品多采用直线，以最简洁的装饰赋予空间一种宁静和次序感，让人在繁忙的生活中得到一种能彻底放松（图6-8）。

图6-7 自然休闲风格

图6-8 现代简约风格

图6-9 欧式古典窗帘设计

❋ 产品造型分析流程

家纺产品的款式设计是由造型、材料、辅料配饰以及制作工艺四个要素共同组合完成的。设计师要准确把握产品的造型设计，首先要对产品所在空间的整体风格作透彻了解，将四个要素中符合这个特定空间的各种元件抽出来逐个进行分析。下面选择欧式古典窗帘的设计分别对四个要素进行分析（图6-9）。

一、窗帘款式的造型设计分析

上一节我们已经提到，欧式古典风格强调线形流动的变化，追求跃动感，运用金色和银色以呈现居室的气派与复古韵味。从图6-9中可以看到这款欧式古典窗帘两边对称，为了体现豪华气派，窗帘的款式设计有共有三层。最里面是白色的遮光罗马帘，可以阻隔过于强烈的阳光；中间层是左右开合的悬垂帘，主要是阻挡视线，保护隐私，帘身通过帘头衬与叉子等附件结构使面料形成具有韵律的折叠效果，凸显面料的光泽变化；最外面一层是提花面料做成的厚帘，与帘头缝合在一起连成一个整体，这里只充当一种装饰部件，不能开合。

为了增加窗帘的装饰效果，体现欧式古典风格的华贵感觉，中间和外层的帘体都采用三个倍率（窗帘的布料要通过打褶来形成褶皱效果，预算窗帘用料时，一般要将窗户的实际宽度乘二或三倍，倍数较大则褶皱密度越大越华丽）。

帘头两边和中间的五片长条"之"字形悬垂挂饰将帘头波浪分成四段，波浪式的帘头在窗帘上方构成一道弧形。整体窗帘组合层次非常丰富，后面的白色遮光帘衬托遮前面金色主题，更加彰显室内空间华丽雍容的欧式古典风格。

二、窗帘款式的纺织材料运用分析

罗马帘的要求可以阻隔强烈的阳光和室外的视线，同时要保持室内的明亮，不能完全挡住光线，因此采适宜用半透明的窗纱。这款窗纱采用具有垂坠感的白纱，从色彩方面考虑可以衬托窗帘主体金碧辉煌的感觉，又可以配合多层褶皱的波浪造型凸显出罗马帘的立体感。

中间和外面两层的面料在色调上都选用金黄色，中间是具有光泽的咖啡色塔夫绸，面料随着褶皱变化显出深浅不同的色彩变化。

外层的帘身则采用具有金色光泽的涤棉混纺提花厚帘，提花面料上的暗花形成一定的肌理效果,具有华丽、温暖、丰满、厚重的面料风格,与塔夫绸挺括的质感形成对比。

三、窗帘款式的辅料配件运用做出分析

恰到好处地使用辅料和配饰,可以增添家纺产品造型的效果。图6-9中这款窗帘在最外层的帘头、帘身和最里层的罗马帘下方使用金色缨穗,从色彩上与窗帘主体的金色呼应,微微晃动的垂坠缨穗勾勒出窗帘边缘的分界线,特别是帘头边缘逐渐变化的半圆形波浪更是窗帘款式最精致的地方。窗帘栓和袢带固定了外层窗帘的下方,使窗帘两边的边缘形成对称的弧线,从而使外层帘布与中间的帘布打破呆板的平行效果。帘头上三条片悬垂挂饰上面还加了精巧的蝴蝶结,隐藏了帘头波浪和上面的面料衔接部位,既吸引视线注意又增添了窗帘的华丽效果。

四、窗帘款式的制作工艺做出分析

前面提到,家纺产品制作工艺中,车缝属于产品制作必不可少的工艺。图6-9中的窗帘款式的配合款式设计做工精致,从表面看去难以发现车缝的痕迹。可以明显看见的是用作装饰的绗缝工艺,帘头上半部分的金色缎面布料采用夹棉绗缝工艺,面料表面形成菱形的凹凸效果,使帘头与丝光绒面提花的窗帘主体效果产生材质上的对比,同时面料的质地看上去也比较丰满厚重。

第二节 产品造型设计表达

❋ 学习目标

通过对家纺产品功能性知识和造型设计风格知识的学习,能够在家纺产品设计中体现家纺产品的功能性和风格特征,并且能对产品设计的功能性与风格特征做出文字说明。

❋ 相关知识

一、造型设计所体现的产品功能性

家纺产品造型设计从根本上讲就是通过造型设计的手段将各种家纺设计要素整合成满足人们需求、具有各种功能的产品。家纺产品的功能性直接体现了消费者的需求,造型设计的目的就是要通过设计来实现家纺产品的功能性。在造型设计中所体现的家纺功能性有两个方面:产品造型设计的使用功能性;产品造型设计的艺术功能性。

(一)产品造型设计的使用功能性

所谓产品造型设计的使用功能性是指产品造型设计要符合使用者对产品的实用功能和适用功能的要求。造型设计要充分体现功能的科学性、使用的合理性、舒适性以及具有加工、维修方便等的基本要求。对于一般产品而言,其功能要求主要包括:功能范围、工作精度、可靠性与有效度、宜人性等。产品的使用功能性主要体现在产品的材料选择和产品结构设计。

1. 产品造型设计的实用功能性

产品造型设计的实用功能性是指产品的物理性能是否能达到产品使用的需求，主要体现在产品材料的选择和产品造型的结构上。产品材料的选择包括面料、辅料和配饰、制作工艺的选择。如设计床上用品时，面料纤维材料要选择具有防蛀、防菌、防霉、阻燃、保暖、透气、柔软等物理功能，工艺设计要易于打理，容易清洗，缝合结实不易脱线开裂。

又比如，窗帘的款式设计要考虑帘杆和导轨的物理性能，窗帘轨道是否坚固、是否顺畅、噪声大小等都是其物理性能好坏的主要评判标准。市场常见的轨道多为铝合金材料制成，结构上分为单轨和双轨，造型上以全开放式倒"T"形的简易窗轨和半封闭式内含滑轮的窗帘滑轨为主，但无论何种样式的窗帘轨，要保证窗帘的使用安全、启合便利，关键是看制作材料的厚薄。

另外，产品造型结构的设计要根据产品自身和周边环境来衡量。例如，窗帘款式设计要从窗帘所在的空间位置和安装的角度出发来考虑。

首先，要考虑窗户的外造型与室内空间的接合方式。例如，窗户上方的天花板吊顶已经预留好安装链轨的凹槽，窗帘款式设计不必选择装饰明杆和帘头，直接在凹槽顶部安装导轨悬挂窗帘即可。如果墙面直接顶到天花板，窗户离天花板还有一定距离，可以考虑采用墙体侧边安装明杆来装饰帘头；但假如窗户直接顶到天花板，如果在天花板顶上吊装明杆就会使窗帘和天花板中间出现缝隙，这时就要采取天花顶直接安装轨道。轨道安装形式的不同对窗帘款式设计有着不同的影响。

其次，窗帘款式设计要考虑窗户的开合方向。例如，装饰窗户和永久闭合的门窗可以采用悬旗式和固定杆式的窗帘款式，而经常开合的门窗则必须顾及窗帘的开合形式（图6-10）。

2. 产品造型设计的适用功能性

产品造型设计的适用功能性同样体现在产品材料的选择和产品结构的设计上，要从产品使用的便利性和适用性角度出发进行构思。例如，从窗帘的适用性角度出发，考虑窗帘款式设计：遮光是窗帘最基本的功能，同时也要确保居室的私密性。进行窗帘款式设计时可以采用以下三种不同的设计手法。

第一，窗帘选用厚重的布料或深颜色的面料，选用厚重的布料适用于冬天的窗帘款式设计，由于面料的密度较高较厚，其造价也比较高。如果采用深沉的色彩则会影响某些空间的整体装饰效果。

第二，在布艺窗帘上增加一层遮光布，朝室外的一面窗帘采用涂了银粉或真空镀铝织物，可以产生较强的反射效果，将阳光反射到室外。这种面料可以遮挡强烈的阳光，即使在白天房间内也可以如同黑夜，遮光布还可以较大幅度地降低夏天房间的温度，因此这种面料的选用搭配形式成为了许多宾馆客房窗帘设计的首选。

第三，布艺窗帘加上百叶窗的搭配，也可以同时满足遮光与装饰的功能。百叶窗可以根据需要调节室内的光线和遮挡视线，布艺窗帘的款式则可以自由设计，取其装饰效果。

（二）产品造型设计的艺术功能性

产品的艺术功能又可以称为产品的审美功能，功能性是设计的内容，审美性则是设计的形

图 6-10　窗帘款式设计

式。产品设计的内容决定产品造型的形式。因此,在产品造型设计中,首先要满足设计的功能性,在此基础上考虑设计的审美性。因此,产品造型设计必须在表现功能的前提下,在合理运用物质技术条件的同时,要充分地把美学艺术内容和处理手法融合在造型设计之中,同时又充分利用材料、结构和工艺等条件体现产品的造型、色彩、材质和图案的美感。

家纺产品是生活中不可或缺的必需品,也是人们的审美对象。产品本身的实用功能满足了人们生理的舒适感和满足感,产品的视觉效果还会使人产生的各种不同心理反应,引起人们的生理与心理感应,从而获得美的感受。家纺产品的色彩、纹样、材质和造型都会对使用者的心理产生作用。

1. 家纺产品的色彩对使用者的心理影响

在现代室内环境艺术中,家居的主色调在居室中起着举足轻重的作用,而墙面和窗帘占空间面积最大,是构成家居主色调的主要元素。如彩图 6-11 所示,其中草绿的窗帘与墙面浅绿搭配,构成了房间的主体色调,在面积不大的房间里窗帘几乎占了三分之一的墙体,与床品和装饰画的绿色呼应,房间色调充满清新自然的气息,创造出一个心情放松、宁静安逸的读书和休息的环境。

图6-11　窗帘主色调的运用

2. 家纺产品的纹样对使用者的心理影响

图6-12中床品的纹样是法国朱伊印花布特有的单色素描版画效果，具有强烈的法国南部的特色，配上线条流畅、富有艺术感的铸铁大床，整套床铺与空间充满浪漫、怀旧、休闲的印象，给人一种法国普罗旺斯度假的感觉。

图6-12　朱伊印花布床品设计

3. 家纺产品的材质对使用者的心理影响

图6-13中椅子模仿仙人掌的造型，表面覆盖的面料是在绿色的粗棉/麻面料上装饰塑料丝，模仿仙人掌的外观质感，使人看了以后联想到仙人掌的硬刺，不敢轻易坐在上面。当然，设

计者的初衷就是希望利用这种心理的错觉使产品产生一种怪趣的创意。

图6-13 模仿仙人掌的椅子造型

4. 家纺产品的造型对使用者的心理影响

图6-14中的系列儿童产品以鲜艳的色彩和可爱的造型取胜。其中的睡袋造型和安全游戏坐垫既满足家长给孩子生理上的安全防护与保暖的需求,同时又可以满足孩子玩游戏的心理。

图6-14 系列儿童产品造型设计

(三)产品造型设计的形式美感

产品的形式美指的是产品上面按一定规律组合起来的色彩、线条、形体等形式因素本身的审美属性,在家纺产品造型设计中可以表现为产品的色彩、纹样、材质和造型元素以及这些元素之间的搭配的美感。进行产品构思时,要根据具体的造型结构来搭配并灵活运用。比如说,简洁的产品造型可以选配复杂的纹样配搭,结构繁复的产品造型则尽量选配素色或则纹样。

产品造型的形式美感还要符合设计风格的要求。例如,设计现代风格的产品,要体现出现代风格的特征,如直线或简洁流动的造型、时尚流行的色彩搭配、几何抽象图案、具有金属或塑胶光泽和触感的面料材质。对于形式美感的具体介绍,将在下面的章节中比较详细的展开。

二、造型设计所体现的产品风格特征

设计风格从定义上讲是强调某一产品的特征与差异性。各种产品的造型设计风格是在相比较的情况下而显现的。家纺产品造型设计的风格特征从总体上来看,需要与城市建筑设计与居室环境设计的不同风格特征相融合;既要与不同消费者个性化的生活空间相协调,同时又要与同类产品相区别。

因此,在进行家纺产品造型设计的过程中,首先要探讨各种建筑和室内装饰风格的特征,找出每种风格之间的差异性,然后要针对某一具体的设计风格提炼出基本的设计元素或涉及要素,再把这些元素或要素融入家纺产品造型设计中。

(一)对流行风格之间差异性的分析

案例分析:简欧风格与欧式新古典风格的差异性分析

1. 设计理念的差异性

简欧风格是改良的欧式古典设计;欧式新古典是用古典元素来装饰的现代设计。

简欧风格和欧式新古典都是现代家居流行的装饰风格,从两者的文字表达的概念上看,两者都与"欧式"和"古典"有着无法切割的血统渊源。从两种风格的内在精神而言,两者都追求古典艺术与文化的底蕴,体现低调中显露尊贵、典雅中浸透奢华的设计哲学。

(1)从两种风格的表现手法来看:简欧风格继承了欧洲古典宫廷的装饰风格,吸取了其风格的"形神"特征,追求奢华气派、金碧辉煌的效果,但是在整体上以简约的线条代替复杂的花纹,采用更为明快清新的颜色,既保留了古典欧式的典雅与豪华,又更适应现代生活的休闲与舒适,是简化了的欧洲古典风格。

欧式新古典风格是现代设计对传统的欧式古典主义重新演绎,其主导的设计理念是将现代人对古典的浪漫优雅的怀旧情感与对现代生活舒适简约的依恋有机结合,追求与古典艺术的"神似",强调"低调的奢华",喜欢故意制造一种深沉感,以体现尊贵的地位和身份。其特色是摒弃了过于复杂的肌理和装饰,从古典风格的装饰细节中抽取元素,简化线条,融合各种新工艺、新材料、新理念。既体现古典主义的华丽精致又符合现代设计舒适简约的实用要求。

(2)从时间的角度上看:简欧风格是在欧式宫廷的装饰基础上改良的设计艺术,在很长时间里一直随着各种工业和艺术的革命思潮缓慢变化着,是简化的、改良的、适应现代人生活的古典设计;欧式新古典是最近几年才开始流行的,是在现代设计思潮的影响下生成的设计新思维,更加具有现代气息,其实质是用古典元素来装饰的、艺术化的现代设计。

2. *设计形式感的差异性*

(1)简欧风格的形式感：

①空间和家具特征:简欧风格的空间延伸感强,天花板、墙面或窗框有或多或少的浮雕纹饰和金边,门窗多数漆为白色,表面和转角部位装饰为线条或金边,在造型设计上既要突出凹凸感,又要具有优美的弧线。家具以较简洁的古典造型安乐椅、弯腿扶手椅、侧椅、软垫打钉沙发、弯腿矮桌等组成系列化,只在局部做少量装饰。家居装饰品配合家具的装饰元素,具有西方风情的造型,客厅及餐厅顶部喜用华丽的水晶吊灯,配合局部区域的烛台式壁灯、八角台灯、伞形落地灯等营造气氛。皮质精装封皮的书、雕纹花瓶、花束、壁炉、酒瓶、铝器等常常作为陈设品。

②纺织配套产品特征:常用繁复花纹的地毯和壁纸、厚实的波浪帘头窗帘、荷叶边的床罩枕头、华盖式的帐幔和各式精致的布艺抱枕、饰品等,以配套形式整体体现简欧风格。抱枕、枕头、床品、窗帘等纺织品,均大量运用荷叶边、流苏边、细褶边来营造一种浪漫柔美的气氛。如波浪帘头、垂褶帘+流苏帘脚、细褶罗马帘、荷叶床裙等(图6-15)。

图6-15 简欧风格的形式感特征

③色彩和纹样的特征:纺织品底色大多采用白色、米色、浅黄等淡雅的色彩,图案则采用新古典主义时期(希腊/罗马题材)的纹饰、莨苕叶纹饰、洛可可缠枝花、碎花(色彩对比弱)等的壁纸、地毯、窗帘、床罩、帐幔,来体现风格。常选择缎织物、大提花、花呢、丝绒、斜纹棉布等同类色

不同质感的面料互相搭配,营造出华丽、典雅的简欧风格(彩图6-16)。

图6-16 简欧风格色彩和纹样的特征

(2)欧式新古典风格的形式感:

①空间和家具特征:欧式新古典风格的空间采用现代简约风格的理念,在空间里大量采用玻璃、金属材料、钢结构等来拓宽视觉感及表现光与影的和谐,极力塑造空间的通透感。家具和饰品不一定成系列化,常常以混搭形式组合。部分保留古典的造型(如家具的轮廓时常带有洛可可时期的曲线风格,扶手等边角处带有涡卷形)去掉繁复的装饰细节,局部或整体会采用现代的材料或色彩搭配替代传统的古典形式。新古典陈设品的特征是用剪影的形式仿制复杂的古典陈设品,保留轮廓,减少或忽略细节例,如灯具常以简化铸铁或玻璃、不锈钢等现代材质替代传统的铸铜铸铁。灯具的水晶采用黑色或褐色等非传统水晶作为吊坠等。

②纺织配套产品特征:欧式新古典的纺织品的造型趋于简化,边饰通常都较为简单,以荷叶边、滚边、镶边等为主,而在纺织品的表面装饰材料则较为精致和丰富,常在素色面料上做绗缝、打褶、钉包纽等工艺,或者单色植绒来形成图案及条纹,使无装饰部分及装饰部分形成肌理对比。采用富有丝绸般,但并不十分耀眼光泽的大提花织物,割绒面料、色织物、天鹅绒等也较为常见,主要用在窗帘、抱枕,有沙发及抱枕常见皮革、仿皮制品(图6-17)。

③色彩和纹样的特征:欧式新古典风格的常用一些色彩来体现低调的奢华,将欧式古典的松石绿、珊瑚红、孔雀蓝等经典配色的纯度降到非常低的纯度,如暗红、灰紫、墨绿等,配以黑、灰、白、金银等无彩色系,整体家居的色调或者是高明度的银白、银灰调,或者是黑色配各种低纯

图 6-17 欧式新古典风格的形式感

度色彩暗低明度主调,色彩个性十分强烈;装饰的纹样常将文艺复兴时期的石榴纹、巴洛克艺术的莨苕叶纹饰进行精心的再设计,通过简化、几何化、块面化,或者增加时尚元素使图案更具现代感(彩图 6-18)。

图 6-18 欧式新古典风格色彩和纹样的特征

3. 产品设计中功能的差异性

从产品设计的功能上看，不同年龄、职业、文化层次和社会地位的消费者对于家居生活有不同的生理和心理需求，也就说从设计的功能性决定了设计的审美性，换句话说，就是特定消费群体对家居产品的使用功能的要求决定其设计的内容，即设计的形式感。就分析的简欧风格和欧式新古典风格产品来说，两种风格的消费人群就决定了各自的产品的设计的功能和设计的审美性。

（1）简欧风格：简欧风格的产品特性是典雅精致，讲求材质的优良和做工的精细，价格也比较昂贵。简欧风格的消费人群为中高端消费群体，多数属于崇尚欧美生活模式的成功人士，家庭结构稳定，性格与兴趣都比较中庸保守，审美趣味大多随社会主流。这类人群的居室空间一般比较宽敞，家居装饰追求雍容华丽，要体现自身的财富地位和文化底蕴。从产品的造型设计上看，简欧风格的产品在尺寸和比例上更加接近古典欧式家居产品，家居产品的也偏向于庞大体积造型，追求夸张装饰的效果，家具都是固定木材或铸铁结构，比较笨重，不易搬动，同时还有许多不具备实际功能的装饰细节；从家居整体的色彩和纹样上看，白色、米色、浅黄等淡雅的色彩都比较明亮，使人有整洁舒适、休闲放松的感觉，适应现代人追求休闲与舒适的生活的心理需求。为了体现欧洲古典韵味和文化底蕴，简欧风格采用具有代表性的古典希腊/罗马题材的新古典主义纹饰、巴洛克的莨苕叶纹饰和洛可可缠枝花纹饰，并进行色彩和图案结构的简化处理。在纺织品的面料选择上也选用更具有价值感的厚重丝绒、缎面提花等类型的织物。总而言之，简欧风格的家居设计处处体现了消费群体对欧洲文化和高贵优雅生活方式的崇尚和追求。

（2）欧式新古典风格：欧式新古典风格的核心理念是追求"神似"古典，产品特性是简约精致，故意制造低调奢华的感觉。欧式新古典风格的消费人群以中端偏上的消费群体为主，年龄层一般都比简欧风格的消费人群年轻，时尚浪漫，敢于尝试新事物，对于欧式新古典的喜欢更多是由于这种风格的"个性"和"时尚感"，而不是"欧美生活模式"。换个比喻说，欧式新古典风格的消费者喜欢某件古老造型的饰品是因为"这种古老的东西稍加变化感觉很时尚"，而不是因为"用这种古老东西感觉很有文化，很高雅"。

这类人群居室空间因家庭结构状况有大有小，更多属于城市里的中小户型和单身公寓。家居装饰追求时尚和品位，要体现自身的个性和独特的审美眼光。从产品的造型设计上看，欧式新古典风格的产品在尺寸和比例上与现代家居产品一样，产品的使用功能符合现代人的生活模式，家具单品和局部的装饰品也会沿用欧式古典风格的外造型，但是大多数的产品造型是采用现代的造型设计，家具的尺寸和结构也符合现代家居空间的比例，比较轻便，符合现代人求新求变、经常变换空间形式的心理需求。在色彩和纹样装饰上，欧式新古典风格的纹样都是现代的欧美最流行的家居装饰纹样，从欧式古典纹样和各种风格艺术的纹饰中抽取设计元素，用各种材质将图案进行剪影、平面化处理，并作镂空、透叠、肌理化和闪光效果的加工。纺织品的面料也偏爱于新型材质的面料，如通透的雕花窗纱、静电植绒印花、手感温厚的仿麂皮绒等。欧式新古典风格的产品设计在视觉上和触觉上都要体现一种独特的搭配效果，其纹饰和色彩等装饰形式是附着在材质上的具体内容。

从本质上说，欧式新古典风格是现代家居产品设计表达最新设计理念的一种符号和形式，更接近于一种时尚的潮流。时尚和潮流都会因时尚的变化而逐渐改变其装饰的形式,最后也许会被另一种装饰形式替代,因此,洞悉这类消费群体审美趣味的变化,了解各种最新的材质和工艺,捕捉家居设计的潮流是设计师永远不变的工作内涵。

(二)针对某一特定风格的设计要素进行提炼

案例分析:美式田园风格

乡村风格起源于在18世纪中叶产生的"自然"和"简单生活"的理念,这种风尚一直持续到20世纪,尤其在瑞士、德国及奥地利、英国、美国等地深受欢迎。依照不同区域,田园(乡村)风格也分成多种,如美式乡村、英式田园、法式田园、瑞典乡村等。美式风格的传统是从英式、法式、瑞典等地的乡村风格借鉴而来的,但又独树一帜。关键词为粗糙、未润色、简单、闲适。

1. 产品结构与款式的提炼

美式田园风格的坐具多数在仿旧的木制古典造型的架子上覆盖一层碎花或条格的棉麻料,或者是造型简洁、松软舒适的布艺沙发,如图6-19所示;窗帘的款式一般采用比较简单的帘头造型,帘身多为两边拉开的垂坠式,细碎的荷叶边和圆浑的木制窗帘杆头装饰是常用的形式。整体效果简洁大方,随意轻松,如图6-20所示;另外,其他饰品和床品等布艺产品款式都是大量采用荷叶边、简洁的折叠加明线压缝,如图6-21所示。

2. 图案与色彩要素的提炼

(1)色彩:美式田园风格主要用偏浊的中性色调,包括白、瓷白、泥土色、储物仓门的红色、干草绿、马赛克蓝等。

图6-19 美式田园风格坐具

图6-20　美式田园风格窗帘的款式

图6-21　美式田园风格床品

(2) 图案：粗宽且简单的条纹和格子、条格纹、素色地点状碎花、较为粗糙的木板效果、花卉和水果印花、带有殖民色彩的徽章式和两色条纹夹星型小题花纹样，偶尔也会有印第安风情的纹样题材(彩图6-22)。

图6-22　美式田园风格图案与色彩要素

3. 材料与工艺要素的提炼

纺织品材质采用手感佳的棉/麻布、麻纺布、粗帆布、羊毛织物、呢料、钩编织物，光滑的皮革也会用于沙发、坐垫上，作为室内空间的点缀；为了保留纯手工的味道，纺织品一般用较粗的纱线，组织纹理较为清晰；采用木板印花，故意做出斑驳的印纹(图6-23)。

图6-23　美式田园风格材料与工艺要素

4. 各种要素的整合设计分析

(1) 欧式古典风格：

①欧式古典风格的感觉：欧洲的造型、纹样、装饰点缀。

②欧式古典的元素表现：

a. 空间：铁门壁炉、法国门（八个框格的门）、白墙、石料装饰墙，还常有松木雕花框镜子。

b. 家具：包括摇椅、梯式靠背椅、长凳、酒吧椅、长方形松木大餐台、储物箱、矮柜、壁柜等。

c. 装饰织物：喜欢有地面覆盖物的则会选择手编的东方地毯。

(2) 乡村风格：

①乡村风格的感觉：粗糙、朴质、自然。

②元素表现：

a. 空间：粗糙而简单的原木天花板横梁、厚重的石料、木板组成的地面，地板主要是石料和木质材料，传统的地板用木板建成，可简单的上蜡和手工抛光，但避免高光漆。

b. 家具：乡村风格通常采用松木制作的家具，有时会手绘一些花、动物、乡村风景、叶子等纹样在家具上；为了作出乡村风格的家具感觉，现在的做法是故意在家具上上不均匀的漆，并且蹭掉部分漆，使其看起来较为陈旧。

c. 色彩：采用中性色调，以表达乡村特有的偏浊感。如土地的赭石、砖红、草绿、普鲁士蓝、米白色。采用具有手工质感的织物装饰，纺织品一般用较粗的纱线，组织纹理较为清晰；采用木板印花，故意做出斑驳的印纹。

(3) 美式风格：

①美式风格的感觉：美式风格的传统是从英法等地的乡村风格借鉴而来的，而英法的乡村风格本身就是从欧式古典宫廷的风格中抽取元素简化而来。因此，美式风格的装饰里同时含有许多欧式古典的元素、乡村的粗犷的特点。

②美式风格的元素表现：相比苏格兰格子而言，美式风格的条格通常较为粗宽且简单，一般只是两色条纹相交。还有殖民地的特色的徽章图案、星条旗的元素、印第安文化的元素、碎布拼贴装饰效果。

三、在造型设计中体现产品功能性和风格特征

家纺产品的销售分为成品和半成品两种类型，产品的造型设计因销售形式而有所区别。帘幔和墙纸等家纺产品属于半成品销售，而床品和卫浴用纺织品、小家纺等属于成品销售，由于产品类别不同，对产品的造型分析时有些角度是相同的，而有些角度是不同的。例如，有关产品的使用功能的分析、消费者审美习惯的分析、风格特征的分析等。这里，我们主要针对不同的分析角度进行探讨。

(一) 通过造型设计的综合手段体现产品的功能性

造型设计的综合手段是指设计师利用设计的造型、图案、纹样、色彩材质、装饰细节等多种元素对系列家纺产品进行整体设计，以达到某种预想中的使用功能和设计风格。

1. 半成品产品系列的造型设计构思是环境先决

帘幔和墙纸等家纺产品属于半成品销售，在产品的使用前是没有固定造型的，设计时要根

据产品的具体使用空间来量身定做。就目前的市场情况,主要是做窗帘面料批发和家居整体软装饰的企业在展会和样板间使用系列化的窗帘造型设计。设计师在做这类空间的整体装饰布置前,首先要分析产品空间的环境,要对产品安装空间的大小、高度和方位作详细测量分析,同时要对现有的面料风格、空间的装饰风格和使用功能进行分析,做到在适合的空间作适合的帘幔款式设计。

2. 成品产品系列的造型设计是卖场先决

成品的类别包括床品、家居饰品、卫浴纺织品等消费者从商场购买后回去可以直接使用的家纺产品。所谓卖场先决,是指设计师在构思产品时,除了前面所提及的设计共性外,要首先考虑产品在卖场中如何吸引购买者的眼光,甚至要对销售时的卖场展示形象都要有一定的预见性。吸引购买者眼光的因素有下列几点:流行元素的运用、独特的款式设计、花型设计,还有独特的细节设计,如局部的装饰、独特的使用功能设计等。与此同时,以上提及设计各种元素在设计时还要特别注重系列产品间的相互搭配,如产品间的色彩搭配、产品间的花型搭配。另外,除了视觉吸引以外,产品的材质的价格、制造工艺难度对全系列产品的售价都有一定程度的影响,设计师在设计运用时,要考虑同一价格段的系列产品如何搭配可以使产品整个系列更具有价值感,同时又不会增加制造成本。

(二)通过造型设计的综合手段体现产品的风格特征

产品的风格特征只靠单独的一件产品是无法体现出来的,因此中级设计师要具有产品的系列化设计能力。所谓系列化产品是指能形成系统性、具有很好的配套感的组合产品。系列产品的风格和形象比较统一,各类产品有着相同或协调的设计元素,产品间可以较随意的搭配。系列化产品的综合设计可以从下面几个角度构思。

1. 系列产品间主题元素的搭配

主题元素的一般是指提取设计的主题纹样和色彩印象。如图6-24所示中的床品以兰花为主题,产品提取了兰花的叶、花簇和色彩作为该系列的主题元素,在床单、被套和背靠枕中配搭使用白、芥末黄、草绿三个主色;提取兰花的花簇作为绣花的纹样,运用在糖果枕和方形中枕的设计;用具有肌理效果的纯色芥末黄面料做成另一对方形中枕;再选用床品面料的局部花型做成小方枕,整个系列产品纹样效果丰富,色彩搭配和谐,充分突出该系列产品的主体。

2. 系列产品间图案及纹样的搭配

系列产品间图案及纹样要求具有统一的风格,一般不需要太多的图形变化,要注意系列产品中的部分纹样有重复性,同时要对纹样的大小排列和制作工艺都进行一些变化设计,使产品的纹样可以相互呼应。图6-25中的系列卫浴产品包括纺织类的毛巾、浴帘、拖鞋地垫等产品,又有漱口杯、肥皂盒等系列盥洗用具,多种品类的产品运用简洁的蓝色菊花纹样在白地上进行布局,通过印花、绣花、织造提花以及陶瓷烧制等多种工艺表现同一个纹样,整套产品系列化效果明显。

3. 系列产品间色彩的搭配

在产品设计中,为了形成产品的系列感,通常会将主要色彩提取出来,分别运用在不同造型的纯色面料产品中,如果产品上有纹样,其配色也相应采用同一系列的颜色互相搭配,使产品系

图6-24　系列产品间主题元素的搭配

图6-25　系列产品间图案及纹样的搭配

列色彩看起来既丰富又协调。彩图 6-26 中的系列装饰抱枕的色彩主要为金色、褐色和深红三种颜色,这组色彩是直接由墙壁上的印花墙纸中提取出来的。

图 6-26 系列产品间色彩的搭配

4. 系列产品间材质的搭配

系列产品的材质有时只采用一种面料,在图案和色彩上变化,有的产品系列则选用不同的材质进行组合搭配,使系列产品在视觉和触觉上都具用独特感受。如彩图 6-27 所示中,床单

图 6-27 系列产品间材质的搭配

和枕头考虑到使用功能，采用常见的印花面料，而同一系列的装饰抱枕就采用多种面料和装饰手法，如珠片装饰面料、绳绣的装饰面料、贴布绣花闪亮质感的面料、粗麻线编织面料等。用多种材质和装饰工艺来组合系列产品，通过色彩和纹样来协调风格。

5. 系列产品间装饰细节的搭配

系列产品设计为了凸显其系列感，常常在不同的部位采用相近的装饰细节。如图6-28所示中的系列抱枕，面料采用具有原生态效果的苎麻，色彩上的变化较小，而且灰暗没有效果。设计师在细节装饰上别具匠心，采用同样具有原生态效果的贝壳纽扣和管珠进行组合搭配，暗淡无光的麻质与贝壳饰物的亮泽相映，凸显出系列产品的原生态主题风格。

图6-28 系列产品间的装饰细节的搭配

四、编写系列产品造型设计说明

无论设计效果图多么具体和完美，还是会有许多的内容无法充分表达，因此，设计完稿之后还是需要文字来补充说明，将设计师的思路传递给使用者。设计说明书主要包括以下内容。

（一）设计构思的说明

设计构思的说明首先要对灵感来源和联想进行描述，以方便读者细致了解设计师的意图；其次，要细致说明系列产品中，设计师是如何运用造型、色彩、工艺等设计元素来表达主题的。

设计构思的说明是设计说明书中最重要的部分，是对设计方案的阐释，其主要作用是辅助设计效果图，用以说服设计主管和客户采用这套设计方案。另外，设计构思的说明还可以成为营销部门制订陈列展示的主题设定和产品推广的文字工具。

（二）规格尺寸的说明

效果图只负责传达设计方案的大致印象，具体落实到产品的制作时，设计师要对每件产品的尺寸和造型比例有细致的说明，需要标注产品规格尺寸的具体数据，以方便生产部门进行产品制作。因此，一份完整的设计说明必须附有规格尺寸的说明。

（三）工艺说明

再完美的设计构思最终都要落实到具体的产品制作，制作工艺流程和要求直接影响到产品的最终效果。同样的产品款式造型，由于缝制手法和装饰工艺的不同，会出现截然不同的效果。例如，图案和外造型相同的两个抱枕，分别采用镂空绣花和贴布纡缝两种不同工艺，产品做出来就完全不一样了。所以，系列产品设计中对于每一件产品的装饰和缝制细节都需要设计师通过文字进行工艺说明。

(四)材料说明

材料说明也是设计说明中必须附带的内容。系列产品设计中通常需要多种面料及辅料的搭配使用,所以设计说明中的每一款产品都必须详细标注制作所用的面料、辅料、衬里以及各种材料的具体名称、标号、花色、纱线和线密度,同时还要注明各种面料搭配的部位。

❋ 产品造型设计表达流程

家纺产品设计表达可以选用某一实际案例来展开,方法可从以下几点入手:首先,要在设计前对各类产品的使用功能、结构特征、制作工艺进行了解和掌握,同时要了解产品的目标消费群体的生活习惯、审美习惯和消费心态,对产品作科学合理的设计规划。然后,要了解和分析产品所在的环境和使用者的具体要求,对产品采用的款式、材料、面料、辅料和缝制工艺进行归类筛选,而后定稿。

产品造型设计表达流程按以下步骤进行。

一、分析造型设计所体现的产品功能性

产品功能性分析首先要明确该产品系列的市场定位和目标消费者定位,围绕定位确定的目标对其所要体现的功能性做出分析。产品造型设计的功能包括使用功能性和产品造型设计的艺术功能性,要对这两方面的要求做出全面分析。

二、在产品造型设计中具体体现某一产品的功能性

产品造型设计的表达要在产品功能性分析的基础上提出具体的表达方案。要对产品设计要素及其整合所体现的功能做出明确的规划和说明。在实施设计方案过程中要评估最终效果是否具体体现了某一产品的功能性。

三、分析造型设计所体现的产品风格特征

产品风格特征的分析同样要明确该系列产品的市场定位和目标消费者定位,要围绕定位确定的目标对其所要体现的风格特征做出分析。产品风格特征的分析主要是对流行风格之间差异性的分析和针对某一特定风格的设计要素进行提炼。

四、在产品造型设计中具体体现某一产品的风格特征

产品造型设计风格的表达要在产品风格特征分析的基础上提出具体的表达方案。在产品造型设计中具体体现某一产品的风格特征包括:系列产品间主题元素的搭配;系列产品间图案及纹样的搭配;系列产品间色彩的搭配;系列产品间材质的搭配;系列产品间的装饰细节的搭配。

五、编写产品造型设计文案

产品造型设计文案的编写参照相关知识部分中项目编写。

(1) 设计构思的说明。
(2) 规格尺寸的说明。
(3) 工艺说明。
(4) 材料说明。

思考题

1. 家纺产品造设计包含哪些内容?
2. 举例说明家纺产品造型设计有哪些要素,它们与造型设计的关系如何?
3. 如何进行产品造型的整合设计?
4. 请选一个实例对造型设计做出分析。
5. 进行造型设计分析要把握哪些要点?
6. 简述20世纪以来印花图案设计风格的发展趋势。
7. 如何运用印染设计素材表现产品的设计风格?
8. 简述纹样对印染图案设计风格的影响。
9. 如何根据设计要求选择印染工艺?
10. 印花工艺的基本流程是什么?
11. 如何将流行趋势运用到实际设计中?
12. 如何按照印染图案设计风格整合各种设计要素?
13. 如何进行印染图案设计的创意构思?
14. 举例说明如何对设计方案做出整体分析?
15. 印染图案设计方案的制作流程是什么?
16. 产品造型设计的功能性体现在哪些方面?
17. 如何在产品设计中体现产品的功能性?
18. 产品造型设计的风格特征体现在哪些方面?
19. 如何在产品设计中体现产品的风格特征?
20. 在实际设计工作中如何把握产品的功能性与造型风格之间相互统一的关系?请举一个实例说明。

参考文献

[1] 戴维·布莱姆斯顿. 产品概念构思[M]. 陈苏宁,译. 北京:中国青年出版社,2009.
[2] 劳拉·斯莱克. 什么是产品设计[M]. 刘爽,译. 北京:中国青年出版社,2008.